信息技术人才培养系列规划教材
Linux 云计算开发实战系列

Linux容器云实战
Docker 与 Kubernetes 集群

慕课版

◎ 千锋教育高教产品研发部 编著

学 IT 有疑问
就找千问千知！

人民邮电出版社
北京

图书在版编目（CIP）数据

Linux容器云实战：Docker与Kubernetes集群：慕课版 / 千锋教育高教产品研发部编著. -- 北京：人民邮电出版社，2021.8

信息技术人才培养系列规划教材

ISBN 978-7-115-53767-6

Ⅰ. ①L… Ⅱ. ①千… Ⅲ. ①Linux操作系统－教材 Ⅳ. ①TP316.89

中国版本图书馆CIP数据核字(2020)第058188号

内 容 提 要

本书作为容器技术的入门读物，不仅介绍了企业中容器的基本应用，而且对容器的编排技术进行了讲解。全书共分 15 章，内容包括容器世界、Docker 安装、Docker 镜像、Docker 容器、容器底层技术、容器数据卷、容器网络、私有仓库、容器监控、企业级容器管理平台 Kubernetes、搭建 Kubernetes 集群、Kubernetes 基础操作、集群管理以及两个应用项目。全书以案例引导，每个案例配合相关的技术准备知识讲解，有助于学生在理解知识的基础上，更好地运用知识，达到学以致用的目的。

本书可以作为高等院校计算机专业课程的教材，也可作为软件开发人员的参考书。

◆ 编　著　千锋教育高教产品研发部
　　责任编辑　李　召
　　责任印制　王　郁　马振武

◆ 人民邮电出版社出版发行　北京市丰台区成寿寺路 11 号
　邮编　100164　电子邮件　315@ptpress.com.cn
　网址　https://www.ptpress.com.cn
　固安县铭成印刷有限公司印刷

◆ 开本：787×1092　1/16
　印张：18.25　　　　　2021 年 8 月第 1 版
　字数：462 千字　　　2025 年 1 月河北第 8 次印刷

定价：59.80 元

读者服务热线：**(010)81055256** 印装质量热线：**(010)81055316**
反盗版热线：**(010)81055315**
广告经营许可证：京东市监广登字 20170147 号

编　委　会

主　编：杨　生　王利锋

副主编：闫　强　徐子惠

编　委：李　伟　李晓文

前言 FOREWORD

当今世界是知识爆炸的世界，科学技术与信息技术快速发展，新型技术层出不穷，教科书也要紧随时代的发展，纳入新知识、新内容。目前很多教科书注重算法讲解，但是如果在初学者还不会编写一行代码的情况下，教科书就开始讲解算法，会打击初学者学习的积极性，让其难以入门。

IT 行业需要的不是只有理论知识的人才，而是技术过硬、综合能力强的实用型人才。高校毕业生求职面临的第一道门槛就是技能与经验。学校往往注重学生理论知识的学习，忽略了对学生实践能力的培养，导致学生无法将理论知识应用到实际工作中。

为了杜绝这一现象，本书倡导快乐学习、实战就业，在语言描述上力求准确、通俗易懂，在章节编排上循序渐进，在语法阐述中尽量避免术语和公式，从项目开发的实际需求入手，将理论知识与实际应用相结合，目标就是让初学者能够快速成长为初级程序员，积累一定的项目开发经验，从而在职场中拥有一个高起点。

千锋教育

本书特点

本书包含千锋教育容器部分的全部课程，致力于帮助初次接触容器和容器编排技术的读者。本书充分考虑到初学者进入新知识领域时的茫然，采用由浅至深、从点到面的方式讲解每一个知识点，通过模拟真实的生产环境并列举大量案例，帮助读者在实践中升华对概念的理解。本书几乎涵盖了从 Docker 技术到 Kubernetes 技术的所有主流知识点，可作为高等院校本科、专科计算机相关专业的容器与编排技术教材。

本书以传统的企业架构为起点，将容器技术与传统的硬件虚拟化等技术进行了对比分析，一步步带领读者感受容器技术与容器编排技术的魅力。全书将知识和实例有机结合，一方面，跟踪 Docker 的发展，精心选择内容，突出重点、强调实用，使知识讲解全面、系统；另一方面，将知识融入案例，每个案例都有相关的知识讲解，部分知识点还有用法示例，既有利于知识的教授，又有利于实践的指导。另外，书中还加入了企业级的应用项目，通过更加真实的项目体验，模拟出实际的生产环境，带领读者将理论知识与实践经验巧妙结合。

通过本书读者将学习到以下内容。

第一部分：Docker 容器技术，包括 Docker 的发展历史、安装与部署、容器与镜像的基础操作、数据存储与网络通信、容器服务状态监控等知识点。

第二部分：Kubernetes 容器编排技术，包括 Kubernetes 基础、企业级集群部署、集群工作机制、YAML 文件的语法与基本使用、集群状态检测与资源限制、私有镜像仓库部署等知识点。

针对高校教师的服务

千锋教育基于多年的教育培训经验，精心设计了"教材+授课资源+考试系统+测试题+辅助案例"教学资源包。教师使用教学资源包可节约备课时间，缓解教学压力，显著提高教学质量。

本书配有千锋教育优秀讲师录制的教学视频，按知识结构体系已部署到教学辅助平台"扣丁学堂"，可以作为教学资源使用，也可以作为备课参考资料。本书配套教学视频，可登录"扣丁学堂"官方网站下载。

高校教师如需配套教学资源包，也可扫描下方二维码，关注"扣丁学堂"师资服务微信公众号获取。

扣丁学堂

针对高校学生的服务

学 IT 有疑问，就找"千问千知"，这是一个有问必答的 IT 社区，平台上的专业答疑辅导老师承诺在工作时间 3 小时内答复读者学习 IT 时遇到的专业问题。读者也可以通过扫描下方的二维码，关注"千问千知"微信公众号，浏览其他学习者在学习中分享的问题和收获。

学习太枯燥，想了解其他学校的伙伴都是怎样学习的？读者可以加入"扣丁俱乐部"。"扣丁俱乐部"是千锋教育联合各大校园发起的公益计划，专门面向对 IT 有兴趣的大学生，提供免费的学习资源和问答服务，已有超过 30 万名学习者获益。

千问千知

资源获取方式

本书配套资源的获取方法：读者可登录人邮教育社区 www.ryjiaoyu.com 进行下载。

致谢

本书由千锋教育云计算教学团队整合多年积累的教学实战案例，通过反复修改最终撰写完成。多名院校老师参与了教材的部分编写与指导工作。除此之外，千锋教育的 500 多名学员参与了教材的试读工作，他们站在初学者的角度对教材提出了许多宝贵的修改意见，在此一并表示衷心的感谢。

意见反馈

虽然我们在本书的编写过程中力求完美，但书中难免有不足之处，欢迎读者给予宝贵意见。

千锋教育高教产品研发部

2021 年 8 月于北京

目录 CONTENTS

第1章 容器世界 ·········· 1
- 1.1 了解虚拟化 ·········· 1
  - 1.1.1 虚拟化概念 ·········· 1
  - 1.1.2 硬件虚拟化 ·········· 2
- 1.2 Docker 容器 ·········· 3
  - 1.2.1 Docker 技术诞生 ·········· 3
  - 1.2.2 容器与虚拟化 ·········· 4
  - 1.2.3 Docker 优势 ·········· 6
- 1.3 容器生态系统 ·········· 7
  - 1.3.1 核心技术 ·········· 7
  - 1.3.2 平台技术 ·········· 10
  - 1.3.3 支持技术 ·········· 12
- 1.4 本章小结 ·········· 14
- 1.5 习题 ·········· 14

第2章 Docker 安装 ·········· 16
- 2.1 Windows 安装 Docker ·········· 16
  - 2.1.1 Docker 版本 ·········· 16
  - 2.1.2 通过官方网站安装 Docker ·········· 18
  - 2.1.3 通过 Docker Toolbox 安装 Docker ·········· 20
- 2.2 Linux 安装 Docker ·········· 23
- 2.3 Docker 加速器 ·········· 26
  - 2.3.1 了解 Docker 加速器 ·········· 26
  - 2.3.2 配置 Docker 加速器 ·········· 26
- 2.4 本章小结 ·········· 27
- 2.5 习题 ·········· 27

第3章 Docker 镜像 ·········· 28
- 3.1 base 镜像 ·········· 28
- 3.2 镜像的本质 ·········· 30
- 3.3 查找本地镜像 ·········· 32
- 3.4 构建镜像 ·········· 34
  - 3.4.1 使用 docker commit 命令构建镜像 ·········· 34
  - 3.4.2 使用 Dockerfile 构建镜像 ·········· 36
- 3.5 Docker Hub ·········· 43
  - 3.5.1 docker search 命令 ·········· 43
  - 3.5.2 docker search 参数运用 ·········· 43
  - 3.5.3 镜像推送 ·········· 44
- 3.6 Docker 镜像优化 ·········· 46
  - 3.6.1 base 镜像优化 ·········· 46
  - 3.6.2 Dockerfile 优化 ·········· 47
  - 3.6.3 清理无用的文件 ·········· 49
- 3.7 本章小结 ·········· 50
- 3.8 习题 ·········· 50

第4章 Docker 容器 ·········· 52
- 4.1 容器运行 ·········· 52
- 4.2 进入容器 ·········· 58
  - 4.2.1 容器的三种状态 ·········· 58
  - 4.2.2 docker attach 与 docker exec ·········· 60
- 4.3 停止和删除容器 ·········· 63
  - 4.3.1 停止容器 ·········· 63
  - 4.3.2 删除容器 ·········· 65
- 4.4 容器资源限制 ·········· 67
  - 4.4.1 限制容器内存资源 ·········· 68
  - 4.4.2 限制容器 CPU 资源 ·········· 70

4.4.3	限制容器 Block I/O	71
4.5	本章小结	73
4.6	习题	73

第5章 容器底层技术 ... 75

5.1	Docker 基本架构	75
5.1.1	服务端	76
5.1.2	客户端	76
5.2	Namespace	77
5.2.1	Namespace 介绍	77
5.2.2	Namespace 的类型	79
5.2.3	深入理解 Namespace	80
5.2.4	Namespace 的劣势	82
5.3	Cgroups	83
5.3.1	Cgroups 介绍	83
5.3.2	Cgroups 的限制能力	84
5.3.3	实例验证	85
5.3.4	Cgroups 的劣势	87
5.4	Docker 文件系统	88
5.4.1	容器可读可写层的工作原理	88
5.4.2	Docker 存储驱动	89
5.5	本章小结	92
5.6	习题	92

第6章 容器数据卷 ... 94

6.1	容器数据卷概念	94
6.2	数据卷挂载	95
6.2.1	在命令行挂载数据卷	95
6.2.2	通过 Dockerfile 挂载数据卷	99
6.3	数据卷容器	100
6.4	备份数据卷	103
6.5	数据卷的恢复与迁移	105
6.5.1	恢复数据卷	105
6.5.2	迁移数据卷	106

6.6	管理数据卷	108
6.6.1	与容器关联	108
6.6.2	命令管理	110
6.7	本章小结	113
6.8	习题	113

第7章 容器网络 ... 115

7.1	容器网络管理	115
7.1.1	容器网络概述	115
7.1.2	查看容器网络	116
7.1.3	创建容器网络	117
7.1.4	删除容器网络	118
7.1.5	容器网络详细信息	118
7.1.6	配置容器网络	119
7.1.7	容器网络连接与断开	120
7.2	none 网络	121
7.3	host 网络	122
7.4	bridge 网络	124
7.5	container 网络	127
7.6	多节点容器网络	128
7.6.1	Overlay 网络	128
7.6.2	部署 Overlay 网络	129
7.6.3	Macvlan 网络	135
7.7	本章小结	138
7.8	习题	138

第8章 私有仓库 ... 139

8.1	私有仓库	139
8.2	搭建私有仓库	140
8.2.1	环境部署	140
8.2.2	自建仓库	140
8.3	使用 TLS 证书	143
8.3.1	生成证书	143
8.3.2	基本身份验证	145

8.4	Nginx 反向代理仓库	146
8.5	可视化私有仓库	149
8.6	本章小结	151
8.7	习题	151

第 9 章 容器监控

9.1	Docker 监控命令	153
9.1.1	docker ps 命令	153
9.1.2	docker top 命令	154
9.1.3	docker stats 命令	154
9.2	Sysdig	155
9.3	Weave Scope	158
9.3.1	安装 Weave Scope	158
9.3.2	监控容器	159
9.3.3	监控宿主机	162
9.3.4	多宿主机监控	163
9.4	本章小结	165
9.5	习题	165

第 10 章 企业级容器管理平台 Kubernetes …… 167

10.1	容器编排初识	167
10.1.1	企业架构的演变	167
10.1.2	常见的容器编排工具	168
10.1.3	Kubernetes 的设计理念	169
10.1.4	Kubernetes 的优势	170
10.2	Kubernetes 体系结构	171
10.2.1	集群体系结构	171
10.2.2	Master 节点与相关组件	172
10.2.3	Node 节点与相关组件	173
10.2.4	集群状态存储组件	173
10.2.5	其他组件	173
10.3	深入理解 Kubernetes	174
10.4	本章小结	174
10.5	习题	175

第 11 章 搭建 Kubernetes 集群 …… 176

11.1	官方提供的集群部署方式	176
11.2	Kubeadm 方式快速部署集群	177
11.2.1	Kubeadm 简介	177
11.2.2	部署系统要求	177
11.2.3	基本环境和集群架构	179
11.2.4	安装流程	179
11.2.5	集群状态检测	186
11.3	核心概念	188
11.4	本章小结	191
11.5	习题	191

第 12 章 Kubernetes 基础操作 …… 192

12.1	Kubectl 命令行工具解析	192
12.1.1	Kubectl 命令行工具	192
12.1.2	Kubectl 参数	193
12.1.3	Kubectl 操作举例	197
12.2	Pod 控制器与 Service	200
12.2.1	Pod 的创建与管理	200
12.2.2	plicaSet 控制器	206
12.2.3	Deployment 控制器	206
12.2.4	StatefulSet 控制器	212
12.2.5	DaemonSet 控制器	213
12.2.6	Service 的创建与管理	214
12.2.7	Java Web 应用的容器化发布	216
12.3	Volume 存储	220
12.3.1	Pod 内定义 Volume 的格式	220
12.3.2	常见的 Volume 类型	221
12.3.3	多容器共享 Volume 实例	222

12.4 本章小结 224
12.5 习题 224

第 13 章 集群管理 226

13.1 Pod 调度策略 226
    13.1.1 Pod 调度概述 226
    13.1.2 定向调度 227
    13.1.3 Node 亲和性调度 227
    13.1.4 Pod 亲和与互斥调度 229
13.2 ConfigMap 230
    13.2.1 ConfigMap 基本概念 230
    13.2.2 ConfigMap 创建方式 231
    13.2.3 ConfigMap 使用方法 234
    13.2.4 使用 ConfigMap 的注意事项 237
13.3 资源限制与管理 237
    13.3.1 设置内存的默认 requests 和 limits 237
    13.3.2 设置内存的最小和最大 limits 239
    13.3.3 设置 CPU 的默认 requests 和 limits 242
    13.3.4 设置 CPU 的最小和最大 limits 243

13.4 本章小结 244
13.5 习题 244

第 14 章 项目一：二进制方式部署 Kubernetes 集群 246

14.1 环境和软件的准备 246
14.2 etcd 集群的安装与认证 247
14.3 集群证书 251
14.4 Master 节点的部署 253
14.5 Node 节点的部署 258
14.6 审批 Node 加入集群 265
14.7 shboard（Web UI）部署 266

第 15 章 项目二：部署 Harbor 本地镜像仓库 270

15.1 项目介绍 270
15.2 仓库部署方式 271
15.3 基本换进的部署 272
15.4 Harbor 镜像仓库创建实例 276

第 1 章　容器世界

本章学习目标
- 了解虚拟化技术
- 熟悉容器的概念
- 熟悉容器生态系统
- 掌握 Docker 的概念

提到容器，人们可能会想到水杯之类盛放液体的工具。在互联网中容器也是一种"盛放"东西的工具，容器技术与虚拟化技术类似。容器技术的便捷与高效使它成为当下十分流行的 IT 技术。容器技术中最具代表性的就是 Docker 技术，Docker 几乎成为了容器技术的代名词。本章内容将带领读者打开容器世界的大门，初探容器技术的奥秘。

1.1　了解虚拟化

了解虚拟化

1.1.1　虚拟化概念

在计算机技术中，虚拟化（Virtualization）是一种资源管理技术。虚拟化的目的是在一台计算机上运行多个系统或应用，从而提高资源的利用率，节约成本。将单台服务器中的各种资源，如网络、CPU 及内存等，整合转换为一台或多台虚拟机，用户就可以从多个方面充分利用计算资源，如图 1.1 所示。

由图 1.1 可以看出，一台物理机可以拥有多台虚拟机，而这些虚拟机都是基于物理机运行。其中，物理机又叫作虚拟机的宿主机（可简称为主机），只要它处于正常运行状态，就可以一直承载虚拟机的运行。由于虚拟机基于物理机运行，硬件设备都是共享的，在创建多台虚拟机时，也要考虑到物理机的配置是否能够承载足够数量的虚拟机。

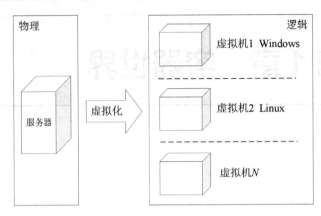

图 1.1 虚拟化技术

1.1.2 硬件虚拟化

硬件虚拟化是对宿主机的硬件进行虚拟化，使硬件对用户隐藏，并将虚拟化的硬件呈现在用户面前，如图 1.2 所示。

图 1.2 硬件虚拟化

图 1.2 中所示的硬件并非真实的物理硬件，而是通过虚拟化技术虚拟出来的，与虚拟机一样基于物理机硬件。我们在 1.1.1 节中讲过，虚拟机的运行需要考虑物理机硬件的配置，例如，将物理机中的网卡取出后，在虚拟机设置中是无法添加网卡的，但只要物理机中有网卡，虚拟机中就可以添加

多个网卡。再例如，物理机的内存有 16GB，用户直接给虚拟机配置 16GB 内存，这也是无法实现的，因为物理机的运行也需要消耗内存。

下面是一些硬件虚拟化的例子。

Inter-VT（Inter Virtualization Technology，Intel 公司的虚拟化技术）。为了解决纯软件虚拟化安全、性能等方面的不足，这种技术可以让一个 CPU 看起来像是多个 CPU 在工作一样，从而实现在一台计算机上同时存在多个操作系统。

AMD-V（AMD Virtualization，AMD 公司的虚拟化技术）。它是针对 x86 处理器系统架构的一组硬件扩展虚拟化技术，可以简化纯软件的虚拟化解决方案，改进 VMM（Virtual Machine Manager，虚拟机监视程序）的设计，更充分地利用硬件资源，提高了服务器和数据中心的虚拟化效率。

1.2 Docker 容器

1.2.1 Docker 技术诞生

容器（Container）技术是基于虚拟化技术的，它使应用程序可以从一个计算环境快速可靠地转移到另一个计算环境运行，可以说是一种新型的虚拟化技术。由于容器技术的优越性，越来越多的互联网公司开始开发容器应用。

Docker 容器

早在 1979 年，UNIX 系统中就出现了一种 chroot 机制，这是容器技术的雏形。2000 年，FreeBSD Jails 技术出现。它基于 FreeBSD 系统，将计算机分为多个独立的小型计算系统。2006 年，谷歌推出了 Process Containers（过程容器）技术，它不仅可以隔离进程，还可以对隔离空间限制计算资源。2008 年，出现了第一个完整的容器管理工具——LXC（Linux Container，Linux 容器）。2013 年，LMCTFY（Let Me Contain That For you，我为你的程序打包）作为由谷歌开发的开源容器技术，实现了在 Linux 系统中使用容器技术，LMCTFY 最终成为 Libcontainer 容器管理的重要组成部分。同年，Docker 技术问世，容器热度呈爆发式增长，Docker 逐渐成为了容器中的杰出代表，如图 1.3 所示。

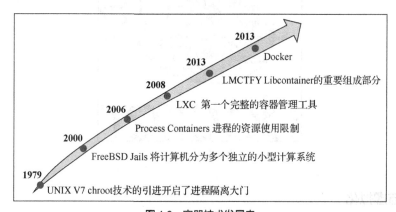

图 1.3 容器技术发展史

Docker 是一个开源的容器引擎，它可以使开发者打包好的应用程序在 Docker 空间中运行起来。当一台物理机中运行多个 Docker 容器时，就算其中一个容器出故障，也不会影响到整个业务。Docker

技术之所以独特，是因为它专注于开发人员和系统操作员的需求，将应用程序依赖项与基础架构分开。目前，容器无处不在，在 Linux、Windows、数据中心、公有云中，都可以看到容器的影子，如图 1.4 所示。

我们引入集装箱的概念来辅助理解 Docker 容器。集装箱被誉为运输业与世界贸易最重要的发明。早期的货物运输时，设法将不同的货物放在运输机上和因货物规格不同而频繁进行的货物装载与卸载等浪费了大量的人力物力。

为此人们发明了集装箱，根据货物的形状、大小，使用不同规格的集装箱进行装载，然后再放在运输机上运输。集装箱密封，只有货物到达目的地才需要拆封，在运输过程中能够在不同的运输机上平滑过渡，避免了资源的浪费。

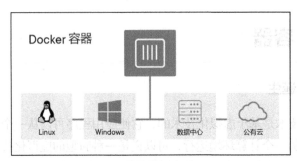

图 1.4　容器的广泛应用

Docker 容器就是利用了集装箱的思想，为应用程序提供基于容器的标准化运输系统。Docker 可以将任何应用及其依赖包打包进一个轻量级、可移植、自包含的容器。容器几乎可以运行在所有操作系统上。因此才有了那句话 "Build Once，Run Anywhere（生成一次，到处运行）"。Docker 的思想从其 Logo 中也不难看出——一堆可移动的集装箱，如图 1.5 所示。

图 1.5　Docker

1.2.2　容器与虚拟化

传统的虚拟机技术是模拟出一套硬件，在其上运行一套完整的操作系统，拥有自己独立的内核。虚拟机包含应用程序、必需的库或二进制文件，以及一个完整的 Guest 操作系统。而容器没有进行硬件虚拟，容器包含应用程序和它所有的依赖，容器中的应用进程直接运行在宿主机的内核上，与宿主机共享内核，因此容器比传统的虚拟机更加轻便。

容器技术与虚拟化技术都对需要运行的东西进行隔离，形成一个独立的运行空间，与宿主机系统互不干扰。虚拟化技术是基于系统的隔离，它对物理层面的资源进行隔离，如图 1.6 所示。

而容器技术与之不同，容器的隔离空间中运行的是应用程序，隔离是基于程序的，不需要将系统隔离，如图 1.7 所示。

相较于虚拟化，容器是更加快捷方便的技术，它的部署与迁移都十分快速，结构更加精简，运行速率更高。而虚拟化技术需要系统隔离，结构臃肿，无论是部署还是迁移都要消耗大量时间，每次创建都要新建系统，为用户的操作带来不便。

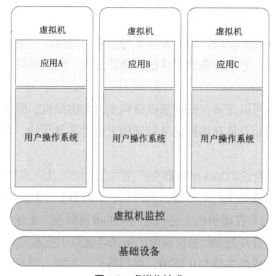

图 1.6　虚拟化技术

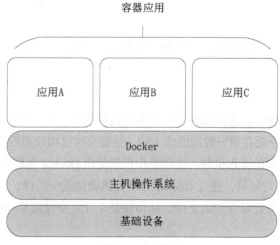

图 1.7　容器技术

不仅如此，虚拟化与容器还有着性能上的区别，如表 1.1 所示。

表 1.1　　　　　　　　　　　容器技术与虚拟化技术性能对比

对比项	容器	虚拟化
硬盘空间	MB 级别	GB 级别
启动速度	秒级	分钟级
并行运行数	单机支持上千个	单机支持十几个
隔离性	较弱	强
资源占用	小	大
镜像大小	几百 MB 到几 GB	可小至几 MB

Docker 容器的操作系统是共享的，虚拟化的操作系统是独立的，所以后者的隔离性更强，但也注定结构复杂，无法被广泛应用到企业中。

如今，容器技术已进入成熟阶段，为开发人员与运维人员提供了更大的灵活性。容器可以快速部署，提供不变的基础架构。它们还取代了传统的修补过程，使组织可以更快地响应问题，并使应用程序更易于维护。

容器化之后，应用程序可以部署在任何基础架构上，如虚拟机、服务器以及运行不同虚拟机管理程序的各种公共云。许多企业从在虚拟化基础架构上运行容器开始，发现无须更改代码即可轻松地将其迁移到云。

容器本身具有固有的安全性。Docker 容器在应用程序之间以及应用程序与主机之间创建隔离层，并通过限制对主机的访问来减少主机对外暴露的面积，从而保护主机与主机上的其他容器。在服务器上运行的 Docker 容器具有与在虚拟机上运行时相同的高级限制，来保证业务的安全性。Docker 容器还可以通过保护虚拟机本身并为主机提供深度防御来与虚拟化技术完美结合。

目前，大多数企业都有成熟的虚拟化环境，包括备份、监视、自动化工具以及与之相关的人员和流程。

1.2.3　Docker 优势

目前，Docker 发展趋势十分乐观，在企业中得到了广泛应用。接下来，我们将对 Docker 的优势进行详细介绍。

1. 编排有序

在以往的项目交付过程中，常常出现在开发人员这里能够正常运行，到了运维人员那里却无法正常运行的情况，使业务不能在第一时间完成上线，导致交付过程效率低下。

Docker 提供了一种全新的发布机制。这种发布机制使用 Docker 镜像作为统一的软件制品载体，以 Docker 容器作为统一运行环境，通过 Docker Hub 提供镜像统一协作，最重要的是使用 Dockerfile 定义容器内部行为和容器关键属性来做支撑，从而使整个开发交付周期中软件环境保持统一，大大提高了产品交付效率。

Dockerfile 处于整个机制的核心位置。因为在 Dockerfile 中，不仅能够定义使用者要在容器中进行的操作，而且能够定义容器中的软件运行需要的配置，实现了软件开发和运维在配置文件上达成统一。运维人员能够使用 Dockerfile 在不同场合下部署出与开发环境一模一样的 Docker 容器。

2. 高效易迁移

Docker 容器基于开放式标准，几乎可以在任意的平台上运行，包括物理机、虚拟机、公有云、私有云、个人计算机、服务器等。这种兼容性可以让用户轻松地把一个应用程序从一个平台直接迁移到另外一个平台。

Docker 是一款轻量级应用，在一台机器上运行的多个 Docker 容器可以共享这台机器的操作系统内核，能够做到快速启动，只需占用很少的服务器资源。镜像是通过文件系统层进行构造的，并共享一些公共文件，这样就能有效降低磁盘用量，使用户能够更快地下载镜像。

3. 快速部署

公司进行业务迁移的时候（例如，公司的 IDC 机房要进行搬迁，业务要迁移到云服务器上），通常需要将所有应用在云服务器上重新部署，这些烦琐的工作极大地浪费了人力，并降低了工作效率。利用 Docker 容器可以简化这项工作，实现快速部署。人们只需要在云服务器上运行相应的容器，无须考虑环境因素。

Docker 赋予应用的隔离性还独立于底层的基础设施。Docker 默认提供最强的隔离，因此应用出现问题也只是单个容器的问题，不会影响到整台机器。

1.3 容器生态系统

Docker 容器能有今天的蓬勃发展，与它生态系统的支持是分不开的。这一套完整的生态系统就是 Docker 发展的基础，为 Docker 提供了一整套技术支持，包括核心技术、平台技术、支持技术。

容器生态系统-1　　容器生态系统-2

1.3.1 核心技术

容器的核心技术是用来支持容器在主机上运行起来的技术，如图 1.8 所示。

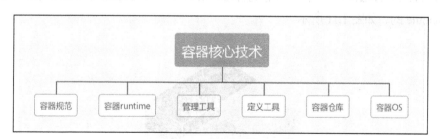

图 1.8　容器核心技术

接下来对容器核心技术进行详细介绍。

1. 容器规范

虽然 Docker 是最常用的容器之一，但容器不是只有 Docker，还有其他的容器，如 rkt。为了容器技术能够有更加良好的发展，各个容器技术的开发公司联合成立了 OCI（Open Container Initiative，开放容器计划）组织。OCI 组织的主要目的就是定制一套完整的容器规范，以保证各个容器之间能够兼容。

目前已经发布了两个容器规范，分别是 runtime spec（运行环境规范）与 image format spec（镜像格式规范），如图 1.9 所示。

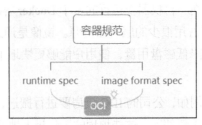

图 1.9　容器规范

这两个规范保证了不同公司开发出来的容器能够在不同的环境下运行，保证了容器的可移植性与互操作性。

2．容器 runtime

容器 runtime 是指容器的运行环境，用来包容容器的运行。例如，要养一株花，就要给它阳光、空气和水，来营造一个舒适的环境。容器也是一样，想要让它运行起来就要给它相应的环境。

目前有三种主流的容器 runtime，如图 1.10 所示。

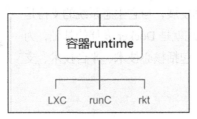

图 1.10　容器 runtime

LXC（Linux Containers）是一款比较老的容器 runtime，最初 Docker 在 Linux 系统中就是用 LXC 作为容器 runtime 的，如图 1.11 所示。

图 1.11　LXC

rkt 是 CoreOS 公司开发的容器 runtime，目前是 Docker 默认使用的容器 runtime，如图 1.12 所示。

8

图 1.12 rkt

runC 是 Docker 公司自己专门为 Docker 容器开发的 runtime，与 rkt 一样都是符合 OCI 规范的。

3. 管理工具

管理工具是任何一款应用程序必备的要素，否则将无法对应用进行管理。例如，开车时，司机需要通过方向盘等来对汽车进行操作，用户则需要通过管理工具来对容器进行操作，如图 1.13 所示。

容器的管理工具不仅为用户提供管理界面，还与 runtime 进行交互，所以不同的 runtime 对应不同的管理工具。

LXC 对应的容器管理工具是 lxd。

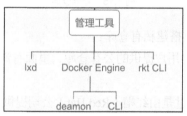

图 1.13 管理工具

runC 对应的容器管理工具是 Docker Engine，分为 deamon 与 CLI 两部分。

rkt 对应的容器管理工具是 rkt CLI。

4. 定义工具

容器的定义工具用于定义容器的内容与属性，使用户随心所欲地创建自己想要的容器，如图 1.14 所示。

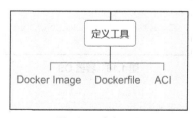

图 1.14 定义工具

Docker Image 就是 Docker 镜像，用户会先根据自己的要求创建一个镜像，再根据配置好的镜像创建出容器。Docker Image 相当于一幅设计蓝图，用户将蓝图规划完成之后，Docker 程序会按照蓝图创建容器。

Dockerfile 是一个文本文件，它包含了在创建镜像时需要使用的命令，这些都是用户事先配置完成的。在创建镜像时，只要指定一个 Dockerfile，Docker 程序就会按照 Dockerfile 中的命令进行镜像的创建。

ACI（App Container Image，应用程序容器镜像）也是一种容器镜像，只不过它是由 CoreOS 公司开发的，专门用于 rkt 容器。

5. 容器仓库

容器仓库并不是用来存放容器的，而是用来存放镜像的。用户可以将使用过的镜像上传到容器仓库中，下次使用时再从容器仓库中下载需要的镜像，并且仓库中的镜像在一定范围内是共享的。各类容器仓库如图 1.15 所示。

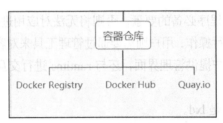

图 1.15　容器仓库

Docker Registry 支持企业自己搭建私有仓库。

Docker Hub 是 Docker 公司为用户提供的公有仓库，里面有许多 Docker 镜像，为广大用户提供了极大的便利。

Quay.io 也是公有仓库，只不过是由红帽（Red Hat）公司提供的。

6. 容器 OS

容器 OS（Operating System，操作系统）专门用于容器的运行。虽然几乎所有的系统都可以通过容器 runtime 来运行容器，但容器 OS 比起其他系统更加轻巧，更加适宜容器的运行，容器 OS 中的容器运行起来更加高效。常见的容器 OS 如图 1.16 所示。

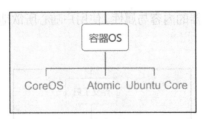

图 1.16　容器 OS

1.3.2　平台技术

在容器普及之前，企业为了便于管理，服务器都是分布式部署，容器平台技术支持容器集群在分布式环境中运行，如图 1.17 所示。

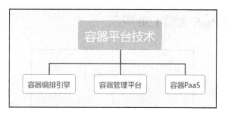

图 1.17　容器平台技术

接下来对容器平台技术进行详细介绍。

1. 容器编排引擎

企业根据业务需求随时可能会对容器进行创建、迁移或销毁。容器编排引擎为工程师们提供了更方便的容器集群管理方式。常见的容器编排引擎如图 1.18 所示。

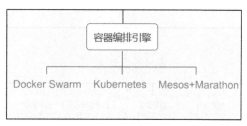

图 1.18　容器编排引擎

Docker Swarm 是 Docker 公司于 2014 年 12 月发布的容器编排引擎。

Kubernetes 其实是 Google（谷歌）公司早就开发出来的，直到 2014 年才启用。Kubernetes 同时支持 Docker 容器与 rkt 容器，是目前国内企业中最常用的容器编排引擎之一。

Mesos 是一个分布式内核，Marathon 是一个框架，二者结合即可为企业提供完整的容器集群管理引擎。

2. 容器管理平台

容器管理平台与容器编排引擎一样用于管理容器集群，但容器管理平台是位于容器编排引擎之上的平台，它可以兼容各类容器编排引擎。容器管理平台将编排引擎的功能抽象化地呈现在 Web 页面中，使用户的管理方式更加简单。常见的容器管理平台如图 1.19 所示。

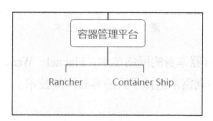

图 1.19　容器管理平台

3. 容器 PaaS

PaaS（Platform as a Service，平台即服务）是指将研发平台或环境作为一种服务，通过商业模式提供给用户或企业。容器 PaaS 就是基于容器的 PaaS，开发人员无须对低层设施进行操作，直接在

PaaS 上进行研发。常见的容器 PaaS 如图 1.20 所示。

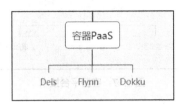

图 1.20　容器 PaaS

1.3.3　支持技术

容器支持技术是用来支持容器设备的技术，有了这些技术的支持，容器才能完整地运行并运用到企业中，如图 1.21 所示。

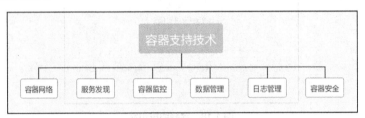

图 1.21　容器支持技术

1. 容器网络

容器运行在物理机中，一台物理机中又可能会有多个容器。由于业务的架构不同，容器与容器之间或者容器与其他设备之间，都可能需要网络支持，但它们又相互隔离。容器网络技术的出现解决了各个设备之间复杂的网络问题。常见的容器网络技术如图 1.22 所示。

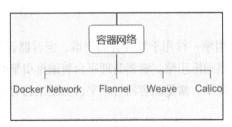

图 1.22　容器网络技术

Docker Network 是 Docker 容器本身的网络技术，Flannel、Weave 与 Calico 都是主流的第三方容器网络技术，企业根据业务的不同需求选择不同的容器网络技术。

2. 服务发现

容器集群是动态的，访问量增大就会自动创建容器，访问量减小就会自动销毁容器，还会根据业务需要进行容器迁移。在这样一系列的变动之后，业务信息也发生改变，服务发现技术将这些变动之后的最新信息通知客户机，让客户能够准确地访问服务。常见的服务发现技术如图 1.23 所示。

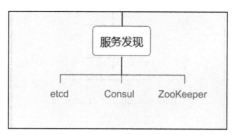

图 1.23　服务发现技术

3. 容器监控

在传统的服务集群中，为确保业务的正常运行，需要对业务进行监控管理。容器集群是动态的，这无疑给容器监控带来了挑战。常见的容器监控工具如图 1.24 所示。

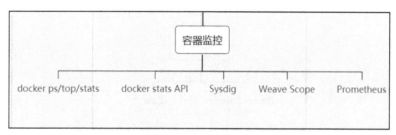

图 1.24　容器监控工具

docker ps/top/stats 是 Docker 自带的命令行形式的监控工具，docker stats API 是通过接口使用户可以获取容器状态的工具。

Sysdig、Weave Scope 与 Prometheus 都是常见的容器监控工具。

4. 数据管理

容器集群既然为用户提供服务，就会产生数据，为保证这些数据的安全性，就有了容器的数据管理技术。数据管理技术可以使容器集群发生变化时，不对持久化数据造成损失，并且完整地保留新的数据。常见的数据管理技术如图 1.25 所示。

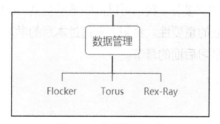

图 1.25　数据管理技术

5. 日志管理

在用户访问网站时，Web 服务会将访问信息记录到特定的文件当中，这些文件就是日志文件。常见的日志管理工具如图 1.26 所示。

Docker Logs 是 Docker 容器自带的日志管理工具。Logspout 通过容器接口从各个容器中收集日志信息，将收集到的日志信息发送给后续的程序进行处理，最终日志信息被写入日志系统。

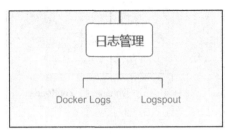

图 1.26　日志管理工具

6. 容器安全

容器的安全性是企业工程师们时刻要关注的，也是整个企业都需要重视的事情。常见的容器安全工具如图 1.27 所示。

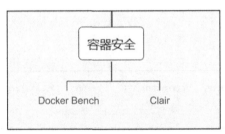

图 1.27　容器安全工具

Docker 本身也是有安全机制的，它通过对资源的限制与对信息的过滤来提高容器的安全性。另外，还有其他的第三方安全工具，如 Docker Bench、Clair 等。Docker Bench 会按照相关安全规范来对容器进行一系列检查。Clair 通过对镜像文件的扫描来发现容器的潜在风险。

1.4　本章小结

本章介绍了容器的基本概念、虚拟化技术、Docker 容器相对于传统虚拟化技术的优势，以及 Docker 容器在企业项目中存在的必要性。我们可以清晰地感受到 Docker 容器在生产环境中带给我们的巨大便利，以及容器对于企业的重要性。希望大家通过本章的学习可以对 Docker 与容器技术的概念有一定的了解，以便更好地学习后面的章节。

1.5　习题

1. 填空题

（1）虚拟化是一种_____技术。

（2）硬件虚拟化是将_____的硬件进行虚拟化。

（3）容器技术基于_____技术。

（4）Docker 是一个开源的_____。

（5）虚拟化技术是基于_____的隔离，容器技术是基于_____的隔离。

2. 选择题

（1）在创建多台虚拟机时，也要考虑到物理机的（　　）。

　　A．CPU　　　　B．配置　　　　　C．内存　　　　　D．质量

（2）下列选项中，容器核心技术不包括（　　）。

　　A．定义工具　　B．容器规范　　　C．容器仓库　　　D．数据管理

（3）下列选项中，属于容器公有仓库的是（　　）。

　　A．Docker Hub　B．Docker Swarm　C．Git Hub　　　 D．Docker Registry

（4）下列选项中，不属于容器编排引擎的是（　　）。

　　A．Flannel　　 B．Docker Swarm　C．Mesos+Marathon D．Kubernetes

（5）下列选项中，属于容器监控工具的是（　　）。

　　A．ZooKeeper　 B．Weave Seope　 C．Docker Image　D．Prometheus

3. 思考题

（1）简述虚拟化技术与容器技术的区别。

（2）简述 Docker 容器技术的优势。

4. 操作题

绘制容器生态系统的思维导图。

第 2 章 Docker 安装

本章学习目标

- 在不同操作系统中安装 Docker
- 了解安装 Docker 的配置
- 从不同途径获取 Docker
- 深入理解 Docker 的工作原理

Docker 作为新兴的容器技术，目前在企业中得到了广泛的应用，市场也十分渴望相关技术人才。由于各企业使用的服务器系统有所差异，本章将详细介绍如何在 Windows、Linux 以及 Mac 系统下安装 Docker。

2.1 Windows 安装 Docker

2.1.1 Docker 版本

Windows 安装 Docker

Docker 原本是 dotCloud 公司旗下一个业余的开源产品，随着 Docker 的流行与发展，dotCloud 公司更名为 Docker 公司，并开启了商业化之路。Docker 容器从 17.03 版本开始分为 CE（Community Edition，社群版本）与 EE（Enterprise Edition，企业版本）。这就像 TIM 与 QQ，由同一家公司开发，用途相同，但针对不同的人群，如图 2.1 所示。

 Or

图 2.1　TIM 与 QQ

Docker CE 是免费 Docker 产品的新名称。Docker CE 并没有降低性能，它包含完整的 Docker 平台，非常适合开发人员和运维团队构建容器 App。

Docker EE 包含额外的付费服务，因为安全性更高，更加适合在企业中使用。

Docker 公司为 Docker CE 与 Docker EE 提供了不同的版本迭代计划。

Docker CE 有两种版本。

Edge 版本可以说是 Docker CE 的测试版，Docker 公司对一个月内发现的 Edge 版本所有 bug 进行修复，并发布最新版本。所以 Edge 每个月都有新版发布，主要面对那些喜欢尝试新功能的用户。

Stable 版本是 Docker CE 的稳定版，Docker 公司对四个月内发现的 Stable 版本所有 bug 进行修复，并发布最新版本。所以 Stable 每四个月发布一次新版，适用于希望更加容易维护的用户。

Docker EE 的版本号与 Docker CE 的 Stable 版本一致，但它每一个版本的维护周期是一年。

Docker CE 与 Docker EE 的版本规划如图 2.2 所示。

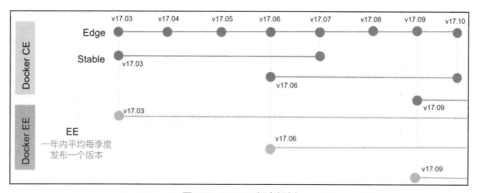

图 2.2　Docker 版本规划

除此之外，Docker CE 与 Docker EE 支持的系统也有区别，如表 2.1 所示。

表 2.1　　　　　　　　　　Docker CE 与 Docker EE 支持的系统

系统	Docker EE	Docker CE
Ubuntu	支持	支持
Debian	不支持	支持
Red Hat Linux	支持	不支持
CentOS	支持	支持
Fedora	不支持	支持
Oracle Linux	支持	不支持
SUSE Linux Enterprise Server	支持	不支持
Microsoft Windows Server 2016	支持	不支持
Microsoft Windows 10	不支持	支持
MacOS	不支持	支持
Microsoft Azure	支持	支持
Amazon Web Services	支持	支持

从表 2.1 中可以看出，虽然 Docker CE 与 Docker EE 支持的系统存在着差异，但其中使用范围较广的 Linux 的 CentOS 与 Ubuntu 系统是 Docker CE 与 Docker EE 都可以支持的。

2.1.2 通过官方网站安装 Docker

在 Windows 操作系统中安装 Docker 时，要确定本机 CPU 已开启虚拟化功能，因为 Docker 程序依赖虚拟化技术，不开启虚拟化功能是无法正常使用 Docker 的。CPU 的虚拟化功能要在开机时进入 BIOS 模式开启，不同品牌的计算机操作流程略有不同。开启后可以在任务管理器中查看是否开启成功，如图 2.3 所示。

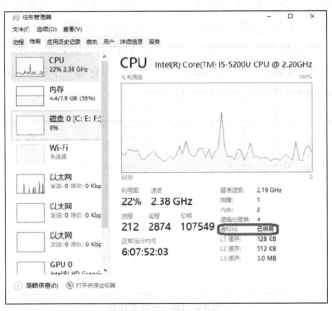

图 2.3 CPU 虚拟化功能

Docker 可以在主流的操作系统和云平台上使用，如 Windows 操作系统、MacOS 和 Linux 操作系统等。但针对 Windows 操作系统目前 Docker 官方网站仅有 Windows 10 专业版和企业版的安装包，Windows 7/Windows 8/Windows 10 家庭版需要通过 Docker Toolbox 来安装。

用户可以通过访问 Docker 官方网站获取对应版本的 Docker，Docker 官方网站如图 2.4 所示。

图 2.4 Docker 官方网站

单击页面右上角的 Get Started，在页面下方会出现获取 Docker 的入口，选择 Download for Windows 获取支持 Windows 系统的 Docker，如图 2.5 所示。

图 2.5　Download for Windows

进入 Docker 下载页面后，单击 Please Login To Download，如图 2.6 所示。

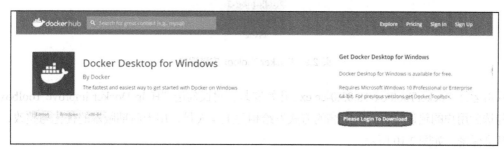

图 2.6　Docker 下载页面

在 Docker 官方网站获取 Docker 需要 Docker Hub 账号，没有的话可以先到 Docker Hub 官方网站注册，注册完就可以单击 Get Docker 进行下载了。Docker 下载过程如图 2.7 所示。

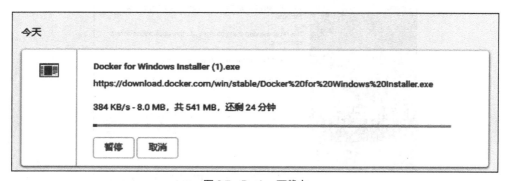

图 2.7　Docker 下载中

下载完成后，本地新增了一个 Docker for Windows Install.exe 文件，如图 2.8 所示。

Docker for Windows Install.exe 文件是 Docker 在 Windows 系统中的安装程序，双击它之后 Docker 开始安装。

安装之后，双击桌面图标即可启动 Docker。

图 2.8　Docker 安装程序

2.1.3　通过 Docker Toolbox 安装 Docker

2.1.2 节介绍了如何从 Docker 官方网站下载安装 Docker，下面介绍使用 Docker Toolbox 来安装 Docker 的方法。

Docker Toolbox 是 Windows 系统专属的 Docker 客户端。如果用户无法使用 Docker for Windows Install.exe 安装 Docker，例如，用户系统是 Windows 10 家庭版，就可以使用 Docker Toolbox 安装 Docker。

我们选择到阿里云开源镜像站下载 Docker Toolbox。进入网站后，单击 docker-toolbox→windows→docker-toolbox→DockerToolbox-18.03.0-ce.exe 进行下载。下载完成后，本地会新增一个 DockerToolbox 安装程序，如图 2.9 所示。

图 2.9　Docker Toolbox 安装程序

双击运行 DockerToolbox-18.03.0-ce.exe 开始安装，建议勾选"Help Docker improve Toolbox"选项，勾选后用户的错误报告会以匿名的方式发给相关工作人员，用于后期版本的优化与整改，所有内容都会保密，如图 2.10 所示。

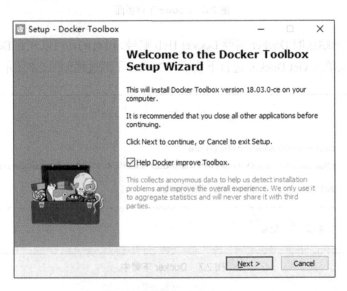

图 2.10　安装 Docker Toolbox

单击 Next 按钮，会被提示需要安装一些依赖包，默认都安装即可，如图 2.11 所示。

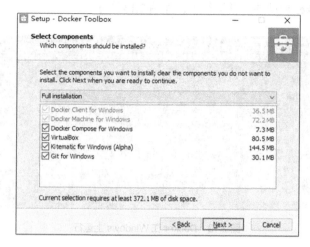

图 2.11　安装依赖包

以下为所需安装的依赖包详解。

- Docker Client for Windows

Windows 操作系统中 Docker 的客户端。

- Docker Machine for Windows

Docker Machine 是 Docker 官方提供的一个工具，它可以帮助我们在远程的机器上安装 Docker，或者在虚拟机上直接安装虚拟机并在虚拟机中安装 Docker，我们还可以通过 docker-machine 命令来管理这些虚拟机和 Docker。

- Docker Compose for Windows

Docker Compose 是一个命令行工具，用于批量创建或管理容器。

- VirtualBox

VirtualBox 是一款开源的虚拟机软件，对 Docker 使用起辅助作用。

- Kitematic for Windows（Alpha）

Kitematic 是一个简单的 Docker 容器管理工具。

- Git for Windows

Git for Windows 主要提供了一个轻量级、本地化的 Git 命令行工具，提供了命令行下的全功能界面操作。

Docker 安装成功后，桌面出现三个图标，分别是 Oracle VM VirtualBox、Kitematic (Alpha)、Docker Quickstart Terminal。双击带有 Docker 图标的 Docker Quickstart Terminal 启动 Docker，如图 2.12 所示。

图 2.12　Docker 图标

首次启动 Docker 时需要从 Github 开源代码库下载 boot2Docker.iso，可能要等待一段时间，下载完成后就可以看到 Docker 启动并正常运行了，如图 2.13 所示。

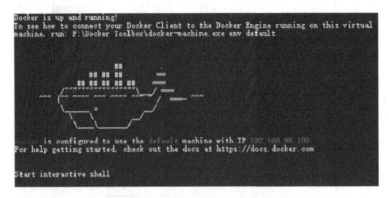

图 2.13　Docker 在 Windows 上运行

从图 2.13 中可以看出，Docker 默认使用的 IP 地址是 192.168.99.100。使用终端对这个 IP 地址进行连接，通过用户名与密码即可登录，Windows 系统上安装的 Docker 默认用户名为 Docker，密码为 tcuser。

登录 Docker 之后，可以通过一些小命令来检测一下 Docker，例如，查看当前安装 Docker 的版本信息。示例代码如下：

```
1   Docker@default:~$ docker version #查看版本信息
2   Client: docker Engine - Community
3   #Docker 客户端信息
4    Version:           18.09.3 #版本信息
5    API version:       1.39 #程序接口版本
6    Go version:        go1.10.8 #Go 版本
7    Git commit:        774a1f4 #
8    Built:             Thu Feb 28 06:32:01 2019 #创建时间
9    OS/Arch:           Windows/amd64 #系统信息
10   Experimental:      false
11
12  Server: docker Engine - Community
13  #Docker 服务端信息
14   Engine:
15    Version:          18.09.3
16    API version:      1.39 (minimum version 1.12)
17    Go version:       go1.10.8
18    Git commit:       774a1f4
19    Built:            Thu Feb 28 06:40:51 2019
20    OS/Arch:          Windows/amd64
21    Experimental:     false
```

服务名称后边跟 "version"，这条命令通常是用来查看服务版本信息的。

查看版本信息一般用来验证软件是否安装成功，看到如上信息说明 Docker 在 Windows 上安装成功！

2.2 Linux 安装 Docker

Linux 安装 Docker

Linux 操作系统是当前企业中使用最多的操作系统，这是因为其开源、安全、稳定的特性与企业的需求相契合，并且无论是 Docker EE 还是 Docker CE 都支持 Ubuntu 与 CentOS。Linux 系统安装 Docker 建议满足两个条件：首先，用户所使用的 Linux 是 64 位的操作系统；其次，系统内核版本至少要在 3.10 版本以上。本书以 CentOS 为例。

CentOS（Community Enterprise Operating System，社区企业操作系统）是 Linux 发行版之一，是以 Red Hat Linux 系统为基础被开发出来的 Linux 开源系统，如图 2.14 所示。

图 2.14　CentOS

CentOS 具有很高的稳定性，甚至有些企业用它来代替企业版 Red Hat Linux。Red Hat Linux 部分开源，而 CentOS 完全开源。在 CentOS 的官方网站就可以获取 CentOS 的系统镜像，如图 2.15 所示。

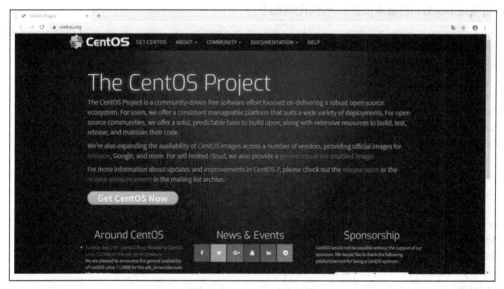

图 2.15　CentOS 官方网站

首先查看系统信息与内核版本，示例代码如下：

```
[root@localhost ~]# uname -a
Linux localhost 3.10.0-957.el7.x86_64 #1 SMP Thu Nov 8 23:39:32 UTC 2018 x86_64 x86_64
```

```
x86_64 GNU/Linux
[root@docker ~]# uname -r
3.10.0-862.el7.x86_64
```

系统满足 Docker 安装条件，开始安装 Docker，示例代码如下：

```
[root@docker ~]# yum -y install docker #安装 Docker
Loaded plugins: fastestmirror #加载插件
Repository base is listed more than once in the configuration
Repository updates is listed more than once in the configuration
Repository extras is listed more than once in the configuration
Repository centosplus is listed more than once in the configuration
..........
Installed: #安装
  Docker.x86_64 2:1.13.1-91.git07f3374.el7.centos

Dependency Installed: #安装依赖包
  Docker-client.x86_64 2:1.13.1-91.git07f3374.el7.centos Docker-common.x86_64 2:1.13.1
-91.git07f3374.el7.centos

Complete! #完成
```

这里使用的是 yum 安装。yum 是一款应用程序管理器，背后也有一个基于 Red Hat 的软件仓库来存放软件包。yum 仓库是一个专属于 CentOS 的软件仓库，也叫作 yum 源。

看到"Complete!"时，说明安装已经完成。

然后验证 Docker 的版本信息，示例代码如下：

```
[root@docker ~]# docker version
#查看 Docker 版本信息，常用来验证 Docker 是否安装成功
Client:
 Version:         1.13.1
 API version:     1.26
 Package version: Docker-1.13.1-91.git07f3374.el7.centos.x86_64
 Go version:      go1.10.3
 Git commit:      07f3374/1.13.1
 Built:           Wed Feb 13 17:10:12 2019
 OS/Arch:         linux/amd64

Server:
 Version:         1.13.1
 API version:     1.26 (minimum version 1.12)
 Package version: Docker-1.13.1-91.git07f3374.el7.centos.x86_64
 Go version:      go1.10.3
 Git commit:      07f3374/1.13.1
 Built:           Wed Feb 13 17:10:12 2019
 OS/Arch:         linux/amd64
 Experimental:    false
```

通过版本信息可以看出，Docker 已经安装成功。启动 Docker，示例代码如下：

```
[root@docker ~]# systemctl start Docker
```

在 CentOS 中，systemctl 命令通常用来管理服务状态，如启动、关闭、临时关闭、永久关闭等。

为了便于管理，安装完成之后可以为 Docker 设置开机自启，在下一次开启机器时，Docker 服务会随着机器的启动而启动。设置 Docker 开机自启，示例代码如下：

```
[root@docker ~]# systemctl enable Docker
Created symlink from /etc/systemd/system/multi-user.target.wants/Docker.service to /usr/lib/systemd/system/Docker.service.
```

从上面的示例可以看到，Docker 的开机自启也用到了 systemctl 命令。

接下来，验证 Docker 能否运行起来。

下载任意一个安装包，由于 hello-world 是一个较小的安装包，这里就以 hello-world 为例，示例代码如下：

```
[root@docker ~]# docker run hello-world
Unable to find image 'hello-world:latest' locally
Trying to pull repository Docker.io/library/hello-world ......
latest: Pulling from Docker.io/library/hello-world
1b930d010525: Pull complete
Digest: sha256:2557e3c07ed1e38f26e389462d03ed943586f744621577a99efb77324b0fe535
Status: Downloaded newer image for Docker.io/hello-world:latest

Hello from Docker!
This message shows that your installation appears to be working correctly.

To generate this message, docker took the following steps:
 1. The docker client contacted the docker daemon.
 2. The docker daemon pulled the "hello-world" image from the docker Hub.
    (amd64)
 3. The docker daemon created a new container from that image which runs the
    executable that produces the output you are currently reading.
 4. The docker daemon streamed that output to the docker client, which sent it
    to your terminal.

To try something more ambitious, you can run an Ubuntu container with:
 $ docker run -it ubuntu bash

Share images, automate workflows, and more with a free docker ID:
 https://hub.Docker.com/

For more examples and ideas, visit:
 https://docs.Docker.com/get-started/
```

出现以上信息代表 Docker 容器能够正常运行。

2.3 Docker 加速器

Docker 加速器

2.3.1 了解 Docker 加速器

用户使用 Docker 通常需要从官方网站获取镜像，但是 Docker 官方网站在国外，有时因为网络原因，拉取镜像的过程非常耗时，严重影响 Docker 用户体验。

因此 DaoCloud 公司推出了加速器工具来解决这个难题。加速器通过智能路由和缓存机制，极大地提升了国内网络访问 Docker 官方网站的速度。DaoCloud 公司为了降低国内用户使用 Docker 的门槛，提供永久免费的加速器服务。目前，Docker 加速器已经拥有了广泛的用户群体，并得到了 Docker 用户的信赖。

Docker 加速器支持 Linux、MacOS 以及 Windows 操作系统，可以满足大多数用户的需求。但 Docker 加速器对 Docker 的版本有一定的要求，Docker1.8 或更高版本才能使用。

2.3.2 配置 Docker 加速器

访问 DaoCloud 官方网站，首先注册 DaoCloud 账号，然后进入自己的控制台，单击加速器图标，如图 2.16 所示。

然后进入 Docker 加速器配置页面，了解 Linux、MacOS 以及 Windows 操作系统的配置方法，这里不做赘述。

另外，国内公有云为了方便用户使用容器，也都推出了 Docker 镜像加速器服务，如图 2.17 所示。

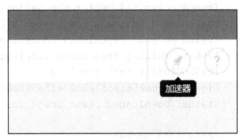

图 2.16 Docker 加速器

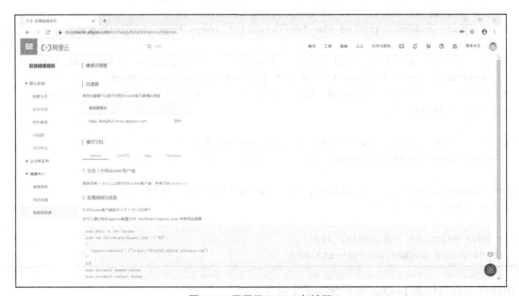

图 2.17 阿里云 Docker 加速器

具体使用方式，公有云官方文档中有详细说明。

2.4 本章小结

本章介绍了 Docker 容器在不同系统中的安装方式、不同安装包的获取方式，以及 Docker 加速器的作用。通过本章的学习，大家在安装 Docker 时，遇到不同系统的服务器，也会从容应对。接下来的章节将详细介绍 Docker 的工作原理及使用方式。

2.5 习题

1. 填空题

（1）Docker 版本分为_____与_____。

（2）Docker EE 是_____版 Docker。

（3）Docker CE 是_____版 Docker。

（4）Docker CE 分为_____版与_____版。

（5）Docker 加速器的作用是_____。

2. 选择题

（1）Docker Toolbox 是专属于（　　）系统的客户端。

  A．Ubuntu B．Windows C．CentOS D．MacOS

（2）Linux 安装 Docker，建议使用（　　）系统。

  A．32 位 B．16 位 C．128 位 D．64 位

（3）Linux 安装 Docker，建议内核版本在（　　）及以上。

  A．3.10 B．3.60 C．3.0 D．3.01

（4）Ubuntu 系统所使用的应用程序管理器是（　　）。

  A．install B．yum C．Red Hat D．apt

（5）CentOS 系统所使用的应用程序管理器是（　　）。

  A．install B．yum C．Red Hat D．apt

3. 思考题

（1）简述通过官方网站安装 Docker 与通过 Docker Toolbox 安装 Docker 的区别。

（2）简述 Ubuntu 与 CentOS 安装 Docker 的区别。

4. 操作题

分别在 Ubuntu 系统与 CentOS 中安装 Docker。

第 3 章　Docker 镜像

本章学习目标
- 理解镜像的概念
- 从官方网站获取 Docker 镜像
- 熟练构建自己的镜像
- 掌握镜像的简单操作方法

Docker 镜像是 Docker 容器的基石，容器是镜像的运行实例，有了镜像才能启动容器。Docker 镜像是一个只读的模板，一个独立的文件系统，包括运行一个容器所需的数据，可以用来创建容器。

3.1　base 镜像

base 镜像

base（基础）镜像是指完全从零开始构建的镜像，它不会依赖其他镜像，甚至会成为被依赖的镜像，其他镜像以它为基础进行扩展。

通常 base 镜像都是 Linux 的系统镜像，如 Ubuntu、CentOS、Debian 等。

下面通过 Docker 拉取一个 base 镜像并查看，这里以 CentOS 为例，示例代码如下：

```
[root@docker ~]# docker pull centos
Using default tag: latest
Trying to pull repository Docker.io/library/centos ......
latest: Pulling from Docker.io/library/centos
Digest: sha256:307835c385f656ec2e2fec602cf093224173c51119bbebd602
c53c3653a3d6eb
Status: Image is up to date for Docker.io/centos:latest
[root@docker ~]# docker images centos
REPOSITORY            TAG         IMAGE ID       CREATED       SIZE
Docker.io/centos      latest      67fa590cfc1c   4 weeks ago   202 MB
```

从以上示例中可以看出，一个 CentOS 镜像大小只有 202MB，但在安装系统时，一个 CentOS 大概有几 GB，这与操作系统有关。先观察 Linux 原本的操作系统结构，如图 3.1 所示。

图 3.1　Linux 系统结构

Kernel 是内核空间。bootfs 文件系统在 Linux 启动时加载。rootfs 是包含操作命令的文件系统。

base 镜像的创建过程中，Kernel、bootfs 与 rootfs 都会加载，然后 bootfs 文件系统（包括 Kernel）被卸载掉，镜像只保留 rootfs 文件系统，供用户进行操作。bootfs 与 Kernel 将与宿主机共享。

另外，为了增加 Docker 的灵活性，base 镜像提供的都是最小安装的 Linux 系统。

Linux 系统不同的发行版之间最大的区别就是 rootfs 的不同，例如，Ubuntu 系统的应用程序管理器是 apt，而 CentOS 是 yum。由此可见，只要提供不同的 rootfs 文件系统就可以同时支持多种操作系统，如图 3.2 所示。

图 3.2　多系统结构

从图 3.2 中可以看到，两个不同的 Linux 发行版提供了各自的 rootfs 文件系统，而它们共用的是底层宿主机的 Kernel。

假设宿主机的系统是 Ubuntu 16.04，Kernel 版本是 4.4.0，无论 base 镜像原本的发行版 Kernel 版本如何，在这台宿主机上都是 4.4.0。

下面通过示例来验证，示例代码如下：

```
[root@ubuntu ~]# uname -r
#查看宿主机 Kernel 版本信息
3.10.0-957.el7.x86_64
```

```
[root@ubuntu ~]# docker run -it centos
#进入 CentOS base 镜像
[root@74c29dff666d /]# uname -r
#查看 CentOS base 镜像的 Kernel 版本信息
3.10.0-957.el7.x86_64
```

从上述示例中可以看出，base 镜像与宿主机的 Kernel 版本都是 3.10。base 镜像的 Kernel 是与宿主机共享的，其版本与宿主机一致，并且不能进行修改。

3.2 镜像的本质

镜像的本质

Docker 镜像是一个只读的文件系统，由一层一层的文件系统组成，每一层仅包含前一层的差异部分，这种层级文件系统被称为 UnionFS。大多数 Docker 镜像都在 base 镜像的基础上进行创建，每进行一次新的创建就会在镜像上构建一个新的 UnionFS。

查看 ubuntu:15.04 镜像的层级结构，示例代码如下：

```
[root@docker ~]# docker pull ubuntu:15.04
#从官方仓库拉取（下载）Ubuntu 15.04 镜像
Trying to pull repository Docker.io/library/ubuntu ......
15.04: Pulling from Docker.io/library/ubuntu
9502adfba7f1: Pull complete
4332ffb06e4b: Pull complete
2f937cc07b5f: Pull complete
a3ed95caeb02: Pull complete
Digest: sha256:2fb27e433b3ecccea2a14e794875b086711f5d49953ef173d8a03e8707f1510f
#镜像 ID 号
Status: Downloaded newer image for Docker.io/ubuntu:15.04
```

通常，对 Docker 的操作命令都是以 "docker" 开头。pull 是下载镜像的命令，在英文中是 "拉" 的意思，所以下载镜像又叫作拉取镜像。

以上示例中，第 5 行到第 8 行是每一层 UnionFS 的 ID 号，第 9 行是整个镜像的 ID 号，这个 ID 号可以用来操控镜像。

然后，查看镜像，示例代码如下：

```
[root@docker ~]# docker images
#查看本地的镜像
REPOSITORY          TAG       IMAGE ID        CREATED         SIZE
Docker.io/nginx     latest    881bd08c0b08    6 days ago      109 MB
Docker.io/centos    latest    1e1148e4cc2c    3 months ago    202 MB
Docker.io/ubuntu    15.04     d1b55fd07600    3 years ago     131 MB
```

在以上示例中，不仅可以看到先前下载的 Ubuntu 15.04 镜像，还可以看到其他镜像，说明 "docker images" 是查看本地所有镜像的命令。而查看到的信息中，除了镜像名称，还有版本号、镜像 ID 号、创建时间以及镜像大小。

接着，通过命令查看镜像的构建过程，示例代码如下：

```
[root@docker ~]# docker history d1b55fd07600
IMAGE          CREATED         CREATED BY                                         SIZE
d1b55fd07600   3 years ago     /bin/sh -c #(nop) CMD ["/bin/bash"]                0 B
<missing>      3 years ago     /bin/sh -c sed -i 's/^#\s*\(deb.*universe\......   1.88 KB
<missing>      3 years ago     /bin/sh -c echo '#!/bin/sh' > /usr/sbin/po......   701 B
<missing>      3 years ago     /bin/sh -c #(nop) ADD file:3f4708cf445dc1b......   131 MB
```

这里使用 "history" 与镜像 ID 号组合的命令查看镜像构建过程，所显示的信息包括镜像 ID 号、创建时间、由什么命令创建以及镜像大小。

从以上示例中的信息可以看出，ubuntu:15.04 镜像由四个只读层（Read Layer）构建而成，每一层都是由一条命令构成的，最终得到 ID 号为 d1b55fd07600 的镜像，但以用户的视角只能看到最上层。

当用户将这个镜像放在容器中运行时，四层之上会创建出一个可读可写层（Read-Write Layer），用户对 Docker 的操作都通过可读可写层进行。如果用户修改了一个已存在的文件，那该文件将会从可读可写层下的只读层复制到可读可写层，该文件的只读版本仍然存在，只是已经被可读可写层中该文件的副本所隐藏。

可读可写层又叫作容器层，只读层又叫作镜像层，容器层之下均为镜像层，层级结构如图 3.3 所示。

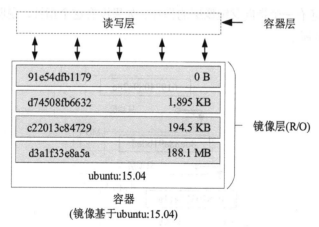

图 3.3　镜像层级结构

镜像的这种分层机制最大的一个好处就是：共享资源。

例如，有很多个镜像都基于一个基础镜像构建而来，那么在本地的仓库中就只需要保存一份基础镜像，所有需要此基础镜像的容器都可以共享它，而且镜像的每一层都可以被共享，从而节省磁盘空间。

因为有了分层机制，本地保存的基础镜像都是只读的文件系统，不用担心对容器的操作会对镜像有什么影响。

为了将零星的数据整合起来，人们提出了镜像层（Image Layer）这个概念，如图 3.4 所示。

图 3.4 所示为一个镜像层，我们能够发现，一个层并不仅仅包含文件系统的改变，它还能包含其他重要的信息。

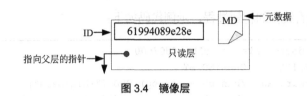

图 3.4 镜像层

元数据（Metadata）就是关于这个层的额外信息，包括 Docker 运行时的信息与父镜像层的信息，并且只读层与可读可写层都包含元数据，如图 3.5 所示。

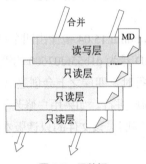

图 3.5 元数据

除此之外，每一层还有一个指向父镜像层的指针。如果没有这个指针，说明它处于最底层，是一个基础镜像，如图 3.6 所示。

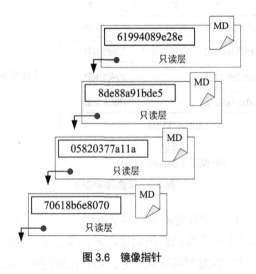

图 3.6 镜像指针

3.3 查找本地镜像

Docker 本地镜像通常是储存在服务器上的，下面验证本地镜像的储存路径，示例代码如下：

查找本地镜像

```
[root@docker ~]# docker info | grep "docker Root Dir"
```

```
docker Root Dir: /var/lib/Docker
```

从以上示例中可以看到，Docker 本地镜像储存路径是/var/lib/Docker。

在本地查看镜像时，通常使用 docker images 命令，示例代码如下：

```
[root@docker ~]# docker images
REPOSITORY          TAG        IMAGE ID        CREATED          SIZE
Docker.io/nginx     latest     881bd08c0b08    6 days ago       109 MB
Docker.io/centos    latest     1e1148e4cc2c    3 months ago     202 MB
Docker.io/ubuntu    15.04      d1b55fd07600    3 years ago      131 MB
```

从以上示例中可以看到，结果显示中有多项镜像信息，下面对信息进行解释。

- REPOSITORY

镜像仓库，即一些关联镜像的集合。例如，Ubuntu 的每个镜像对应着不同的版本。与 Docker Registry 不同，镜像仓库提供 Docker 镜像的存储服务。即 Docker Registry 中有很多镜像仓库，镜像仓库中有很多镜像（相互独立）。

- TAG

镜像的标签，常用来区分不同的版本，默认标签为 latest。

- IMAGE ID

镜像的 ID 号，镜像的唯一标识，常用于操作镜像（默认值只列出前 12 位）。

- CREATED

镜像创建的时间。

- SIZE

镜像的大小。

在 docker images 命令后加上不同的参数就形成了不同的查询方式，导致不同的查询结果。

下面介绍各参数的含义以及用法。

- -a

表示显示所有本地镜像，默认不显示中间层镜像，这是工作中经常使用到的参数，用来从本地镜像中寻找符合生产条件的镜像。

示例代码如下：

```
[root@docker ~]# docker images -a
REPOSITORY          TAG        IMAGE ID        CREATED          SIZE
Docker.io/nginx     latest     881bd08c0b08    6 days ago       109 MB
Docker.io/centos    latest     1e1148e4cc2c    3 months ago     202 MB
Docker.io/ubuntu    15.04      d1b55fd07600    3 years ago      131 MB
```

- -q

表示只显示本地所有镜像 ID 号。

示例代码如下：

```
[root@docker ~]# docker images -q
881bd08c0b08
```

```
1e1148e4cc2c
d1b55fd07600
```

- --no-trunc

表示使用不截断的模式显示，并显示完整的镜像 ID 号。

示例代码如下：

```
[root@docker ~]# docker images --no-trunc
REPOSITORY          TAG      IMAGE ID                                                                   CREATED        SIZE
Docker.io/nginx     latest   sha256:881bd08c0b08234bd19136957f15e4301097f4646c1e700f7fea26e41fc40069    6 days ago     109 MB
Docker.io/centos    latest   sha256:1e1148e4cc2c148c6890a18e3b2d2dde41a67 45ceb4e5fe94a923d811bf82ddb   3 months ago   202 MB
Docker.io/ubuntu    15.04    sha256:d1b55fd07600b2e26d667434f414beee12b077 1dfd4a2c7b5ed6f2fc9e683b43   3 years ago    131 MB
```

3.4 构建镜像

Docker 的官方镜像库 Docker Hub 发布了成千上万的公共镜像供全球用户使用。用户可以直接拉取（下载）所需要的镜像，提高了工作效率。但是在很多工作环境中，一旦对镜像有特殊需求，就需要我们手动去构建镜像。

本节将会介绍基于 docker commit 命令与 Dockerfile 两种方式来构建自己的 Docker 镜像。

3.4.1 使用 docker commit 命令构建镜像

使用 docker commit 命令将容器的可读可写层转换为一个只读层，这样就把一个容器转换成了一个不可变的镜像，如图 3.7 所示。

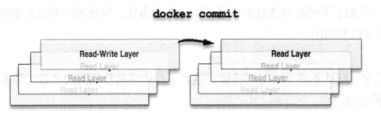

图 3.7　docker commit 构建镜像

下面我们给一个 Centos 的镜像安装一个 Vim 服务，设置开机启动，并将其构建成一个新的镜像，以免每次启动容器都要再次安装 Vim。

首先启动一个 Centos 的容器，示例代码如下：

```
[root@docker ~]# docker run -it centos /bin/bash
Unable to find image 'centos:latest' locally
Trying to pull repository Docker.io/library/centos ......
latest: Pulling from Docker.io/library/centos
a02a4930cb5d: Downloading
latest: Pulling from Docker.io/library/centos
a02a4930cb5d: Pull complete
Digest: sha256:184e5f35598e333bfa7de10d8fb1cebb5ee4df5bc0f970bf2b1e7c7345136426
```

```
Status: Downloaded newer image for Docker.io/centos:latest
[root@c57e550ad3bd /]#
```

从以上示例中可以看到，容器启动之后，主机名发生了改变，说明用户直接进入了容器，再进行操作就是对容器的操作。

然后，在容器中安装 Vim，示例代码如下：

```
[root@c57e550ad3bd /]# yum -y install vim
Loaded plugins: fastestmirror, ovl
Loading mirror speeds from cached hostfile
 * base: mirrors.huaweicloud.com
 * extras: mirrors.huaweicloud.com
 * updates: mirrors.huaweicloud.com
Resolving Dependencies
--> Running transaction check
---> Package vim-enhanced.x86_64 2:7.4.160-5.el7 will be installed
......
Installed:
  vim-enhanced.x86_64 2:7.4.160-5.el7
Complete!
```

安装完成之后，退出容器，示例代码如下：

```
[root@c57e550ad3bd /]# exit
```

使用 exit 命令退出容器之后，该容器将默认关闭。

下面使用 docker commit 命令在 CentOS 镜像的基础上创建新的镜像，示例代码如下：

```
[root@docker ~]# docker commit c57e550ad3bd centos/vim
sha256:320d2328c1813ce145793beb564d609c28c1528741958022352d3cb1e6fa83e5
```

在命令中需要用镜像 ID 号来指定基础镜像，并不需要将 ID 号都输入进去，只要输入几个字符使 ID 号与其他镜像不冲突即可。

此时可以看到刚刚构建的新镜像，代码如下：

```
[root@docker ~]# docker images
REPOSITORY            TAG        IMAGE ID         CREATED          SIZE
centos/vim            latest     320d2328c181     6 seconds ago    326 MB
Docker.io/nginx       latest     881bd08c0b08     7 days ago       109 MB
Docker.io/centos      latest     1e1148e4cc2c     3 months ago     202 MB
Docker.io/ubuntu      15.04      d1b55fd07600     3 years ago      131 MB
```

从以上示例中可以看到，新镜像的大小是 326MB，而此前的 CentOS 镜像只有 202MB，这是因为在安装 Vim 时还安装了许多依赖包。

然后，查看镜像中是否已经自动安装了 Vim，示例代码如下：

```
[root@docker ~]# docker run -it 320 /bin/bash #将镜像运行成容器
[root@93867fea109e /]# which vim #查询 Vim
/usr/bin/vim #Vim 路径
```

从以上示例中可以看到，新镜像已经包含了 Vim。

这种构建新镜像的方式在工作中并不常见，原因如下。

（1）效率低下，如果要给 Ubuntu 镜像也添加一个 Vim，需要将上述全部过程重复一遍。

（2）不透明，用户使用时不知道镜像是如何构建的，难以对镜像做出正确的判断。

3.4.2 使用 Dockerfile 构建镜像

镜像可以基于 Dockerfile 构建。Dockerfile 是一个描述文件，包含若干条命令，每条命令都会为基础文件系统创建新的层次结构，这正好弥补了 docker commit 构建镜像效率低下的缺点。

使用 Dockerfile
构建镜像

Dockerfile 定义容器内部环境中发生的事情。网络接口和磁盘驱动器等资源的访问在此环境内虚拟化，与系统的其余部分隔离。Dockerfile 主要使用 docker build 命令，根据 Dockerfile 文件中的指令，执行若干次 docker commit 命令构建镜像，每次执行 docker commit 命令时都会生成一个新的层，因此许多新的层会被创建，如图 3.8 所示。

图 3.8　Dockerfile 构建镜像

1. Dockerfile 常用命令

下面介绍 Dockerfile 中常用的命令，完整说明见官方文档。

- FROM

指定源镜像，必须是已经存在的镜像，必须是 Dockerfile 中第一条非注释的命令，因为其后的所有指令都使用该镜像。

- MAINTAINER

指定作者信息。

- RUN

在当前容器中运行指定的命令。

- EXPOSE

指定运行容器时要使用的端口。可以使用多个 EXPOSE 命令。

- CMD

指定容器启动时运行的命令，Dockerfile 可以出现多个 CMD 指令，但只有最后一个生效。CMD 可以被启动容器时添加的命令覆盖。

- ENTRYPOINT

CMD 或容器启动时添加的命令会被当做参数传递给 ENTRYPOINT。

- COPY

将文件或目录复制到当前容器中。

- ADD

将文件或者目录复制到当前容器中，源文件如果是归档（压缩）文件，则会被自动解压到目标位置。

- VOLUME

为容器添加容器卷，可以存在于一个或多个目录，用来提供共享存储。该命令会在容器数据卷部分详细介绍。

- WORKDIR

在容器内设置工作目录。

- ENV

设置环境变量。

- USER

指定容器以什么用户身份运行，默认是 root。

2. 运行一个 Dockerfile

下面演示使用 Dockerfile 创建 centos/vim，示例代码如下：

```
[root@docker ~]# touch Dockerfile
#创建 Dockerfile 文件
[root@docker ~]# ls
#查看是否创建成功
Dockerfile
[root@docker ~]# pwd
/root
#当前目录
```

这里在宿主机的 root 目录下创建了一个 Dockerfile 文件。

接着，向 Dockerfile 文件中添加内容，示例代码如下：

```
[root@docker ~]# vim Dockerfile
FROM centos
#指定源镜像
RUN yum -y install vim
#指定要执行的命令
```

添加完成之后，保存并退出。

有了Dockerfile文件之后即可创建新的镜像，示例代码如下：

```
[root@docker ~]# docker build -t centos/vim-Dockerfile .
```
#通过docker build命令执行Dockerfile文件，-t用来指定新镜像名为centos/vim-Dockerfile，命令行末尾的"."表示Dockerfile文件在当前目录，Docker默认从指定的目录寻找Dockerfile文件，也可以使用-f参数指定Dockerfile文件的位置。

```
Sending build context to docker daemon 22.02 KB
```
#开始构建镜像，context将指定目录下的文件全部发送给Docker daemon，本例中目录为/root，该目录下的文件及子目录都会发给Docker daemon，所以不要将多余的文件放到目录中，这可能会导致构建过程缓慢甚至失败

```
Step 1/2 : FROM centos
 ---> f264cb34ed04
```
#第一步：将CentOS镜像作为基础镜像，CentOS镜像ID号为f264cb34ed04

```
Step 2/2 : RUN yum -y install vim
```
#第二步：执行RUN，安装vim命令，具体步骤如下

```
 ---> Running in d2c12b6dd125
```
运行一个ID号为d2c12b6dd125的临时容器，在容器中通过yum命令安装vim

```
......
Complete!
 ---> 07efb03b4fe0
```
#安装成功，将容器保存为镜像，其ID号为07efb03b4fe0

```
Removing intermediate container d2c12b6dd125
```
#删除先前运行的临时容器

```
Successfully built 07efb03b4fe0
```
#新镜像构建完成，镜像ID号为07efb03b4fe0，到此完成Dockerfile构建

构建完成之后，查看镜像是否构建成功，示例代码如下：

```
[root@docker ~]# docker images
REPOSITORY               TAG        IMAGE ID        CREATED            SIZE
centos/vim-Dockerfile    latest     07efb03b4fe0    11 seconds ago     335 MB
centos                   latest     f264cb34ed04    3 minutes ago      202 MB
Docker.io/nginx          latest     881bd08c0b08    7 days ago         109 MB
Docker.io/ubuntu         15.04      d1b55fd07600    3 years ago        131 MB
```

从以上示例中可以看到，新镜像已经构建成功。

使用Dockerfile构建镜像基本可以分为以下五步。

（1）选择一个基础镜像，运行一个临时容器。

（2）执行一条命令，对容器做修改。

（3）执行类似docker commit的操作，生成一个新的镜像。

（4）删除临时容器，再基于刚刚构建好的新镜像运行一个临时容器。

（5）重复（2）（3）（4）步，直到执行完Dockerfile中的所有指令。

centos/vim-Dockerfile由CentOS基础镜像和RUN yum -y install vim构成，现在两个镜像都包含了ID号为1e1148e4cc2c的只读层，如图3.9所示。

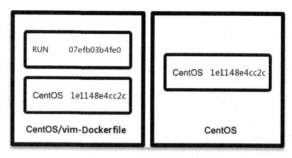

图 3.9 镜像结构对比

以上结论可以使用 docker history 命令验证，docker history 命令专门用来查看镜像的结构，示例代码如下：

```
[root@docker ~]# docker history centos
IMAGE          CREATED        CREATED BY                                      SIZE      COMMENT
1e1148e4cc2c   3 months ago   /bin/sh -c #(nop)  CMD ["/bin/bash"]            0 B
<missing>      3 months ago   /bin/sh -c #(nop)  LABEL org.label-schema…      0 B
<missing>      3 months ago   /bin/sh -c #(nop) ADD file:6f877549795f479…     202 MB
```

这里可以看到 CentOS 镜像中确实包含了 ID 号为 1e1148e4cc2c 的只读层。

接着再查看新镜像 centos/vim-Dockerfile 的结构，示例代码如下：

```
[root@docker ~]# docker history centos/vim-Dockerfile
IMAGE          CREATED        CREATED BY                                      SIZE      COMMENT
07efb03b4fe0   18 hours ago   /bin/sh -c yum -y install vim                   133 MB
1e1148e4cc2c   3 months ago   /bin/sh -c #(nop)  CMD ["/bin/bash"]            0 B
<missing>      3 months ago   /bin/sh -c #(nop)  LABEL org.label-schema…      0 B
<missing>      3 months ago   /bin/sh -c #(nop) ADD file:6f877549795f479…     202 MB
```

从以上示例中可以看到，两个镜像都含有一个相同的只读层，并且这个只读层是共享的。

Docker 构建镜像时有缓存机制，如果构建镜像层时该镜像层已经存在，就直接使用，无须重新构建。

下面为先前的 Dockerfile 文件添加一点内容，安装一个 ntp 服务，重新构建一个新的镜像，示例代码如下：

```
[root@docker ~]# vim Dockerfile
FROM centos
RUN yum -y install vim
RUN yum -y install ntp
```

这里多加了一条安装 ntp 服务的命令。

添加完成后，开始创建镜像，示例代码如下：

```
[root@docker ~]# docker build -t centos/vim/ntp-Dockerfile .
Sending build context to docker daemon 23.55 kB
Step 1/3 : FROM centos
```

```
 ---> f264cb34ed04
Step 2/3 : RUN yum -y install vim
 ---> Using cache
#没有重新安装,而是使用了上一次构建镜像时的缓存
 ---> 07efb03b4fe0
Step 3/3 : RUN yum -y install ntp
 ---> Running in 5ae130dabd9e
#没有缓存,启动一个临时容器执行第三步的命令
Loaded plugins: fastestmirror, ovl
Loading mirror speeds from cached hostfile
Resolving Dependencies
--> Running transaction check
---> Package ntp.x86_64 0:4.2.6p5-28.el7.centos will be installed
……
Complete!
 ---> 7bbf53028947
Removing intermediate container 5ae130dabd9e
#删除临时镜像
Successfully built 7bbf53028947
#新镜像构建完成,镜像 ID 号为 7bbf53028947
```

在示例的第 6 行代码中可以看到,Docker 没有重新安装 Vim,而是直接使用了先前安装过的缓存。

Dockerfile 文件是从上至下依次执行的,上层依赖于下层。无论什么时候,只要某一层发生变化,其上面所有层的缓存都会失效。

改变先前的 Dockerfile 文件中两条 RUN 命令的上下顺序,观察 Docker 还会不会使用缓存机制,示例代码如下:

```
[root@docker ~]# vim Dockerfile
FROM centos
RUN yum -y install ntp
RUN yum -y install vim
```

将 Dockerfile 中两条 RUN 命令的顺序互换之后,开始创建镜像,示例代码如下:

```
[root@docker ~]# docker build -t centos/ntp/vim-Dockerfile3 .
Sending build context to docker daemon 23.55 kB
Step 1/3 : FROM centos
 ---> f264cb34ed04
Step 2/3 : RUN yum -y install ntp
 ---> Running in 7e65a1797cdc
#没有使用缓存,开始安装 ntp
Loaded plugins: fastestmirror, ovl
Determining fastest mirrors
Resolving Dependencies
--> Running transaction check
---> Package ntp.x86_64 0:4.2.6p5-28.el7.centos will be installed
```

```
......
Complete!
 ---> b0cf9fa100b7
Removing intermediate container 7e65a1797cdc
Step 3/3 : RUN yum -y install vim
 ---> Running in cca49275ec03
#没有使用缓存，开始安装vim
Loaded plugins: fastestmirror, ovl
Loading mirror speeds from cached hostfile
Resolving Dependencies
--> Running transaction check
---> Package vim-enhanced.x86_64 2:7.4.160-5.el7 will be installed
......
Complete!
 ---> c233289bcdee
Removing intermediate container cca49275ec03
Successfully built c233289bcdee
```

由以上验证可知，将两条 RUN 命令交换顺序导致镜像层次发生改变，Docker 会重建镜像层。由此可见 Docker 的镜像层级结构特性：只有下面的层次内容、顺序完全一致才会使用缓存机制。

如果在构建镜像时不想使用缓存，可以在 docker build 命令中添加 --no-cache 参数，否则默认使用缓存。

除了在使用 Dockerfile 构建镜像时有缓存机制，在从仓库拉取镜像时也会有缓存机制，即已经拉取到本地的镜像层可以被多个镜像共同使用，可以说是一次拉取多次使用，前提是下层镜像完全相同。

通常使用 Dockerfile 构建镜像时，如果由于某些原因镜像构建失败，我们能够得到前一个指令成功执行构建出的镜像，继而可以运行这个镜像查找指令失败的原因，这对调试 Dockerfile 有极大的帮助。

从 Docker Hub 拉取的 CentOS 镜像是最小化的，其中没有 vim 命令。下面测试错误构建 Docker 镜像的结果，示例代码如下：

```
[root@docker ~]# vim Dockerfile
FROM centos
RUN yum -y install ntp
RUN vim
#为了实验效果，此处故意写错
```

将 Dockerfile 中任意一条 RUN 命令改为错误的，再开始创建镜像，示例代码如下：

```
[root@docker ~]# docker build -t text .
#构建测试镜像
Sending build context to docker daemon 24.06 kB
Step 1/3 : FROM centos
 ---> f264cb34ed04
Step 2/3 : RUN yum -y install ntp
 ---> Using cache
```

```
#先前的实验中构建了此镜像,所以这里直接使用缓存
 ---> b0cf9fa100b7
#第二步的镜像构建成功
Step 3/3 : RUN vim
 ---> Running in 4fa8e5d17265

/bin/sh: vim: command not found
#第三步报错,没有成功构建新的镜像
The command '/bin/sh -c vim' returned a non-zero code: 127
```

在示例中,由于第三步报错,镜像没有创建成功。但也生成了一个新镜像,这个镜像是第二步操作构建的,通常可以通过这个新镜像排查错误,示例代码如下:

```
[root@docker ~]# docker run -it b0cf9fa100b7
#进入第二步构建好的镜像,排查错误原因
[root@17846b693d6a /]# ls
anaconda-post.log  dev  home  lib64  mnt  proc  run  srv  tmp  var
bin               etc  lib   media  opt  root  sbin sys  usr
[root@17846b693d6a /]# vim
bash: vim: command not found
#没有vim命令
```

Docker 容器技术中,编写 Dockerfile 文件是非常重要的部分,下面总结编写 Dockerfile 文件的一些小技巧,相信可以帮助读者更好地使用 Docker 与 Dockerfile。

（1）容器中只运行单个应用。

从技术角度讲,在一个容器中可以实现整个 LNMP(Linux+Nginx+MySQL+PHP)架构。但这样做有很大的弊端。首先,镜像构建的时间会非常长,每次修改都要重新构建;其次,镜像文件会非常大,大大降低容器的灵活性。

（2）将多个 RUN 指令合并成一个。

众所周知,Docker 镜像是分层的,Dockerfile 中的每一条指令都会创建一个新的镜像层,镜像层是只读的。Docker 镜像层类似于洋葱,想要更改内层,需要将外层全部撕掉。

（3）基础镜像的标签尽量不要使用 latest。

当镜像的标签没有指定时,默认使用 latest 标签。当镜像更新时,latest 标签会指向不同的镜像,可能会对服务产生影响。

（4）执行 RUN 命令后删除多余文件。

假设执行了更新 yum 源的命令,会自动下载解压一些软件包,但是在运行容器的时候不需要这些包。最好将它们删除,因为这些软件包会使镜像 SIZE 变大。

（5）合理调整 COPY 与 RUN 的顺序。

将变化少的部分放在 Dockerfile 文件的前面,充分利用镜像缓存机制。

（6）选择合适的基础镜像。

最好选择满足环境需要而且体积小巧的镜像,比如 Alpine 版本的 node 镜像。Alpine 是一个极小化的 Linux 发行版,只有 5.5MB,非常适合作为基础镜像。

3.5 Docker Hub

Docker Hub

3.5.1 docker search 命令

Docker Hub 上有许多镜像，但并不都是 Docker 官方人员制作的，一些镜像是由 Docker 用户上传并维护的。工作中可以通过 docker search 命令从镜像仓库中查找所需要的镜像。示例代码如下：

```
[root@docker ~]# docker search centos
INDEX       NAME                                DESCRIPTION                                     STARS     OFFICIAL  AUTOMATED
Docker.io   Docker.io/centos                    The official build of CentOS.                   5575                [OK]
Docker.io   Docker.io/ansible/centos7-ansible   Ansible on Centos7                              123                 [OK]
Docker.io   Docker.io/jdeathe/centos-ssh        OpenSSH / Supervisor / EPEL/IUS/SCL Repos ...   112                 [OK]
Docker.io   Docker.io/consol/centos-xfce-vnc    Centos container with "headless" VNC sessi...   99                  [OK]
Docker.io   Docker.io/centos/mysql-57-centos7   MySQL 5.7 SQL database server                   63
```

以上示例中，查找的是与 CentOS 有关的镜像，Docker Hub 中有关 CentOS 的镜像远不止这些，这里显示的只是其中一部分。

下面对镜像的每项信息进行讲解。

- INDEX

镜像索引，这里代表镜像仓库。

- NAME

镜像名称。

- DESCRIPTION

关于镜像的描述，使用户可以有方向性地选择镜像。

- STARS

镜像的星标数，反映 Docker 用户对镜像的收藏情况，值越高代表使用的用户越多。

- OFFICIAL

有此标记的都是 Docker 官方维护的镜像，没有此标记的通常是用户上传的镜像。

- AUTOMATED

用来区分是否为自动化构建的镜像，有此标记的为自动化构建的镜像，否则不是。

3.5.2 docker search 参数运用

给 docker search 命令添加不同的参数，就会得到不同的查询结果，下面对各参数进行解释。

- --automated

表示只列出自动化构建的镜像，示例代码如下：

```
[root@docker ~]# docker search --automated centos
INDEX       NAME                                             DESCRIPTION                                     STARS     OFFICIAL  AUTOMATED
Docker.io   Docker.io/ansible/centos7-ansible                Ansible on Centos7                              123                 [OK]
Docker.io   Docker.io/jdeathe/centos-ssh                     OpenSSH / Supervisor / EPEL/IUS/SCL Repos ...   112                 [OK]
Docker.io   Docker.io/consol/centos-xfce-vnc                 Centos container with "headless" VNC sessi...   99                  [OK]
Docker.io   Docker.io/imagine10255/centos6-lnmp-php56        centos6-lnmp-php56                              57                  [OK]
Docker.io   Docker.io/kinogmt/centos-ssh                     CentOS with SSH                                 29                  [OK]
```

- --no-trunc

表示显示完整的镜像描述，示例代码如下：

```
[root@docker ~]# docker search --no-trunc centos
INDEX     NAME                                DESCRIPTION                                                                               STARS   OFFICIAL   AUTOMATED
Docker.io Docker.io/centos                    The official build of CentOS.                                                             5575    [OK]
Docker.io Docker.io/ansible/centos7-ansible   Ansible on Centos7                                                                        123                [OK]
Docker.io Docker.io/jdeathe/centos-ssh        OpenSSH / Supervisor / EPEL/IUS/SCL Repos - CentOS.                                       112                [OK]
Docker.io Docker.io/consol/centos-xfce-vnc    Centos container with "headless" VNC session, Xfce4 UI and preinstalled Firefox and Chrome browser 99       [OK]
Docker.io Docker.io/centos/mysql-57-centos7   MySQL 5.7 SQL database server                                                             63
```

- -s

表示列出星标数不小于指定值的镜像，需要在参数后添加指定值，示例代码如下：

```
[root@docker ~]# docker search -s 100 centos
Flag --stars has been deprecated, use --filter=stars=3 instead
INDEX     NAME                                DESCRIPTION                                         STARS  OFFICIAL  AUTOMATED
Docker.io Docker.io/centos                    The official build of CentOS.                       5575             [OK]
Docker.io Docker.io/ansible/centos7-ansible   Ansible on Centos7                                  123              [OK]
Docker.io Docker.io/jdeathe/centos-ssh        OpenSSH / Supervisor / EPEL/IUS/SCL Repos ......    112              [OK]
```

3.5.3 镜像推送

用户向 Docker Hub 推送镜像需要有一个 Docker Hub 账号。在 Docker 客户端使用 docker login 命令登录 Docker Hub 账号，如图 3.10 所示。

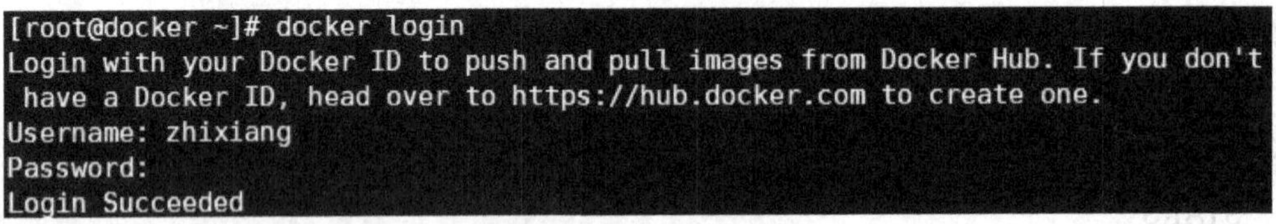

```
[root@docker ~]# docker login
Login with your Docker ID to push and pull images from Docker Hub. If you don't
 have a Docker ID, head over to https://hub.docker.com to create one.
Username: zhixiang
Password:
Login Succeeded
```

图 3.10 登录 Docker Hub

下面使用 docker push 命令向 Docker Hub 推送镜像，示例代码如下：

```
[root@docker ~]# docker push  centos/vim-Dockerfile
The push refers to a repository [Docker.io/centos/vim-Dockerfile]
f4b348ed8671: Preparing
dcf8f0f2ff5d: Preparing
071d8bd76517: Preparing
denied: requested access to the resource is denied
```

这里第 6 行出现了报错，镜像没有推送成功，报错信息显示请求资源被拒绝。这是因为 Docker Hub 上的镜像都有一个 tag 标签，用户上传镜像时需要给镜像添加 tag 标签。

下面使用 docker tag 命令给镜像添加 tag 标签，示例代码如下：

```
[root@docker ~]# docker tag centos/vim-Dockerfile zhixiang/centos-vim:latest
```

tag 标签添加完之后，再查看一遍镜像，确保准确无误，示例代码如下：

```
[root@docker ~]# docker images
REPOSITORY              TAG        IMAGE ID        CREATED         SIZE
<none>                  <none>     b0cf9fa100b7    21 hours ago    282 MB
centos/vim-Dockerfile   latest     07efb03b4fe0    43 hours ago    335 MB
zhixiang/centos-vim     latest     07efb03b4fe0    43 hours ago    335 MB
```

可以看到，先前的镜像并没有发生改变，Docker 只是在它的基础上又创建了一个新镜像。与先前的镜像相比，新镜像只是修改了名字，镜像大小不变。

有了新镜像就可以将其推送给 Docker Hub 了，示例代码如下：

```
[root@docker ~]# docker push zhixiang/centos-vim
The push refers to a repository [Docker.io/zhixiang/centos-vim]
f4b348ed8671: Pushed
dcf8f0f2ff5d: Pushed
071d8bd76517: Pushed
latest: digest: sha256:f4b90b0908b32ba77a146bf12dcd1250766502861b19baac45e07794cddfc49e size: 948
```

镜像推送完成之后，可以登录 Docker Hub 查看，验证镜像是否推送成功，如图 3.11 所示。

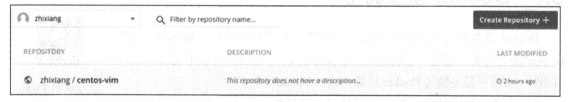

图 3.11　镜像推送成功

从图 3.11 可以看出，镜像已经推送成功，这个镜像在 Docker Hub 上可以供所有用户下载并使用。

尝试拉取先前推送的镜像，示例代码如下：

```
[root@docker ~]# docker pull zhixiang/centos-vim
Using default tag: latest
Trying to pull repository Docker.io/zhixiang/centos-vim ......
latest: Pulling from Docker.io/zhixiang/centos-vim
Digest: sha256:f4b90b0908b32ba77a146bf12dcd1250766502861b19baac45e07794cddfc49e
Status: Downloaded newer image for Docker.io/zhixiang/centos-vim:latest
```

镜像拉取完成后，查看是否拉取成功，示例代码如下：

```
[root@docker ~]# docker images
REPOSITORY                        TAG       IMAGE ID        CREATED         SIZE
zhixiang/centos-vim               latest    07efb03b4fe0    44 hours ago    335 MB
centos/vim-Dockerfile             latest    07efb03b4fe0    44 hours ago    335 MB
Docker.io/zhixiang/centos-vim     latest    07efb03b4fe0    44 hours ago    335 MB
centos                            latest    f264cb34ed04    44 hours ago    202 MB
```

```
Docker.io/ubuntu           latest      94e814e2efa8    2 days ago      88.9 MB
Docker.io/centos           latest      1e1148e4cc2c    3 months ago    202 MB
```

从以上示例中可以看出，已经成功拉取了先前推送的镜像，拉取的镜像与本地的镜像相比，ID 号和镜像大小都是相同的。这就体现出了 Docker Hub 官方镜像库的方便之处，用户可以将镜像上传到云端，做到随用随取，也可以将自己优秀的镜像与广大开源爱好者共享。

Docker Hub 在给用户带来便利的同时，也暴露出了极大的安全问题。任何 Docker 用户都可以随时随地上传镜像到 Docker Hub，将其推送给其他 Docker 用户，任何用户都可以拉取使用这些镜像，但谁都无法辨别所下载的镜像是否包含恶意信息。

2018 年发生了一起安全事故，一名 Docker 用户上传了 17 个带有恶意软件的镜像，攻击者利用这些恶意 Docker 镜像在受害者的计算机上安装基于 XMRig 的门罗币挖矿软件。其中一些镜像已经安装超过一百万次，还有一些则被使用了数十万次。Docker 官方网站维护人员调查确认后删除了这些恶意镜像，风波才得以平息。

在使用 Docker 镜像时要先在测试环境中安装运行，最安全的方法是尽可能使用自制的 Docker 镜像或使用经过验证的镜像。

3.6 Docker 镜像优化

Docker 镜像优化

Docker 镜像采用的是层级结构，一个镜像最多拥有 127 层 UnionFS。每条 Dockerfile 命令都会创建一个镜像层，增加镜像大小。在生产环境中使用 Docker 容器时，要尽可能地精简 Docker 镜像，减少 UnionFS 的层数。

精简镜像不仅能缩短新镜像的构建时间，还能减少磁盘用量。由于精简后的镜像更小，用户在拉取镜像时能节省时间，部署服务的效率也能得到提升。精简镜像包含的文件更少，更加不容易被攻击，提高了镜像的安全性。

3.6.1 base 镜像优化

base 镜像优化就是在满足环境要求的前提下使用最小的 base 镜像。常用的 Linux base 镜像有 CentOS、Ubuntu、Alpine 等，其中一些比较小的 base 镜像适合作为精简镜像的基础镜像，如 Alpine、BusyBox 等。

下面分别拉取 Alpine 与 BusyBox 的镜像进行对比，示例代码如下：

```
[root@docker ~]# docker pull busybox
[root@docker ~]# docker pull alpine
[root@docker ~]# docker images
REPOSITORY              TAG         IMAGE ID        CREATED         SIZE
Docker.io/ubuntu        latest      94e814e2efa8    2 days ago      88.9 MB
Docker.io/alpine        latest      5cb3aa00f899    6 days ago      5.53 MB
Docker.io/busybox       latest      d8233ab899d4    3 weeks ago     1.2 MB
Docker.io/centos        latest      1e1148e4cc2c    3 months ago    202 MB
```

Scratch 是一个空镜像，只能用于构建其他镜像，常用于执行一些包含了所有依赖的二进制文件。如果以 Scratch 为 base 镜像，意味着不以任何镜像为基础，下面的指令将作为镜像的第一层存在。

BusyBox 相对于 Scratch 多了一些常用的 Linux 命令，BusyBox 的官方镜像大小只有 1MB 多一点，非常适合构建小镜像。

Alpine 是一款高度精简又包含了基本工具的轻量级 Linux 发行版，官方 base 镜像只有 5MB 多一点，很适合当作 base 镜像使用。

3.6.2 Dockerfile 优化

用户在定义 Dockerfile 文件时，使用太多的 RUN 命令，会导致镜像非常臃肿，甚至超出可构建的最大层数。根据优化原则，应该将多条 RUN 命令合并为一条命令，精心设计每一个 RUN 命令，减小镜像体积，并且精心编排，最大化地利用缓存。

下面创建一个 Dockerfile 文件，示例代码如下：

```
[root@docker ~]# vim Dockerfile
FROM centos
RUN yum -y install wget
RUN yum -y install net-tools
RUN yum -y install nano
RUN yum -y install httpd
EXPOSE 80
CMD systemctl start httpd
```

接着，使用这个 Dockerfile 构建一个新的镜像，示例代码如下：

```
[root@docker tmp]# docker build -t centos_ bulky .
invalid argument "centos_" for t: Error parsing reference: "centos_" is not a valid repository/tag: invalid reference format
See 'docker build --help'.
[root@docker tmp]# docker build -t centos/vim-bulky .
Sending build context to docker daemon 8.192 kB
Step 1/7 : FROM centos
 ---> 67fa590cfc1c
Step 2/7 : RUN yum -y install wget
 ---> Running in 035bcc3799c1
......
Dependency Installed:
  apr.x86_64 0:1.4.8-5.el7
  apr-util.x86_64 0:1.5.2-6.el7
  centos-logos.noarch 0:70.0.6-3.el7.centos
  httpd-tools.x86_64 0:2.4.6-90.el7.centos
  mailcap.noarch 0:2.1.41-2.el7

Complete!
 ---> 8fac6c0f9ffd
Removing intermediate container fa69a1eec509
```

```
Step 6/7 : EXPOSE 80
 ---> Running in 11cc1537d5cd
 ---> 1959f0e6ed0c
Removing intermediate container 11cc1537d5cd
Step 7/7 : CMD systemctl start httpd
 ---> Running in 57ccb5547d56
 ---> ccbaabf5b882
Removing intermediate container 57ccb5547d56
Successfully built ccbaabf5b882
```

从以上示例中可以看到,整个镜像构建的过程是十分烦琐的。

查看新镜像的大小与 UnionFS 的层数,示例代码如下:

```
[root@docker tmp]# docker images
REPOSITORY         TAG           IMAGE ID       CREATED            SIZE
centos/vim-bulky   latest        ccbaabf5b882   3 minutes ago      509 MB
[root@docker tmp]# docker history ccba
IMAGE          CREATED         CREATED BY                                      SIZE    COMMENT
ccbaabf5b882   5 minutes ago   /bin/sh -c #(nop)  CMD ["/bin/sh" "-c" "sy...   0 B
1959f0e6ed0c   5 minutes ago   /bin/sh -c #(nop)  EXPOSE 80/tcp                0 B
8fac6c0f9ffd   5 minutes ago   /bin/sh -c yum -y install httpd                 101 MB
acf84c427227   6 minutes ago   /bin/sh -c yum -y install nano                  68.6 MB
d43cdda285ad   6 minutes ago   /bin/sh -c yum -y install net-tools             68.8 MB
8d8eeff4d699   6 minutes ago   /bin/sh -c yum -y install wget                  68.9 MB
67fa590cfc1c   5 weeks ago     /bin/sh -c #(nop)  CMD ["/bin/bash"]            0 B
<missing>      5 weeks ago     /bin/sh -c #(nop)  LABEL org.label-schema...    0 B
<missing>      5 weeks ago     /bin/sh -c #(nop) ADD file:4e7247c06de9ad1...   202 MB
```

从以上示例中可以看到,新镜像 centos/vim-bulky 的大小是 509MB,而镜像的 UnionFS 层数是 8 层。

这样编写 Dockerfile 导致新镜像非常庞大,既增加了构建部署的时间,也很容易出错。

下面对 Dockerfile 进行优化,示例代码如下:

```
[root@docker ~]# vim Dockerfile
FROM centos
RUN yum -y install wget && \
    yum -y install net-tools && \
    yum -y install nano && \
    yum -y install httpd
EXPOSE 80
CMD systemctl start httpd
```

在 Dockerfile 中使用 "&" 与 "\" 将多条命令合成一条,"&&" 表示命令还没有结束,"\" 表示换行。

下面通过优化过的 Dockerfile 构建新镜像,示例代码如下:

```
[root@docker tmp]# docker build -t centos/vim-portable .
Sending build context to docker daemon 8.192 kB
```

```
    Step 1/4 : FROM centos
     ---> 67fa590cfc1c
    Step 2/4 : RUN yum -y install wget &&    yum -y install net-tools &&    yum -y install
nano &&    yum -y install httpd
     ---> Running in 4ca84fcccbde
    ......
    Complete!
     ---> 7f2b79961de9
    Removing intermediate container 4ca84fcccbde
    Step 3/4 : EXPOSE 80
     ---> Running in ed0ceecca488
     ---> 9cb656e1f2f3
    Removing intermediate container ed0ceecca488
    Step 4/4 : CMD systemctl start httpd
     ---> Running in 1d2a8e8b2cf2
     ---> a473589b375c
    Removing intermediate container 1d2a8e8b2cf2
    Successfully built a473589b375c
```

从以上示例可以看出，优化后的 Dockerfile 构建镜像的过程比优化前精简了一些。

查看并对比两个新镜像，示例代码如下：

```
[root@docker tmp]# docker images
REPOSITORY              TAG         IMAGE ID        CREATED             SIZE
centos/vim-portable     latest      a473589b375c    9 minutes ago       305 MB
centos/vim-bulky        latest      ccbaabf5b882    32 minutes ago      509 MB
centos/vim              latest      320d2328c181    27 hours ago        326 MB
```

从以上示例中可以看到，镜像 centos/vim-portable 只有 305MB，比镜像 centos/vim-bulky 节省了 204MB 的资源，甚至比源镜像 centos/vim 还小了 21MB。

接着，查看镜像 centos/vim-portable 的 UnionFS 层数，示例代码如下：

```
[root@docker tmp]# docker history a473
IMAGE            CREATED          CREATED BY                                      SIZE    COMMENT
a473589b375c     20 minutes ago   /bin/sh -c #(nop)  CMD ["/bin/sh" "-c" "sy......   0 B
9cb656e1f2f3     20 minutes ago   /bin/sh -c #(nop)  EXPOSE 80/tcp                0 B
7f2b79961de9     20 minutes ago   /bin/sh -c yum -y install wget &&   yum......   103 MB
67fa590cfc1c     5 weeks ago      /bin/sh -c #(nop)  CMD ["/bin/bash"]            0 B
<missing>        5 weeks ago      /bin/sh -c #(nop)  LABEL org.label-schema......   0 B
<missing>        5 weeks ago      /bin/sh -c #(nop) ADD file:4e7247c06de9ad1......   202 MB
```

从以上示例中可以看到，镜像 centos/vim-portable 的 UnionFS 只有 6 层，而先前的镜像 centos/vim-bulky 有 8 层 UnionFS。

3.6.3 清理无用的文件

在 RUN 命令中使用 yum、apt、apk 等工具时，可以借助这些工具自带的参数进行优化。如执行

apt-get install -y 时添加--no-install- recommends 选项，就可以不安装建议性的依赖包，这些依赖包都是不必要的。

组件的安装和清理要放置在同一条命令里面，因为 Dockerfile 的每条命令都会产生一个新的镜像层，在执行下一条命令时，上一条命令所产生的镜像层已经为只读层，不可修改。Ubuntu 或 Debian 系统使用 rm -rf /var/lib/apt/lists/*清理镜像中的缓存文件，CentOS 等系统使用 yum clean all 命令清理。

Docker 社区中还有许多优化镜像的工具，如压缩镜像的工具 Docker-squash，用起来简单方便，读者有兴趣可以试试，本书不做介绍。

3.7 本章小结

本章介绍了 Docker 镜像的构成，采用了层级结构，层层递进；然后介绍了镜像的仓库，包括官方公有仓库 Docker Hub 和私有仓库；最后详细讲解了如何构建 Docker 镜像，并对 Dockerfile 文件进行了简单的优化。相信大家通过本章的学习，已经掌握了镜像的原理以及操作方式。

3.8 习题

1. 填空题

（1）base 镜像是 Linux 的_____镜像。

（2）镜像的 Kernel 版本与_____宿主机保持一致。

（3）Docker 镜像是一个_____的文件系统。

（4）Dockerfile 是一个_____文件，包含若干条命令。

（5）一个镜像最多拥有_____层 UnionFS。

2. 选择题

（1）docker images 命令中显示本地所有镜像的参数是（　　）。

　　A. -y　　　　　B. --no-trunc　　　C. -q　　　　　D. -a

（2）Dockerfile 中，指定镜像源的参数是（　　）。

　　A. FROM　　　B. RUN　　　　　C. Search　　　D. Commit

（3）在向 Docker Hub 推送镜像时，需要给镜像添加（　　）标签。

　　A. SIZE　　　　B. tag　　　　　　C. commit　　　D. FROM

（4）下列选项中，最小的 base 镜像是（　　）。

　　A. CentOS　　　B. Ubuntu　　　　C. Red Hat　　　D. BusyBox

（5）Linux 发行版之间最大的不同就是（　　）。

　　A. rootfs　　　　B. yum　　　　　C. bootfs　　　　D. Kernel

3. 思考题

（1）简述 Docker 镜像的本质。

（2）简述向 Docker Hub 推送镜像的过程。

4. 操作题

优化 Dockerfile，并构建新镜像。

第 4 章 Docker 容器

本章学习目标
- 能够熟练使用 Docker 帮助手册
- 理解容器启动原理
- 熟练掌握容器基本命令的用法
- 熟悉容器的不同运行状态

镜像是构建容器的蓝图，Docker 以镜像为模板，构建出容器。容器在镜像的基础上被构建，也在镜像的基础上运行，容器依赖于镜像。本章将对容器的运行及相关内容进行详细讲解。

4.1 容器运行

在 Docker 官方网站可以查询与 Docker 相关的资料以及帮助手册，但是内容都是英文的，可能会对一些用户造成困

容器运行-1

容器运行-2

扰。而且，国内用户访问 Docker 官方网站特别缓慢。所以在这里向读者推荐 Docker 中文社区，这是一个中文的 Docker 资料库，其中有很多整理好的技术文档。Docker 中文社区的官方介绍是：系统整理 Docker 官方的教程和手册，报道 Docker 相关动态和进展，整合网络上其他社区相关资源。

当然用户也可以将自己在学习过程中整理的技术文档上传与大家分享。

使用 docker run 命令可以运行容器。该命令底层其实是 docker create 与 docker start 两条命令的结合体，运行容器需要先基于镜像创建一个容器，然后启动容器，完成一个容器的运行，如图 4.1 所示。

图 4.1 docker run 命令

例如，基于镜像启动一个新容器，并打印当月的日历，示例代码如下：

```
[root@docker ~]# docker run centos cal
     March 2019
Su Mo Tu We Th Fr Sa
                1  2
 3  4  5  6  7  8  9
10 11 12 13 14 15 16
17 18 19 20 21 22 23
24 25 26 27 28 29 30
31
```

从以上示例中可以看到日历已经被打印出来，但无法看到容器是否运行。

ps 命令在 Linux 系统中被用来查看进程，在 Docker 中被用来查看容器，因为运行中的容器也是一个进程，示例代码如下：

```
[root@docker ~]# docker ps -a
CONTAINER ID   IMAGE    COMMAND   CREATED        STATUS         PORTS    NAMES
1cb9529d1553   centos   "cal"     15 seconds ago Exited (0) 13 seconds ago peaceful_raman
```

从以上示例中可以看到，一个 Docker 容器以 CentOS 镜像为基础运行，并传了一个 cal（打印当前月份日历）命令，容器正常启动并执行了 cal 命令。

除此之外，还可以通过指定参数，启动一个 bash 交互终端，代码如下：

```
[root@docker ~]# docker run -it centos /bin/bash
[root@da24e972fc96 /]# cal
     March 2019
Su Mo Tu We Th Fr Sa
                1  2
 3  4  5  6  7  8  9
10 11 12 13 14 15 16
17 18 19 20 21 22 23
24 25 26 27 28 29 30
31
[root@da24e972fc96 /]# exit
exit
[root@docker ~]# docker ps -a
CONTAINER ID   IMAGE    COMMAND     CREATED         STATUS         PORTS    NAMES
da24e972fc96   centos   "/bin/bash" 47 seconds ago  Exited (0) 4 seconds ago kickass_shirley
1cb9529d1553   centos   "cal"       14 minutes ago  Exited (0) 14 minutes ago peaceful_raman
```

上述代码创建了一个交互式的容器，并分配了一个伪终端，使用户可以通过命令行与容器进行交互。终端对宿主机进行直接操作，宿主机通过一个虚拟终端将对 Docker 的指令传输给容器，这个虚拟终端就是伪终端，对容器进行直接操作。

执行 docker run 命令启动容器时，Docker 会进行如下操作。

（1）检测本地是否存在指定的镜像，不存在则从默认的 Docker Hub 公有仓库下载。

（2）使用镜像创建（docker create）并启动（docker run）容器。

（3）分配一个文件系统，并在只读层外面挂载一个可读可写层。
（4）从宿主机配置的网桥接口中桥接一个虚拟接口到容器（后面的章节将详细介绍）。
（5）从地址池分配一个 IP 地址给容器。
（6）执行用户指定的命令。
（7）执行之后容器被终止（docker stop）。

另外，在 docker run 命令中可以添加相应参数，实现不同的功能，如表 4.1 所示。

表 4.1　　　　　　　　　　　　　　docker run 参数

参数	功能描述
-a, --attach=[]	登录容器（以 docker run -d 启动的容器）
-c, --cpu-shares=0	设置 CPU 权重，在 CPU 共享场合使用
--cap-add=[]	添加权限
--cap-drop=[]	删除权限
--cidfile=""	运行容器后，向指定文件中写入容器 PID 值，常在监控中使用
--cpuset=""	设置容器可以使用哪些 CPU，此参数可以用于容器独占 CPU
-d, --detach=false	指定容器运行于前台还是后台
----device=[]	添加主机设备给容器，相当于设备直通
--dns=[]	指定容器的域名服务器
--dns-search=[]	指定容器的域名服务器搜索域名，写到容器的/etc/resovle.conf 文件
-e, --env=[]	设置环境变量，容器中可以直接使用该环境变量
--entrypoint=""	覆盖镜像的入口点
--env-file=[]	指定环境变量文件，文件格式为每行一个环境变量
--expose=[]	修改镜像的暴露端口
-h, --hostname=""	指定容器的主机名
-i, --interactive=false	打开 stdin，用于控制台交互
--link=[]	指定容器间的关联，使用其他容器的 IP 地址、env 等信息
--lxc-conf=[]	指定容器的配置文件，只有在指定--exec-driver=lxc 时使用
-m, --memory=""	指定容器可使用内存上限
--name=""	指定容器名称，后续可以通过名称进行容器管理
--net="bridge"	容器网络设置（网络内容将在后续章节详细介绍）
-P, --publish-all=false	指定容器暴露的端口（将在后续章节详细介绍）
-p, --publish=[]	指定容器暴露的端口
--privileged=false	指定容器是否为特权容器，特权容器拥有所有的特权
--restart=""	指定容器停止后的重启策略
--rm=false	指定容器停止后自动删除容器（不支持以 docker run -d 启动的容器）
-t, --tty	给容器分配一个伪终端

续表

参数	功能描述
-u, --user=""	指定容器的用户
-v, volume=[]	给容器挂载存储卷，挂载到容器的某个目录
--volumes-from=[]	将某个容器作为容器卷，挂载到容器的某个目录
-w, --workdir=""	指定容器的工作目录

下面运行一个容器，并使用终端对其进行操作，示例代码如下：

```
[root@docker ~]# docker run -it centos
[root@df867b01a5e2 /]# ls
anaconda-post.log  dev  home  lib64  mnt  proc  run  srv  tmp  var
bin                etc  lib   media  opt  root  sbin sys  usr
#-i 与-t 通常一起使用，写作-it
```

以上命令执行成功的前提是本地有 CentOS 镜像。其中，-i 表示捕获标准输入输出，-t 表示分配一个终端或控制台。

下面运行一个容器，并为其设置环境变量，示例代码如下：

```
[root@docker ~]# docker run -d -it -e key=1000 centos
47aebf46af704a58ec61d31c4ddd0244daaeea6f89dc31067815796b8236fc08
```

其中，-e 参数在创建容器时为容器配置环境变量。

此时已经成功创建了一个容器，接着查看它的环境变量，示例代码如下：

```
[root@docker ~]# docker exec -it 47aeb env
#查看容器 ID 为 47aeb 的容器的环境变量
PATH=/usr/local/sbin:/usr/local/bin:/usr/sbin:/usr/bin:/sbin:/bin
HOSTNAME=47aebf46af70
TERM=xterm
key=1000
HOME=/root
```

从以上示例中可以看到，key=1000 的环境变量已经设置成功。

1. 自动重启的容器

下面运行一个正常的容器，示例代码如下：

```
[root@docker ~]# docker run -it centos
#正常启动一个可交互的容器
[root@65cb31dfd7ea /]# exit
#退出容器
exit
```

在新创建的容器中，使用 exit 命令即可退出容器，但容器也将停止运行。

查看容器状态，示例代码如下：

```
[root@docker ~]# docker ps -a
CONTAINER ID    IMAGE      COMMAND         CREATED          STATUS                    PORTS     NAMES
65cb31dfd7ea    centos     "/bin/bash"     16 seconds ago   Exited (0) 10 seconds ago           naughty_dijkstra
```

可以看到，容器此时的状态为 "Exited"，说明容器处于终止状态。

下面运行一个添加参数的容器，示例代码如下：

```
[root@docker ~]# docker run -it --restart=always centos
#添加--restart 参数
[root@fe2da85f63bc /]# exit
#退出容器
exit
```

不出意外的话，此时容器应该是终止状态。

接着，验证容器的状态，示例代码如下：

```
[root@docker ~]# docker ps -a
CONTAINER ID    IMAGE      COMMAND         CREATED          STATUS                    PORTS     NAMES
fe2da85f63bc    centos     "/bin/bash"     9 seconds ago    Up 3 seconds                        hopeful_curie
65cb31dfd7ea    centos     "/bin/bash"     48 seconds ago   Exited (0) 42 seconds ago           naughty_dijkstra
```

从示例中可以看到，容器此时不是终止状态，而是运行状态。这是由于添加了--restart 参数的容器被终止后自动重启。

2. 自定义名称的容器

下面运行一个自定义名称的容器，示例代码如下：

```
[root@docker ~]# docker run -d --name=test centos
031ecf946d7d6d0556ff167373fe663ec6ed225f66c4a2531cb42d966f4fb65b
[root@docker ~]# docker ps -a
CONTAINER ID    IMAGE      COMMAND         CREATED          STATUS                   PORTS     NAMES
031ecf946d7d    centos     "/bin/bash"     7 seconds ago    Exited (0) 6 seconds ago           test
```

从示例中可以看到，创建容器时添加了--name 参数来定义容器名称。创建之后容器的名称就是指定的 "test"。

3. 开启端口的容器

下面创建一个开启 80 端口的容器，示例代码如下：

```
[root@docker ~]# docker run -d -p 80:80 nginx
#-p 参数冒号之前的是宿主机端口号，冒号之后的是容器端口号
ccb2a930fdeb62516b6fd25e959f972de7a5fd8821196a07d1fedecab8287d48
[root@docker ~]# docker ps -a
CONTAINER ID    IMAGE      COMMAND              CREATED         STATUS          PORTS                NAMES
ccb2a930fdeb    nginx      "nginx -g 'daemon ..." 5 seconds ago  Up 3 seconds   0.0.0.0:80->80/tcp   romantic_clarke
```

参数冒号之前是宿主机端口号，冒号之后是容器端口号，表示宿主机的 80 端口映射到容器的 80 端口上。

从示例中可以看到，容器正在运行，并且可以看到开启了 80 端口。

为了验证，使用 curl 工具访问容器端口，示例代码如下：

```
[root@docker ~]# curl -I 192.168.56.135:80
#使用curl工具访问测试
HTTP/1.1 200 OK
Server: nginx/1.15.9
Date: Tue, 19 Mar 2019 10:44:09 GMT
Content-Type: text/html
Content-Length: 612
Last-Modified: Tue, 26 Feb 2019 14:13:39 GMT
Connection: keep-alive
ETag: "5c754993-264"
Accept-Ranges: bytes
```

访问容器 80 端口的返回值为 200，说明容器端口能够被用户正常访问。

接下来，将容器终止，并再次访问容器端口，示例代码如下：

```
[root@docker ~]# docker stop ccb
#停止容器
ccb
[root@docker ~]# curl -I 192.168.56.135:80
curl: (7) Failed connect to 192.168.56.135:80; Connection refused
```

再次访问容器端口时，连接被拒绝，说明先前的服务是由 Docker 容器来提供的，只是通过宿主机的端口向外网开放。

4. 与宿主机共享目录的容器

首先在宿主机上创建需要共享的目录与文件，示例代码如下：

```
[root@docker ~]# mkdir test
#在宿主机创建共享目录
[root@docker ~]# touch /root/test/a.txt /root/test/b.txt
[root@docker ~]# ls /root/test/
a.txt  b.txt
```

我们已经在 /root/test/ 目录下创建了 a.txt 与 b.txt 两个文件，接着创建一个可以共享这两个文件的容器，示例代码如下：

```
[root@docker ~]# docker run -it -v /root/test/:/root/test/ --privileged Docker.io/nginx /bin/bash
#运行容器，并挂载共享目录，冒号前面的是宿主机目录，后面的是容器目录
```

```
root@1a677b809243:/# ls /root/test/
a.txt  b.txt
```

-v 参数用来指定文件路径，--privileged 参数用来给用户添加操作权限。

从示例中可以看到，目录与文件共享成功。

4.2 进入容器

4.2.1 容器的三种状态

容器在宿主机中共有三种状态，分别为运行（Up）状态、暂停（Paused）状态与终止（Exited）状态。

下面通过示例来观察容器的三种状态。

进入容器-1

进入容器-2

1. 运行状态

运行一个名为 test-nginx 的 Nginx 容器，并将容器 80 端口映射到宿主机 80 端口，示例代码如下：

```
[root@docker ~]# docker run -d -p 80:80 --name test-nginx Docker.io/nginx
8da5d137d589926e6eb1e42647b7b564e5824b7b2656d93cd38e1a60a1e94275
```

这时，容器已经创建完成，通过 ps 命令查看容器是否为运行状态，示例代码如下：

```
[root@docker ~]# docker ps -a
CONTAINER ID   IMAGE             COMMAND                  CREATED         STATUS          PORTS                NAMES
8da5d137d589   Docker.io/nginx   "nginx -g 'daemon ……"    4 seconds ago   +Up 4 seconds   0.0.0.0:80->80/tcp   test-nginx
```

从以上示例中可以看出，此时容器状态为运行状态。

2. 暂停状态

下面通过命令使容器进入暂停状态，示例代码如下：

```
 [root@docker ~]# docker pause test-nginx
test-nginx
```

docker pause 是暂停容器的命令，以上示例中，暂停了名为 test-nginx 的容器。

接着通过命令查看容器是否成功暂停，示例代码如下：

```
[root@docker ~]# docker ps -a
CONTAINER ID   IMAGE             COMMAND                  CREATED          STATUS                   PORTS                NAMES
8da5d137d589   Docker.io/nginx   "nginx -g 'daemon ……"    18 seconds ago   Up 18 seconds (Paused)   0.0.0.0:80->80/tcp   test-nginx
```

从以上示例中可以看到，容器仍是运行状态，但同时也是暂停状态。

接着通过 curl 工具对该容器进行访问测试，示例代码如下：

```
[root@docker ~]# curl -I 192.168.56.135
^C
```

通过访问测试发现,此时无法访问到容器网页,但是服务器没有拒绝连接,说明暂停容器的本质是暂停容器中的服务。

下面使用 docker unpause 命令使暂停状态的容器终止暂停状态,示例代码如下:

```
[root@docker ~]# docker unpause 8da5d137d589
8da5d137d589
```

此时,命令执行完毕,接着查看容器状态,示例代码如下:

```
[root@docker ~]# docker ps -a
CONTAINER ID    IMAGE           COMMAND                  CREATED          STATUS         PORTS                NAMES
8da5d137d589    Docker.io/nginx "nginx -g 'daemon ......" 57 seconds ago   Up 56 seconds  0.0.0.0:80->80/tcp   test-nginx
```

从以上代码中可以看到,暂停状态已经被终止,容器只处于运行状态。

接着用 curl 工具对容器进行访问测试,示例代码如下:

```
[root@docker ~]# curl -I 192.168.56.135
HTTP/1.1 200 OK
Server: nginx/1.15.9
Date: Tue, 19 Mar 2019 12:14:49 GMT
Content-Type: text/html
Content-Length: 612
Last-Modified: Tue, 26 Feb 2019 14:13:39 GMT
Connection: keep-alive
ETag: "5c754993-264"
Accept-Ranges: bytes
```

从以上示例中可以看到,此时网站已经可以正常访问,说明容器中的服务正常运行。

3. 终止状态

当不再需要某一个业务继续运行时,就要通过命令使该业务的容器终止,示例代码如下:

```
[root@docker ~]# docker stop test-nginx
test-nginx
```

以上示例使用 docker stop 命令终止了容器 test-nginx。接着验证容器状态,示例代码如下:

```
[root@docker ~]# docker ps -a
CONTAINER ID    IMAGE           COMMAND                  CREATED         STATUS                     PORTS    NAMES
8da5d137d589    Docker.io/nginx "nginx -g 'daemon ......" 5 minutes ago   Exited (0) 3 seconds ago            test-nginx
```

从以上示例中可以看出,此时容器为终止状态。接着对容器进行访问测试,示例代码如下:

```
[root@docker ~]# curl -I 192.168.56.135
curl: (7) Failed connect to 192.168.56.135:80; Connection refused
```

从测试结果中可以看出，客户端请求被拒绝，服务已关闭。与暂停状态的容器不同的是，终止状态的容器会给客户端发送拒绝的回应。

下面使用 docker start 命令将终止状态的容器唤醒，示例代码如下：

```
[root@docker ~]# docker start test-nginx
test-nginx
```

示例中使用 docker start 命令对处于终止状态的容器进行了唤醒。接着查看容器此刻状态，示例代码如下：

```
[root@docker ~]# docker ps -a
CONTAINER ID   IMAGE           COMMAND                  CREATED          STATUS         PORTS                  NAMES
8da5d137d589   Docker.io/nginx "nginx -g 'daemon ......" 22 minutes ago  Up 4 seconds   0.0.0.0:80->80/tcp    test-nginx
```

从以上示例中可以看出，此时容器状态为运行状态。接着对该容器进行访问测试，示例代码如下：

```
[root@docker ~]# curl -I 192.168.56.135
HTTP/1.1 200 OK
Server: nginx/1.15.9
Date: Tue, 19 Mar 2019 12:32:55 GMT
Content-Type: text/html
Content-Length: 612
Last-Modified: Tue, 26 Feb 2019 14:13:39 GMT
Connection: keep-alive
ETag: "5c754993-264"
Accept-Ranges: bytes
```

通过访问测试结果可以看出，此时容器中的服务已经可以正常访问。

4.2.2　docker attach 与 docker exec

在企业中，运维工程师与开发工程师都可能会有进入容器内部的需求。此时不建议使用 SSH（Secure Shell）登录容器，因为这违背了一个容器里只有一个进程的原则，同时增加了被攻击的风险。建议使用以下两种 Docker 原生方式进入容器。

1. docker attach

通过 docker attach 命令可以进入一个已经在运行容器的虚拟输入设备，然后执行其他命令。

下面演示 docker attach 命令的使用方式。

创建任意一个容器，这里以 CentOS 容器为例，示例代码如下：

```
[root@docker ~]# docker run -it -d centos /bin/bash
1bbe9c4416eb7665403b88bfe4e6436a17816b1d62deb467e3076c899eb5cb11
```

此时 CentOS 容器已经创建成功，接着使用 docker attach 命令与容器 ID 号进入容器，示例代码如下：

```
[root@docker ~]# docker attach 1bb
```

```
#使用docker attach进入容器
[root@1bbe9c4416eb /]# ls
anaconda-post.log  dev   home  lib64  mnt   proc  run   srv   tmp   var
bin                etc   lib   media  opt   root  sbin  sys   usr
```

在以上示例中,我们不仅进入了容器,还对容器执行了 ls 命令,说明此时已经可以在命令行直接对容器进行操作。

在退出容器时需要注意的是,直接从容器中使用 exit 命令或 Ctrl+D 组合键退出容器,会导致容器终止。如果想要退出当前容器,并且不终止容器,可以使用 Ctrl+P+Q 组合键退出终端。下面进行演示,示例代码如下:

```
[root@1bbe9c4416eb /]# exit
#执行exit命令
exit
```

以上示例使用 exit 命令退出了容器。接着查看容器是否被终止,示例代码如下:

```
[root@docker ~]# docker ps -a
CONTAINER ID    IMAGE      COMMAND        CREATED        STATUS                    PORTS    NAMES
1bbe9c4416eb    centos     "/bin/bash"    2 minutes ago  Exited (0) 7 seconds ago           wonderful_euclid
```

从以上示例中可以看到,容器已经被终止。接着将容器启动并进入容器,再使用 Ctrl+P+Q 组合键退出,示例代码如下:

```
[root@docker ~]# docker start 1bb
1bb
#启动容器
[root@docker ~]# docker ps
CONTAINER ID    IMAGE     COMMAND       CREATED       STATUS         PORTS    NAMES
1bbe9c4416eb    centos    "/bin/bash"   17 hours ago  Up 3 seconds            wonderful_euclid
#容器正在运行
[root@docker ~]# docker attach 1bb
#进入容器
[root@1bbe9c4416eb /]# ls
anaconda-post.log  bin   dev   etc   home   lib   lib64   media   mnt   opt   proc   root   run
sbin   srv   sys   tmp   usr   var
[root@1bbe9c4416eb /]# [root@docker ~]#
```

以上示例启动了容器并使用 Ctrl+P+Q 组合键退出了容器。接着查看当前容器状态,示例代码如下:

```
[root@docker ~]# docker ps -a
CONTAINER ID    IMAGE     COMMAND       CREATED       STATUS              PORTS    NAMES
1bbe9c4416eb    centos    "/bin/bash"   17 hours ago  Up About a minute            wonderful_euclid
```

从以上示例中可以看到,容器处于运行状态,并没有被终止。

docker attach 还有有共享屏幕的功能,两个终端同时使用 docker attach 进入同一个容器时可以看到同步操作,如图 4.2 所示。

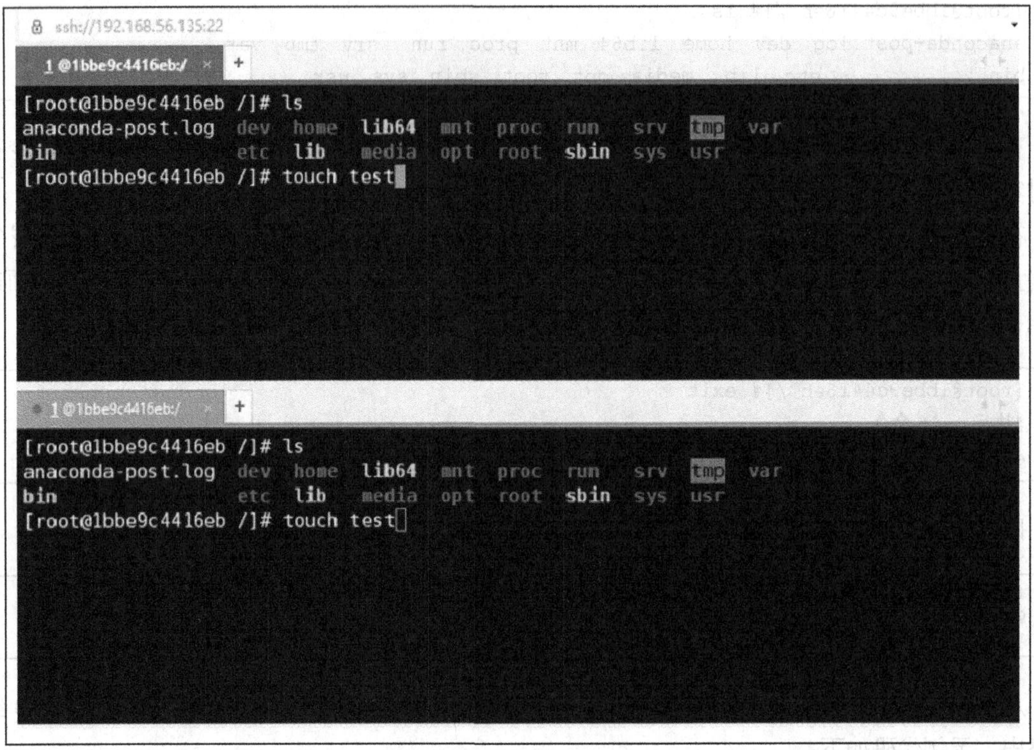

图 4.2　docker attach 共享屏幕

2. docker exec

下面对 exec 的参数进行介绍，如表 4.2 所示。

表 4.2　docker exec 参数

参数	功能描述
--detach, -d	后台运行模式，在后台执行命令
--env, -e	设置环境变量（仅在本次会话中生效）
--interactive, -i	打开 stdin，用于控制台交互
--tty, -t	命令行交互模式
--user, -u	设置用户名

docker exec 可以在宿主机上向运行的容器传输命令，示例代码如下：

```
[root@docker ~]# docker exec 1bb ls
anaconda-post.log
bin
dev
etc
home
lib
lib64
```

```
media
mnt
opt
proc
root
run
sbin
srv
sys
tmp
usr
var
```

以上示例通过 docker exec 命令向容器发送 ls 命令,并将结果回显至终端。

下面创建一个新容器,并为容器启动一个虚拟终端,使用命令行对容器进行操作,示例代码如下:

```
[root@docker ~]# docker exec -it 1bb /bin/bash
#进入容器
[root@1bbe9c4416eb /]# w
 16:51:44 up 1:03,  0 users,  load average: 0.00, 0.01, 0.05
USER     TTY      FROM             LOGIN@   IDLE   JCPU   PCPU WHAT
[root@1bbe9c4416eb /]# date
Tue Mar 19 16:51:49 UTC 2019
```

以上示例通过虚拟终端对容器进行一系列操作。接着使用 exit 命令退出容器,并查看容器状态,示例代码如下:

```
[root@1bbe9c4416eb /]# exit
exit
[root@docker ~]# docker ps -a
CONTAINER ID    IMAGE    COMMAND         CREATED             STATUS              PORTS       NAMES
1bbe9c4416eb    centos   "/bin/bash"     About an hour ago   Up About an hour                wonderful_euclid
#容器为运行状态,没有被终止
```

以上示例使用 exit 命令退出了容器,但容器仍在运行状态。这说明 docker exec 与 docker attach 不同,在使用 docker exec 进入的容器中执行 exit 命令不会终止容器,只会退出当前 bash 终端。在工作中,建议使用 docker exec 命令进入容器,这样不容易出现操作失误。

4.3 停止和删除容器

4.3.1 停止容器

在工作中,我们有时会需要将容器暂停,例如,要为容器文件系统做一个快照时。使用 docker pause 与 docker unpause 命令可以对容器进行暂停与激活操作,并且暂停状态的容器不会占用宿主机 CPU 资源。

停止和删除容器

当不再需要业务运行时，就要将容器关闭，这时可以使用 docker stop 命令。当遇到特殊情况无法关闭容器时，还可以使用 docker kill 命令强制终止容器，示例代码如下：

```
[root@docker ~]# docker kill 10d
10d
[root@docker ~]# docker ps -a
CONTAINER ID    IMAGE    COMMAND                  CREATED          STATUS                     PORTS    NAMES
10d9163aa4f6    nginx    "nginx -g 'daemon ......"  53 minutes ago   Exited (137) 3 seconds ago          wizardly_jepsen
```

以上示例使用 docker kill 命令强制终止了容器。

企业中通常有大量的容器需要操作，一个一个操作会浪费大量的人力及时间成本。在这种情况下，可以将 Docker 命令与正则表达式结合起来，实现对容器的批量操作。

首先查看运行状态容器的 ID 号，示例代码如下：

```
[root@docker ~]# docker ps -q
03693b45d093
d7748195aafa
7f9c59ef5c32
d971340be388
a0ccc87e775d
#docker ps -q命令可以筛选出当前正在运行容器的唯一ID号
```

接着使用正则表达式根据运行状态容器的 ID 号关闭正在运行的容器，示例代码如下：

```
[root@docker ~]# docker stop `docker ps -q`
03693b45d093
d7748195aafa
7f9c59ef5c32
d971340be388
a0ccc87e775d
```

以上示例运用 docker stop 命令与正则表达式批量终止了运行中的容器，该命令还有另一种编写方式，示例代码如下：

```
[root@docker ~]# docker stop `docker ps -a | grep Up | awk '{print $1}'`
```

另外，使用类似方法还可以对容器进行批量删除、启动等操作。

docker stop 与 docker kill 的区别如下。

docker stop 执行时，首先给容器发送一个 TERM 信号，让容器做一些退出前必须做的保护性、安全性操作，然后让容器自动停止运行。如果在一段时间内容器没有停止运行，再执行 kill -9 指令，强制终止容器。

docker kill 执行时，不论容器是什么状态，在运行什么程序，直接执行 kill -9 指令，强制终止容器。

4.3.2 删除容器

容器以其轻量级的特点受人欢迎，通常一些容器使用不久就会闲置，长期积累会导致不必要的资源浪费，所以要及时清理无用的容器。

与 docker rmi 命令不同，docker rm 命令用于删除容器。下面介绍删除容器的几种方法。

1. 删除容器方法一

首先，查看所有容器及其状态，示例代码如下：

```
[root@docker ~]# docker ps -a
CONTAINER ID    IMAGE               COMMAND                  CREATED          STATUS                      PORTS     NAMES
ea5118a741d2    Docker.io/busybox   "sh"                     9 seconds ago    Exited (0) 8 seconds ago              stoic_kilby
4ac6ca697b72    centos              "/bin/bash"              26 seconds ago   Exited (0) 25 seconds ago             friendly_thompson
510d8dc5833d    nginx               "nginx -g 'daemon ......" 47 seconds ago  Exited (0) 43 seconds ago             elegant_visvesvaraya
e3977de07341    nginx               "nginx -g 'daemon ......" 7 seconds ago   Up 5 seconds                80/tcp    youthful_bartik
```

从以上示例中可以看到，目前宿主机中有三个处于终止状态的容器，以及一个处于运行状态的容器。

然后，结合正则表达式与 docker rm 命令列出处于终止状态的容器并进行删除，示例代码如下：

```
[root@docker ~]# docker rm `docker ps -a | grep Exited | awk '{print $1}'`
ea5118a741d2
4ac6ca697b72
510d8dc5833d
```

以上示例使用 docker rm 命令结合正则表达式实现了批量删除容器，并回显删除的容器 ID 号。最后，查看并确认容器已删除，示例代码如下：

```
[root@docker ~]# docker ps -a
CONTAINER ID    IMAGE     COMMAND                  CREATED          STATUS         PORTS     NAMES
e3977de07341    nginx     "nginx -g 'daemon ......" 20 seconds ago  Up 5 seconds   80/tcp    youthful_bartik
```

从示例中可以看到，处于终止状态的容器已经被删除，运行状态的容器并没有被删除。

2. 删除容器方法二

首先，查看所有容器及其状态，示例代码如下：

```
[root@docker ~]# docker ps -a
CONTAINER ID    IMAGE     COMMAND                  CREATED          STATUS                      PORTS     NAMES
8c2b5697c6bb    nginx     "nginx -g 'daemon .. "   44 seconds ago   Up 44 seconds               80/tcp    zealous_noether
510bb41bbc7c    nginx     "nginx -g 'daemon . "    53 seconds ago   Exited (0) 49 seconds ago             gifted_euclid
5fb567c7b78e    centos    "/bin/bash"              59 seconds ago   Exited (0) 59 seconds ago             lucid_hamilton
e3977de07341    nginx     "nginx -g 'daemon ......" 22 minutes ago  Exited (0) 7 seconds ago              youthful_bartik
```

从以上示例中可以看到，宿主机中有三个处于终止状态的容器，以及一个处于运行状态的容器。

接着，使用 docker rm 命令结合正则表达式列出所有容器 ID 号并删除容器，示例代码如下：

```
[root@docker ~]# docker rm `docker ps -a -q`
510bb41bbc7c
5fb567c7b78e
e3977de07341
Error response from daemon: You cannot remove a running container 8c2b5697
c6bb0b4201be20b0d5abd05545768da6e5691054c8e909d65fe0783e. Stop the container before
attempting removal or use -f
```

从以上示例中可以看到，命令执行时发生了报错，提示无法删除一个正在运行的容器，可以使用 -f 参数强制执行。

然后，查看当前容器状态，示例代码如下：

```
[root@docker ~]# docker ps -a
CONTAINER ID   IMAGE   COMMAND                  CREATED          STATUS              PORTS    NAMES
8c2b5697c6bb   nginx   "nginx -g 'daemon ......"   About a minute ago   Up About a minute   80/tcp   zealous_noether
```

从以上示例中可以看到，docker rm 命令结合正则表达式删除了三个终止状态的容器，运行中的容器没有被删除。

最后，根据报错提示在命令中添加一个 -f 参数，表示强制删除，示例代码如下：

```
[root@docker ~]# docker rm -f `docker ps -a -q`
8c2b5697c6bb
```

从以上示例中可以看到，处于运行状态的容器已经被删除。

3. 删除容器方法三

首先，查看当前容器及其状态，示例代码如下：

```
[root@docker ~]# docker ps -a
CONTAINER ID   IMAGE   COMMAND                  CREATED           STATUS                 PORTS    NAMES
988872c565e9   nginx   "nginx -g 'daemon ......"   45 minutes ago    Exited (0) 45 minutes ago          quizzical_saha
acbc7a2e533e   nginx   "nginx -g 'daemon ......"   45 minutes ago    Exited (0) 45 minutes ago          loving_edison
870aff88deb2   nginx   "nginx -g 'daemon ......"   45 minutes ago    Exited (0) 45 minutes ago          infallible_swartz
8c2b5697c6bb   nginx   "nginx -g 'daemon ......"   About an hour ago   Up About an hour    80/tcp   zealous_noether
```

接着，使用 docker rm 命令结合 docker ps -q -f status=exited 命令筛选出处于终止状态的容器 ID 号，并删除容器，示例代码如下：

```
[root@docker ~]# docker rm (docker ps -q -f status=exited)
988872c565e9
acbc7a2e533e
870aff88deb2
```

以上示例中，命令已经执行成功。

最后，查看容器是否被删除，示例代码如下：

```
[root@docker ~]# docker ps -a
CONTAINER ID   IMAGE   COMMAND                  CREATED           STATUS              PORTS    NAMES
8c2b5697c6bb   nginx   "nginx -g 'daemon ......"   About an hour ago   Up About an hour    80/tcp   zealous_noether
```

从以上示例中可以看到，处于终止状态的容器都已被删除。

4. 删除容器方法四

从 Docker 1.13 版本开始，用户可以使用 docker container prune 命令删除处于终止状态的容器。首先，查看当前容器及其状态，示例代码如下：

```
[root@docker ~]# docker ps -a
CONTAINER ID   IMAGE   COMMAND                  CREATED          STATUS                     PORTS    NAMES
24347ec204bc   nginx   "nginx -g 'daemon ......"   3 seconds ago     Exited (0) 2 seconds ago            silly_lamport
b9c80ff1c972   nginx   "nginx -g 'daemon ......"   6 seconds ago     Exited (0) 4 seconds ago            wonderful_noether
a96517fb346c   nginx   "nginx -g 'daemon ......"   7 seconds ago     Exited (0) 6 seconds ago            festive_pare
8c2b5697c6bb   nginx   "nginx -g 'daemon ......"   About an hour ago  Up About an hour           80/tcp   zealous_noether
```

接着，使用命令删除所有处于终止状态的容器，示例代码如下：

```
[root@docker ~]# docker container prune
WARNING! This will remove all stopped containers.
#警告：将要删除所有终止的容器
Are you sure you want to continue? [y/N] y
#是否要继续
Deleted Containers:
24347ec204bc6703a2ffd645763eb44864576e1a7db8542b8249f51ee4a88317
b9c80ff1c972f2026173d79e0540b2743f318deca11ab6670ff0784d41f82318
a96517fb346c2568f8ceb6e259e2142c941be68035d5b55916ccf41a2df09628
#删除了三个处于终止状态的容器
Total reclaimed space: 0 B
#总释放大小
```

从以上示例中可以看到，在 docker container prune 命令执行之后，系统会向用户发出警告信息，并询问是否要继续。docker container prune 会直接删除所有处于终止状态的容器，为了防止用户误操作，将有用的容器删除，命令执行时会有警告信息与询问信息。这时，如果确认要删除，可输入 "y"，否则，输入 "n" 即可阻止命令执行。示例删除了所有处于终止状态的容器，命令执行成功之后返回一个释放内存的值。

最后，查看当前容器及其状态，示例代码如下：

```
[root@docker ~]# docker ps -a
CONTAINER ID   IMAGE   COMMAND                  CREATED          STATUS             PORTS    NAMES
8c2b5697c6bb   nginx   " nginx -g 'daemon ......"   About an hour ago  Up About an hour  80/tcp   zealous_noether
```

从以上示例中可以看到，处于终止状态的容器已经被删除，而处于运行状态的容器并没有受到影响。

4.4 容器资源限制

在默认情况下，Docker 没有对容器进行硬件资源的限制。使用 Docker 运行

容器资源限制

容器时，一台主机上可能会运行成百上千个容器，这些容器虽然相互隔离，但是在底层使用着相同的 CPU、内存和磁盘等资源。如果不对容器使用的资源进行限制，那么容器对宿主机资源的消耗可能导致其他容器或进程不能够正常运行，严重时可能导致服务完全不可用。

本节将介绍如何对容器配置 CPU、内存、Block I/O 等资源限制。

4.4.1 限制容器内存资源

在 Linux 服务器上，如果内核检测到没有足够的内存（Memory）来执行重要的系统功能，内核会提示 OOME（Out of Memory Error，内存溢出），并开始终止进程以释放内存，这称为 OOM 操作。任何进程都有可能被终止，包括 Docker 和其他重要的应用程序。如果终止了系统关键进程，可能导致整个系统瘫痪。

设置内存上限虽然能保护主机，但是也可能导致容器里的服务运行不畅。如果为服务设置的内存上限太小，服务在正常工作时可能出现资源不足；如果设置过大，则会因为调度器算法浪费内存。因此，合理的做法是遵循以下原则。

（1）为应用做内存压力测试，了解正常业务需求下内存的使用情况，然后再进入生产环境。

（2）限制容器的内存使用上限。

（3）尽量保持主机的资源充足，一旦通过监控发现资源不足，就进行扩容或者对容器进行迁移。

（4）内存资源充足的情况下，尽量不要使用 Swap（交换分区），Swap 的使用会导致内存计算变得复杂，对调度器造成压力。

下面介绍 Docker 启动参数中的内存限制参数。

- -m, --memory

设置容器可使用的最大内存，最小值是 4MB。

- --memory-swap

设置容器可使用内存+Swap 的最大值。

- --memory-swapiness

默认情况下，用户可以设置一个 0~100 的值，代表允许内存与交换分区置换的比例。

- --memory-reservation

设置一个内存使用的 soft limit（非强制性限制），如果 Docker 发现主机内存不足，会执行 OOM 操作。这个值必须小于 --memory 设置的值。

- --kernel-memory

容器能够使用的内核内存的大小，最小值为 4MB。

- --oom-kill-disable

设置是否运行 OOM 的时候终止容器进程。宿主机会在内存不足时，随机关闭一些进程，而该参数会保护容器进程不被关闭。只有通过设置 -memory 限制容器内存，才可以使用该参数，否则容器会耗尽宿主机内存，而且导致宿主机应用被终止。

注：--memory-swap 只有在设置了 --memory 时才有意义。使用 Swap 允许容器在耗尽所有可用的内存时，将多余的内存需求写入磁盘。两者的关系如表 4.3 所示。

表 4.3　--memory 与 --memory-swap

--memory	--memory-swap	功能描述
正数 M	正数 S	容器可用总空间为 S，其中 RAM 为 M，Swap 为（S-M），若 S=M，则无可用 Swap 资源
正数 M	0	相当于未设置 Swap
正数 M	unset	若主机（Docker 宿主机）启用了 Swap，则容器可用 Swap 为 2×M
正数 M	-1	若主机（Docker 宿主机）启用了 Swap，则容器可以使用主机最大值的 Swap 资源

注：在容器内使用 free 命令可以看到的 Swap 空间并不具有其所展现出的空间指示意义

以上两个参数默认值都为-1，即对容器使用内存和 Swap 没有限制。

下面使用 progrium/stress 镜像来介绍如何为容器分配内存，该容器可以模拟进行压力测试。示例代码如下：

```
[root@docker ~]# docker run -it -m 300M --memory-swap=400M Docker.io/progrium/stress --vm 1 --vm-bytes 380M
stress: info: [1] dispatching hogs: 0 cpu, 0 io, 1 vm, 0 hdd
stress: dbug: [1] using backoff sleep of 3000us
stress: dbug: [1] --> hogvm worker 1 [6] forked
stress: dbug: [6] allocating 398458880 bytes ......
stress: dbug: [6] touching bytes in strides of 4096 bytes ......
stress: dbug: [6] freed 398458880 bytes
stress: dbug: [6] allocating 398458880 bytes ......
stress: dbug: [6] touching bytes in strides of 4096 bytes ......
stress: dbug: [6] freed 398458880 bytes
stress: dbug: [6] allocating 398458880 bytes ......
stress: dbug: [6] touching bytes in strides of 4096 bytes ......
```

以上示例运行了一个容器，分配可用最大内存为 300MB，可用 Swap 为 100MB。其中，--vm 1 参数表示启动一个内存工作线程，--vm-bytes 380M 参数表示每个线程分配 380MB 内存。可以看到系统不断地给容器分配内存、释放内存，一直循环。由于使用的内存是 380MB，在最大使用量（400MB）之内，容器正常运行。

下面测试内存使用超出限额的情况，示例代码如下：

```
[root@docker ~]# docker run -it -m 300M --memory-swap=400M Docker.io/progrium/stress --vm 1 --vm-bytes 450M
#将线程分配的内存改为 450MB，超出了最大限额（400MB）
stress: info: [1] dispatching hogs: 0 cpu, 0 io, 1 vm, 0 hdd
stress: dbug: [1] using backoff sleep of 3000us
stress: dbug: [1] --> hogvm worker 1 [6] forked
stress: dbug: [6] allocating 471859200 bytes ......
stress: dbug: [6] touching bytes in strides of 4096 bytes ......
stress: FAIL: [1] (416) <-- worker 6 got signal 9
stress: WARN: [1] (418) now reaping child worker processes
```

```
stress: FAIL: [1] (422) kill error: No such process
stress: FAIL: [1] (452) failed run completed in 3s
```

从以上示例中可以看到，容器使用的内存超过了限额，容器里的进程被终止掉了，其中，signal 9 就是终止进程信号，最后容器退出。

如果在创建容器时仅指定-m 参数，不设置-memory-swap 参数，那么-memory-swap 默认是-m 的两倍，示例代码如下：

```
docker run -it -m 100M centos
```

在以上示例中，容器最多使用 100MB 内存和 100MBSwap。

4.4.2 限制容器 CPU 资源

主机上的进程会通过时间分片机制使用 CPU。CPU 用频率来量化，也就是每秒执行的运算次数。为容器限制 CPU 资源并不是改变 CPU 的频率，而是改变每个容器能使用的 CPU 时间片。理想状态下，CPU 应该一直处于运算状态，并且进程的计算量不超过 CPU 的处理能力。

Docker 允许用户为每个容器设置一个数字，代表容器的 CPU share（共享），默认情况下每个容器的 share 值是 1000。这个 share 值是相对的，本身并不代表任何确定的意义。当主机上有多个容器运行时，每个容器占用的 CPU 时间比例为它的 share 值在总额中的比例。例如，主机上有两个一直使用 CPU 的容器（为了方便理解，不考虑主机上运行的其他进程），其 CPU share 都为 1000，那么两个容器 CPU 使用率都是 50%；如果把其中一个容器的 share 值设置为 500，那么两者 CPU 的使用比为 2:1；如果删除 share 值为 1000 的容器，剩下的容器的 CPU 使用率将会是 100%。

Docker 为容器设置 CPU 资源限制的参数是-c 或--cpu-shares，其值是一个整数。运行两个容器 test01 与 test02，并设置 CPU 权重，示例代码如下：

```
[root@docker ~]# docker run -it -d -c 1000 --name test01 Docker.io/progrium/stress --cpu 2
289884c0c920c477bc3c7f98eeedc543c569cd10e9760b7baf04ffb8f8a6147e
[root@docker ~]# docker run -it -d -c 2000 --name test02 Docker.io/progrium/stress --cpu 2
81799a9ff86f787fc87e5fa964f05c4bd5c476855d963827014d7b34d264a009
```

以上示例分别为 test01 与 test02 设置 CPU share 值 1000 与 2000。

接着，使用 docker stats 查看容器占用 CPU 情况，示例代码如下：

```
[root@docker ~]# docker stats
#docker stats 会实时显示容器使用CPU、内存、网络、I/O情况
CONTAINER       CPU %       MEM USAGE / LIMIT       MEM %       NET I/O            BLOCK I/O        PIDS
81799a9ff86f    66.71%      180 KiB / 972.6 MiB     0.02%       656 B / 656 B      0 B / 0 B        3
289884c0c920    33.43%      172 KiB / 972.6 MiB     0.02%       1.31 kB / 656 B    6.37 MB / 0 B    3
```

从以上示例中可以看到，两个容器 CPU 的使用比约为 2∶1，与先前设置的 share 值相吻合。

此时将 share 值为 2000 的 test02 容器暂停，再来查看 CPU 使用情况，示例代码如下：

```
[root@docker ~]# docker ps -a
CONTAINER ID    IMAGE                         COMMAND                CREATED            STATUS              PORTS    NAMES
81799a9ff86f    Docker.io/progrium/stress     "/usr/bin/stress -..." About a minute ago Up About a minute            test02
289884c0c920    Docker.io/progrium/stress     "/usr/bin/stress -..." 2 minutes ago      Up 2 minutes                 test01
[root@docker ~]# docker pause test02
test02
[root@docker ~]# docker stats
CONTAINER       CPU %          MEM USAGE / LIMIT       MEM %      NET I/O            BLOCK I/O        PIDS
81799a9ff86f    0.00%          180 KiB / 972.6 MiB     0.02%      656 B / 656 B      0 B / 0 B        3
289884c0c920    100.57%        172 KiB / 972.6 MiB     0.02%      1.31 kB / 656 B    6.37 MB / 0 B    3
#暂停了 test02 后，test01 容器可以用满整颗 CPU
```

设置 CPU 资源限制还可以使用--cpuset-cpus 参数，它能够指定容器使用某一颗 CPU。这里使用 CPU 测试镜像 agileek/cpuset-test 进行测试，其功能是将 CPU 用满，示例代码如下：

```
[root@docker ~]# docker run -d -it --cpuset-cpus=1 Docker.io/agileek/cpus
2cecfd19c3338649dd9939799da0000f509f0993d233693491c7c1408a3def57
#基于测试镜像运行一个容器，并指定其使用编号为 1 的 CPU
```

使用宿主机 top 命令查看 CPU 使用情况，可以看到 CPU1 已经被占满，而 CPU0 没有受到影响，如图 4.3 所示。

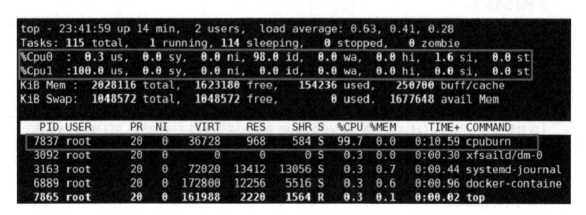

图 4.3 top 命令

4.4.3 限制容器 Block I/O

Block I/O 表示磁盘的读写，Docker 可以用配置 bps（每秒读写的数据量）和 iops（每秒读写的次数）的方式限制容器对磁盘读写的带宽。

下面介绍限制 bps 与 iops 的参数。

- --device-read-bps

限制读某个设备的 bps。

- --device-write-bps

限制写入某个设备的 bps。

- --device-read-iops

限制读某个设备的 iops。

- --device-write-iops

限制写入某个设备的 iops。

默认情况下，所有容器对磁盘读写的带宽是相同的，通过配置-blkio-weight 参数的值（10~1000）可以指定容器 Block I/O 的优先级。--blkio-weight 与-cpu-shares 类似，默认值都是 500。

下面运行两个容器 test01 与 test02，其中，test01 读写磁盘的带宽是 test02 的两倍。

```
[root@docker ~]# docker run -d --name test01 --blkio-weight 800 centos
d318b00200441b2e619756fa4366a22312b6903dabdd77140817fc215178a44c
[root@docker ~]# docker run -d --name test02 --blkio-weight 400 centos
05b66cd4596c705b48c4f13d4fae5610024ad7edfeadcb46125b1a3a7f0d124a
```

从以上示例中可以看到，容器 test01 的相对权重值是 800，而 test02 的相对权重值是 400，故 test01 读写磁盘的带宽是 test02 的两倍。

下面运行一个容器，限制其对/dev/sda 写入的速率不高于 20MB/s。因为容器文件系统在宿主机的/dev/sda 上，在容器中写文件相当于对宿主机的/dev/sda 进行写入操作。

示例代码如下：

```
[root@docker ~]# docker run -it --device-write-bps /dev/sda:20MB centos
```

以上示例运行了一个 CentOS 容器，并限制其写入/dev/sda 的速率不高于 20MB/s。

下面通过命令查看该容器的写入速率，示例代码如下：

```
[root@1e541ca98944 /]# time dd if=/dev/zero of=test bs=1M count=800 oflag=direct
#使用 dd 命令模拟磁盘的读写
#oflag=direct 指定用 direct_IO 方式写文件，这样--device-write-bps 才能生效
800+0 records in
800+0 records out
838860800 bytes (839 MB) copied, 43.1474 s, 19.4 MB/s

real 0m43.149s
user 0m0.013s
sys  0m5.382s
```

从以上示例中可以看到，设置了写入限制的容器，写入速率为 19.4MB/s，没有超过写入限制 20MB/s。

作为对比，下面运行一个不限制写入速率的容器，示例代码如下：

```
[root@docker ~]# docker run -it centos
[root@c3871935c36b /]# time dd if=/dev/zero of=test bs=1M count=800 oflag=direct
800+0 records in
800+0 records out
838860800 bytes (839 MB) copied, 13.6882 s, 61.3 MB/s
```

```
real 0m13.692s
user 0m0.000s
sys  0m5.666s
```

以上示例中，一个不限制读写速率的容器，写入速率是 61.3MB/s。

其他参数使用方法与之类似，读者可以自行尝试。

4.5 本章小结

本章首先介绍了如何获取 Docker 帮助手册；然后通过大量的实验讲解了操作 Docker 容器的方法，包括进入、停止、删除容器等，以及容器各种状态之间如何转换；最后介绍了 Docker 容器的资源限制，包括限制内存、CPU、Block I/O 三种方法。

4.6 习题

1. 填空题

（1）docker run 命令是_____与_____命令的结合体。

（2）宿主机通过_____将对 Docker 的指令传输给容器。

（3）容器的三种状态分别是_____状态、_____状态与_____状态。

（4）_____与_____是两种进入容器的命令。

（5）删除容器的命令是_____。

2. 选择题

（1）若要将容器强制删除，需要在 docker rm 命令中添加的参数是（   ）。

    A. -f   B. --no-trunc

    C. -q   D. -a

（2）容器可使用内存最小值是（   ）。

    A. 4KB   B. 4MB

    C. 10MB   D. 4GB

（3）Docker 为容器设置 CPU 资源限制的参数是（   ）。

    A. -c   B. -p

    C. -w   D. -f

（4）为容器限制 CPU 资源是改变每个容器能使用的 CPU（   ）。

    A. 占用率   B. 运算效率

    C. 时间片   D. 负载

（5）Docker 以配置 bps 和 iops 的方式限制容器对磁盘读写的（   ）。

  A. 时间   B. 数量
  C. 大小   D. 带宽

3. 思考题

（1）简述 attach 与 exec 的区别。

（2）简述 Docker 容器资源限制的三个方面与三种方式。

4. 操作题

创建一个容器，并对其进行资源限制。

第 5 章 容器底层技术

本章学习目标
- 了解容器的底层技术
- 熟悉 Namespace 隔离机制
- 熟悉 Cgroup 资源控制原理
- 理解容器底层技术原理

Docker 容器能够在服务器中高效运行，离不开容器底层技术的支持。为了更好地理解容器的运行原理，本章将会以 Linux 宿主机为例，介绍容器的底层技术，包括容器的命名空间、控制组、联合文件系统等。

5.1 Docker 基本架构

Docker 目前采用标准的 C/S 架构，即服务端—客户端架构，服务端用于管理数据，客户端负责与用户交互，将获取的用户信息交由服务器处理，如图 5.1 所示。

Docker 基本架构

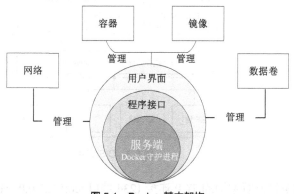

图 5.1 Docker 基本架构

服务器与客户机既可以运行在同一台机器上，也可以运行在不同机器上，通过 Socket（套接字）或者 RESTful API 进行通信。

5.1.1 服务端

Docker 服务端也就是 Docker daemon，一般在宿主机后台运行，接收来自客户的请求，并处理这些请求。在设计上，Docker 服务端是一个模块化的架构，通过专门的 Engine 模块来分发、管理各个来自客户端的任务。

Docker 服务端默认监听本地的 unix:///var/run/Docker.sock 套接字，只允许本地的 root 用户或 Docker 用户组成员访问，可以通过-H 参数来修改监听的方式。

例如，让服务器监听本地的 TCP 连接 1234 端口，代码如下：

```
[root@docker ~]# Docker服务端 -H 0.0.0.0:1234
```

此外，Docker 还支持通过 HTTPS 认证的方式来验证访问。

在 Debian/Ubuntu 14.04 等使用 upstart 管理启动服务的系统中，Docker 服务端的默认启动配置文件在/etc/default/Docker。在使用 systemd 管理启动服务的系统中，配置文件在/etc/systemd/system/Docker.service.d/Docker.conf。

5.1.2 客户端

用户不能与服务端直接交互，Docker 客户端为用户提供一系列可执行命令，用户通过这些命令与 Docker 服务端进行交互。

用户使用的 Docker 可执行命令就是客户端程序。与 Docker 服务端不同的是，客户端发送命令后，等待服务端返回信息，收到返回信息后，客户端立刻结束任务并退出。用户执行新的命令时，需要再次调用客户端程序。同样，客户端默认通过本地的 unix:///var/run/Docker.sock 套接字向服务端发送命令。如果服务端不在默认监听的地址，则需要用户在执行命令时指定服务端地址，如图 5.2 所示。

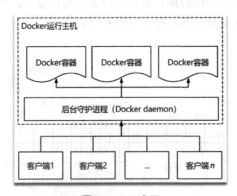

图 5.2 C/S 交互

例如，假设服务器监听本地的 TCP 连接 1234 端口 tcp://127.0.0.1:1234，只有通过-H 参数指定了正确的地址信息才能连接到服务端。

首先，查看 Docker 信息，示例代码如下：

```
[root@docker ~]# docker version
```

```
Client:
 Version:         1.13.1
 API version:     1.26
 Go version:      go1.10.3
 Git commit:      07f3374/1.13.1
 Built:           Wed Feb 13 17:10:12 2019
 OS/Arch:         linux/amd64
Cannot connect to the docker daemon. Is the docker daemon running on this host?
```

从以上示例中可以看到,Docker 并没有连接到服务端,但 Docker 客户端仍可以为用户提供服务。
然后,通过命令指定正确的地址信息,再次查看 Docker 信息,示例代码如下:

```
[root@docker ~]# docker -H tcp://127.0.0.1:1234 version
Client:
 Version:         1.13.1
 API version:     1.26
 Go version:      go1.10.3
 Git commit:      07f3374/1.13.1
 Built:           Wed Feb 13 17:10:12 2019
 OS/Arch:         linux/amd64

Server:
 Version:         1.13.1
 API version:     1.26 (minimum version 1.12)
 Go version:      go1.10.3
 Git commit:      07f3374/1.13.1
 Built:           Wed Feb 13 17:10:12 2019
 OS/Arch:         linux/amd64
```

从以上示例中可以看到,指定了正确的地址信息之后,Docker 顺利连接到服务端。

Docker 服务端运行在主机上,通过 Socket 连接从客户端访问,服务端从客户端接受命令并管理运行在主机上的容器。

5.2 Namespace

5.2.1 Namespace 介绍

Linux 操作系统中,容器用来实现"隔离"的技术称为 Namespace(命名空间)。

Namespace 技术实际上修改了应用进程看待整个计算机的"视图",即应用进程的"视线"被操作系统做了限制,只能"看到"某些指定的内容,如图 5.3 所示。

但对于宿主机来说,这些被"隔离"的进程跟其他进程并没有太大区别。

下面运行一个 CentOS 7 容器,示例代码如下:

```
[root@docker ~]# docker run -it centos /bin/bash
[root@93dae267cb84 /]# ps
  PID TTY          TIME CMD
```

```
    1 ?        00:00:00 bash
   15 ?        00:00:00 ps
```

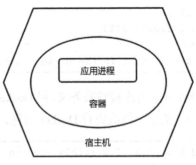

图 5.3 Namespace 隔离

从以上示例中可以看到，bash 是这个容器内部的第 1 号进程，即 PID=1，而这个容器里一共只有两个进程在运行，这就意味着，前面执行的/bin/sh，以及刚刚执行的 ps，已经被 Docker 隔离在一个与宿主机完全不同的空间当中。

理论上，每当在宿主机上运行一个/bin/sh 程序，操作系统都会给它分配一个进程号，例如，PID=100。这个编号是进程的唯一标识，就像员工的工号一样。所以，PID=100，可以粗略地理解为这个/bin/sh 是公司里的第 100 号员工。

而现在，要通过 Docker 把/bin/sh 运行在一个容器当中。这时，Docker 就会在这个第 100 号员工入职时给他施一个"障眼法"，让他永远看不到前面的其他 99 个员工，这样，他就会以为自己就是公司里的第 1 号员工。

这种机制其实就是对被隔离应用的进程空间做了手脚，使这些进程只能看到重新计算过的进程号，例如，PID=1。可实际上，它们在宿主机的操作系统里，还是原来的第 100 号进程，如图 5.4 所示。

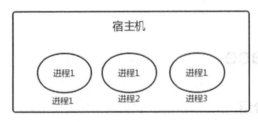

图 5.4 隔离对进程号的影响

下面通过宿主机查看容器进程号，示例代码如下：

```
[root@docker ~]# docker ps
CONTAINER ID    IMAGE    COMMAND       CREATED           STATUS         PORTS      NAMES
93dae267cb84    centos   "/bin/bash"   11 minutes ago    Up 11 minutes             loving_noyce
[root@docker ~]# ps aux | grep 93dae267cb84
root      7548  0.0  0.2 339840  5016 ?        Sl   17:50   0:00 /usr/bin/Docker-
containerd-shim-current  93dae267cb84166ec638ca8a72b3206b5a2f1fd1b1d5ba5a0652744d122db15b
/var/run/docker/libcontainerd/93dae267cb84166ec638ca8a72b3206b5a2f1fd1b1d5ba5a0652744d12
```

```
2db15b /usr/libexec/docker/Docker-runc-current
    root      7682  0.0  0.0 112708    984 pts/0      R+  18:02   0:00 grep --color=auto
93dae267cb84
```

在宿主机中通过容器的 ID 号查看其进程号，可以看出其进程号为 7548。这就是 Linux 里的 Namespace 机制。

在 Linux 系统中创建线程调用的是 clone()函数，例如，int pid = clone(main_function, stack_size, SIGCHLD, NULL);这个调用会创建一个新的进程，并且返回它的进程号。

系统调用 clone()创建一个新进程时，可以在参数中指定 CLONE_NEWPID，例如，int pid = clone(main_function, stack_size, CLONE_NEWPID | SIGCHLD, NULL);。这时，新创建的这个进程将会"看到"一个全新的进程空间，在这个空间里，它的进程号是 1。在宿主机真实的进程空间里，这个进程的真实进程号不变。

当然，可以多次执行上面的 clone()调用，这样就会创建多个 PID Namespace，而每个 Namespace 里的应用进程，都会认为自己是当前容器里的第 1 号进程，它们既看不到宿主机里真正的进程空间，也看不到其他 PID Namespace 里的具体情况。

5.2.2 Namespace 的类型

命名空间分为多种类型，对应用程序进行不同程度的隔离，下面一一讲解。

1. Mount Namespace

Mount Namespace 将一个文件系统的顶层目录与另一个文件系统的子目录关联起来，使其成为一个整体。该子目录称为挂载点，这个动作称为挂载。

2. UTS Namespace

UTS（UNIX Time-sharing System，UNIX 分时系统）Namespace 提供主机名和域名的隔离，使子进程有独立的主机名和域名，这一特性在 Docker 容器技术中被运用，使 Docker 容器在网络上被视作一个独立的节点，而不仅仅是宿主机上的一个进程。

3. IPC Namespace

IPC（Inter-Process Communication，进程间通信）Namespace 是 UNIX 与 Linux 下进程间通信的一种方式。IPC 有共享内存、信号量、消息队列等方式，此外，也需要对 IPC 进行隔离，如此一来，只有在同一个 Namespace 下的进程才能相互通信。IPC 需要有一个全局的 ID 号，既然是全局的，就意味着 Namespace 需要对这个 ID 号进行隔离，不能让其他 Namespace 的进程"看到"。

4. PID Namespace

PID Namespace 用来隔离进程的 ID 空间，使不同 PID Namespace 里的进程 ID 号可以重复且相互之间不影响。

PID Namespace 可以嵌套，也就是说有父子关系。在当前 Namespace 里面创建的所有新的 Namespace 都是当前 Namespace 的子 Namespace。在父 Namespace 里面可以"看到"所有子 Namespace 里的进程信息，而在子 Namespace 里看不到父 Namespacelode 与其他子 Namespacelode 里的进程信息，如图 5.5 所示。

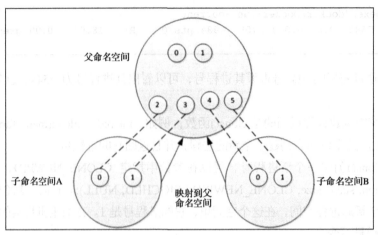

图 5.5 Namespace 嵌套

5. Network Namespace

每个容器拥有独立的网络设备，IP 地址、IP 路由表、/proc/net 目录、端口号等。这也使得一个 host 上多个容器内的网络设备都是互相隔离的。

6. User Namespace

User Namespace 用来隔离与 User 权限相关的 Linux 资源，包括 User ID 和 Group ID。

这是目前实现的 Namespace 中最复杂的一个，因为 User 和权限息息相关，而权限又关联着容器的安全问题。

在不同的 User Namespace 中，同样一个用户的 User ID 和 Group ID 可以不一样。也就是说，一个用户可以在父 User Namespace 中是普通用户，在子 User Namespace 中是超级用户。

5.2.3 深入理解 Namespace

下面通过一段简单的代码来查看 Namespace 是如何实现的，示例代码如下：

```
pid = clone(fun,stack,flags,clone_arg);
(flags:  CLONE_NEWPID | CLONE_NEWNS |
         CLONE_NEWUSER | CLONE_NEWNUT |
         CLONE_NEWIPC | CLONE_NEWUTS |
         ......)
```

在以上示例中，代码段通过 clone() 调用，传入各个 Namespace 对应的 clone flag，创建了一个新的子进程，该进程拥有自己的 Namespace。根据以上代码可知，该进程拥有自己的 PID、Mount、User、Network、IPC 以及 UTS Namespace。

所以，Docker 在创建容器进程时，指定了这个进程所需要启动的一组 Namespace 参数。这样，容器就只能"看到"当前 Namespace 所限定的资源、文件、设备、状态、配置信息等。至于宿主机以及其他不相关的程序，它就完全看不到了。容器，其实是 Linux 系统中一种特殊的进程。

Linux 中 Docker 创建的隔离空间虽然看不见摸不着，但是一个进程的 Namespace 信息在宿主机上是真实存在的，并且是以文件的方式存在的，因为在 Linux 操作系统中，一切皆文件。

一个进程可以选择加入到某个进程已有的 Namespace 当中，从而达到"进入"这个进程所在容器的目的，这正是 docker exec 的实现原理。

下面通过示例进行详细讲解。首先运行一个 CentOS 容器，示例代码如下：

```
[root@docker ~]# docker run -it -d centos
03a7a0a4b47a900154e8be0d9a7b047f495e71d246bd9c2c1d51ade307d2f069
[root@docker ~]# docker ps
CONTAINER ID   IMAGE     COMMAND       CREATED         STATUS         PORTS     NAMES
03a7a0a4b47a   centos    "/bin/bash"   7 seconds ago   Up 6 seconds             vigilant_fermat
```

以上示例在运行 Docker 容器的命令中添加了参数-d，表示使容器在后台运行。

查看当前正在运行 Docker 容器的进程号，示例代码如下：

```
[root@docker ~]# docker inspect --format '{{ .State.Pid }}' 03a7a0a4b47a
8589
#查询到容器进程号为 8589
```

查看宿主机的/proc 文件，可以看到这个 8589 进程的所有 Namespace 对应的文件，示例代码如下：

```
[root@docker ~]# ls -l /proc/8589/ns/
total 0
lrwxrwxrwx 1 root root 0 Mar 25 21:46 ipc -> ipc:[4026532498]
lrwxrwxrwx 1 root root 0 Mar 25 21:42 mnt -> mnt:[4026532496]
lrwxrwxrwx 1 root root 0 Mar 25 21:42 net -> net:[4026532501]
lrwxrwxrwx 1 root root 0 Mar 25 21:46 pid -> pid:[4026532499]
lrwxrwxrwx 1 root root 0 Mar 25 21:46 user -> user:[4026531837]
lrwxrwxrwx 1 root root 0 Mar 25 21:46 uts -> uts:[4026532497]
```

可以看到，一个进程的每种 Namespace 都在它对应的/proc/[进程号]/ns 下有一个对应的虚拟文件，并且链接到一个真实的 Namespace 文件。

有了这样的文件，就可以对 Namespace 做一些实质性的操作。例如，将进程加入到一个已经存在的 Namespace 当中。

这个操作依赖一个名为 setns() 的 Linux 系统调用，示例代码如下：

```
#vim set_ns.c
#define_GNU_SOURCE
#include <fcntl.h>
#include <sched.h>
#include <unistd.h>
#include <stdlib.h>
#include <stdio.h>
#define errExit(msg)
    Do
    {
        perror(msg); exit(EXIT_FAILURE);
    }
    while(0)
```

```c
int main(int argc, char *argv[])
{
    int fd;
    fd = open(argv[1], O_RDONLY);
    if(setns(fd, 0) == -1)
    {
        {errEXIT("setns");
    }
    execvp(argv[2], &argv[2]);
    errEXIT("execvp");
}
```

以上代码共接收了两个参数。

（1）argv[1]，即当前进程要加入的 Namespace 文件的路径，如/proc/8589/ns/net。

（2）用户要在这个 Namespace 里运行的进程，如/bin/bash。

代码的核心操作则是通过调用 open()打开指定的 Namespace 文件，并把这个文件的描述符 fd 交给 setns()使用。在 setns()执行后，当前进程就加入到了这个文件对应的 Namespace 当中。

5.2.4 Namespace 的劣势

强大的 Namespace 机制可以实现容器间的隔离，是容器底层技术中非常重要的一项，但也有不可否认的不足。下面总结基于 Namespace 的隔离机制相对于虚拟化技术的不足之处，以便在生产环境中设法克服。

1. 隔离不彻底

容器只是运行在宿主机上的一种特殊的进程，多个容器使用的是同一个宿主机的操作系统内核。

尽管可以在容器中通过 Mount Namespace 单独挂载其他版本的操作系统文件，如 CentOS 或者 Ubuntu，但这并不能改变它们共享宿主机内核的事实。在 Windows 宿主机上运行 Linux 容器，或者在低版本的 Linux 宿主机上运行高版本的 Linux 容器，都是行不通的。

相比之下，拥有硬件虚拟化技术和独立 Guest OS 的虚拟机就好用得多。最极端的例子是 Microsoft 的云计算平台 Azure，它就是运行在 Windows 服务器集群上的，但这并不妨碍用户在上面创建各种 Linux 虚拟机。

2. 有些资源和对象不能被 Namespace 化

如果容器中的程序调用 settimeofday()修改了时间，整个宿主机的时间都会被修改。相较于在虚拟机里面可以任意做修改，在容器里部署应用时，需要用户在操作上更加谨慎。

3. 安全问题

因为共享宿主机内核，容器中的应用暴露出来的攻击面很大。尽管生产实践中可以使用 seccomp 等技术，对容器内部发起的所有系统调用进行过滤和甄别来进行安全加固，但这类方法因为多了一层对系统调用的过滤，会拖累容器的性能。通常情况下，我们也不清楚到底该开启哪些系统调用，禁止哪些系统调用。

5.3 Cgroups

5.3.1 Cgroups 介绍

Cgroups

在日常工作中，我们可能需要限制某个或者某些进程的资源分配，于是就出现了 Cgroups 这个概念。Cgroups 的全称是 Control groups，这是 Linux 内核提供的一种可以限制单个进程或者多个进程使用资源并进行分组化管理的机制，最初由 Google 的工程师提出，后来被整合进 Linux 内核。Cgroups 中有分配好特定比例的 CPU 时间、I/O 时间、可用内存大小等。已经通过 Linux Namespace 创建的容器，Cgroups 将对其做进一步"限制"。

另外，Cgroups 采用分层结构，每一层分别限制不同的资源，如图 5.6 所示。

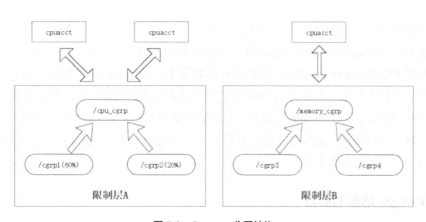

图 5.6　Cgroups 分层结构

图 5.6 中，限制层 A 限制了 CPU 时间片，cgrp1 组中的进程可以使用 CPU60%的时间片，cgrp2 组中的进程可以使用 CPU20%的时间片。限制层 B 限制了内存的子系统，Cgroups 中的重要概念就是"子系统"，也就是资源控制器。

子系统就是一个资源的分配器，例如，CPU 子系统是控制 CPU 时间分配的。首先挂载子系统，然后才有 Cgroups。例如，先挂载 memory 子系统，然后在 memory 子系统中创建一个 Cgroups 节点，在这个节点中，将需要控制的进程号写入，并且将控制的属性写入，这就完成了内存的资源限制。

在 Cgroups 中，资源限制与进程并不是简单的一对一关系，而是多对多关系，多个限制对应多个进程，如图 5.7 所示。

在图 5.7 中，每一个进程的描述符都与辅助数据结构 css_set 相关联。一个进程只能关联一个 css_set，而一个 css_set 可以关联多个进程。css_set 又对应多个资源限制，关联同一 css_set 的进程对应同一个 css_set 所关联的资源限制。

Cgroups 的实现不允许 css_set 同时关联同一个 Cgroups 层级下的多个限制，也就是 css_set 不会关联同一种资源的多个限制。这是因为为了避免冲突，Cgroups 对同一种资源不允许有多个限制配置。

一个 css_set 关联多个 Cgroups 资源限制表示将对当前 css_set 下的所有进程进行多种资源的限制。一个 Cgroups 资源限制关联多个 css_set 表明多个 css_set 下的所有进程都受到同一种资源的相同限制。

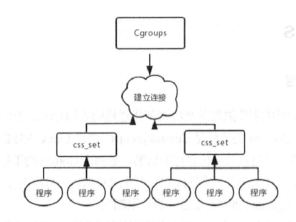

图 5.7　多对多关系

Cgroups 被 Linux 内核支持，有得天独厚的性能优势，发展势头迅猛。在很多领域可以取代虚拟化技术分割资源。Cgroups 默认有诸多资源组，几乎可以限制所有服务器上的资源。

这里还是以 PID Namespace 为例，虽然容器内的第 1 号进程在隔离机制的作用下只能看到容器内的情况，但是在宿主机上，它作为第 100 号进程与其他所有进程依然是平等竞争关系。这就意味着，虽然第 100 号进程表面上被隔离了起来，但其能够使用到的资源（CPU、内存等），却可以随时被宿主机上的其他进程占用，这就可能把所有资源耗光。Cgroups 技术的出现，完美地解决了这一问题，对容器进行了合理的资源限制。

5.3.2　Cgroups 的限制能力

下面介绍 Cgroups 的子系统。

- blkio

该子系统为块设备设定输入/输出限制，如物理设备（磁盘、固态硬盘、USB 等）。

- cpu

该子系统使用调度程序提供对 CPU 的 Cgroups 任务访问。

- cpuacct

该子系统自动生成 Cgroups 中任务所使用的 CPU 报告。

- cpuset

该子系统为 Cgroups 中的任务分配独立 CPU（在多核系统）和内存节点。

- devices

该子系统可允许或者拒绝 Cgroups 中的任务访问设备。

- freezer

该子系统挂起或者恢复 Cgroups 中的任务。

- memory

该子系统设定 Cgroups 中任务的内存限制，并自动生成由那些任务使用的内存资源报告。

- net_cls

该子系统使用等级识别符标记网络数据包，可允许 Linux 流量控制程序识别从具体 Cgroups 中生成的数据包。

- ns

该子系统提供了一个将进程分组到不同命名空间的方法。

下面重点介绍 Cgroups 与容器关系最紧密的限制能力。

Linux 中，Cgroups 对用户暴露出来的操作接口是文件系统，即 Cgroups 以文件和目录的形式处于操作系统的/sys/fs/cgroup 路径下。

下面通过命令查看 Cgroups 文件路径，示例代码如下：

```
[root@docker ~]# mount -t cgroup
cgroup on /sys/fs/cgroup/systemd type cgroup (rw,nosuid,nodev,noexec,relatime,xattr,release_agent=/usr/lib/systemd/systemd-cgroups-agent,name=systemd)
cgroup on /sys/fs/cgroup/memory type cgroup (rw,nosuid,nodev,noexec,relatime,memory)
cgroup on /sys/fs/cgroup/devices type cgroup (rw,nosuid,nodev,noexec,relatime,devices)
cgroup on /sys/fs/cgroup/cpu,cpuacct type cgroup (rw,nosuid,nodev,noexec,relatime,cpuacct,cpu)
cgroup on /sys/fs/cgroup/blkio type cgroup (rw,nosuid,nodev,noexec,relatime,blkio)
cgroup on /sys/fs/cgroup/hugetlb type cgroup (rw,nosuid,nodev,noexec,relatime,hugetlb)
cgroup on /sys/fs/cgroup/freezer type cgroup (rw,nosuid,nodev,noexec,relatime,freezer)
cgroup on /sys/fs/cgroup/cpuset type cgroup (rw,nosuid,nodev,noexec,relatime,cpuset)
cgroup on /sys/fs/cgroup/pids type cgroup (rw,nosuid,nodev,noexec,relatime,pids)
cgroup on /sys/fs/cgroup/perf_event type cgroup (rw,nosuid,nodev,noexec,relatime,perf_event)
cgroup on /sys/fs/cgroup/net_cls,net_prio type cgroup (rw,nosuid,nodev,noexec,relatime,net_prio,net_cls)
```

以上示例中，输出结果是一系列文件系统目录。/sys/fs/cgroup 下面有很多类似 cpuset、cpu、memory 的子目录，也叫子系统。这些都是这台计算机当前可以被 Cgroups 进行限制的资源种类。而在子系统对应的资源种类下，用户就可以看到该类资源具体的限制方法。

例如，对子系统 cpu 来说，有如下几个配置文件：

```
[root@docker ~]# ls /sys/fs/cgroup/cpu
cgroup.clone_children   cpuacct.usage          cpu.rt_runtime_us    system.slice
cgroup.event_control    cpuacct.usage_percpu   cpu.shares           tasks
cgroup.procs            cpu.cfs_period_us      cpu.stat             user.slice
cgroup.sane_behavior    cpu.cfs_quota_us       notify_on_release
cpuacct.stat            cpu.rt_period_us       release_agent
```

cfs_period 和 cfs_quota 这两个参数需要组合使用，以限制进程在长度为 cfs_period 的一段时间内，只能被分配到总量为 cfs_quota 的 CPU 时间。

5.3.3 实例验证

下面通过一个示例，来深入理解 Cgroups。

在子系统下面创建一个目录，这个目录称为一个"控制组"，示例代码如下：

```
[root@docker ~]# cd /sys/fs/cgroup/cpu
[root@docker cpu]# ls
```

```
cgroup.clone_children        cpuacct.usage           cpu.rt_runtime_us    system.slice
cgroup.event_control         cpuacct.usage_percpu    cpu.shares           tasks
cgroup.procs                 cpu.cfs_period_us       cpu.stat             user.slice
cgroup.sane_behavior         cpu.cfs_quota_us        notify_on_release
cpuacct.stat                 cpu.rt_period_us        release_agent
[root@docker cpu]# mkdir container
[root@docker cpu]# ls  container/
cgroup.clone_children        cpuacct.usage           cpu.rt_period_us     notify_on_release
cgroup.event_control         cpuacct.usage_percpu    cpu.rt_runtime_us    tasks
cgroup.procs                 cpu.cfs_period_us       cpu.shares
cpuacct.stat                 cpu.cfs_quota_us        cpu.stat
```

从以上示例中可以看到，操作系统会在新创建的目录下自动生成该子系统的资源限制文件。

下面在后台执行一条脚本，将 CPU 占满，示例代码如下：

```
[root@docker ~]# while : ; do : ; done &
[1] 7780
```

以上示例执行了一个死循环命令，进程把计算机的 CPU 占到 100%。在输出信息中可以看到这个脚本在后台运行的进程号为 7780。

下面使用 top 命令查看一下 CPU 的使用情况，示例代码如下：

```
top - 17:35:27 up 48 min,  3 users,  load average: 0.29, 0.08, 0.07
Tasks: 105 total,   2 running, 103 sleeping,   0 stopped,   0 zombie
%Cpu0  : 100.0 us,  0.3 sy,  0.0 ni,  0.0 id,  0.0 wa,  0.0 hi,  0.0 si,  0.0 st
#CPU 使用率达到 100%
KiB Mem :   995896 total,   733544 free,   128988 used,   133364 buff/cache
KiB Swap:  1048572 total,  1048572 free,        0 used.   715740 avail Mem

  PID USER      PR  NI    VIRT    RES    SHR S %CPU %MEM     TIME+ COMMAND
 7780 root      20   0  116100   1200    176 R 99.7  0.1   0:21.20 bash
 6574 root      20   0  300820   6332   4972 S  0.3  0.6   0:02.35 vmtoolsd
```

从以上示例的输出结果中可以看到，CPU 的使用率已经达到 100%。

下面查看 container 目录下的文件，示例代码如下：

```
[root@docker ~]# cat /sys/fs/cgroup/cpu/container/cpu.cfs_quota_us
-1
[root@docker ~]# cat /sys/fs/cgroup/cpu/container/cpu.cfs_period_us
100000
```

从以上示例中可以看到，container 控制组里的 CPU quota 还没有任何限制（-1），CPU period 则是默认的 100ms（100000）。

通过修改这些文件的内容就可以进行资源限制。例如，向 container 组里的 cfs_quota 文件写入 20ms（20000），示例代码如下：

```
[root@docker ~]# echo 20000 > /sys/fs/cgroup/cpu/container/cpu.cfs_quota_us
```

这就意味着在每 100ms 的时间里，被该控制组限制的进程只能使用 20ms 的 CPU 时间，也就是说这个进程只能使用 20%的 CPU 带宽。

另外，还需要把被限制的进程的进程号写入 container 组里的 tasks 文件，上面的设置才会对该进程生效，示例代码如下：

```
[root@docker ~]# echo 7780 > /sys/fs/cgroup/cpu/container/tasks
```

下面再次使用 top 命令查看，验证效果，示例代码如下：

```
top - 18:24:01 up  1:36,  3 users,  load average: 0.33, 0.45, 0.24
Tasks: 106 total,   2 running, 104 sleeping,   0 stopped,   0 zombie
%Cpu(s): 19.9 us,  0.0 sy,  0.0 ni, 80.5 id,  0.0 wa,  0.0 hi,  0.0 si,  0.0 st
KiB Mem :   995896 total,   730140 free,   129704 used,   136052 buff/cache
KiB Swap:  1048572 total,  1048572 free,        0 used.   713484 avail Mem

   PID USER      PR  NI    VIRT    RES    SHR S %CPU %MEM     TIME+ COMMAND
  7780 root      20   0  116200   1288    140 R 19.9  0.1   3:57.13 bash
     1 root      20   0  125444   3824   2592 S  0.0  0.4   0:01.72 systemd
```

从以上示例中可以看到，计算机的 CPU 使用率立刻降到了 19.9%。

关于 Linux Cgroups 的结构，简单理解就是一个子系统目录与一组资源限制文件的集合。而对于类似 Docker 的 Linux 容器项目来说，只需要在每个子系统下面，为每个容器创建一个控制组（即创建一个新目录），在启动容器进程之后，将该进程的进程号填写到对应控制组的 tasks 文件中即可。

控制组下面资源文件中的值，则需要用户通过 docker run 命令的参数来指定，示例代码如下：

```
[root@docker container]# docker run -it -d --cpu-period=100000 --cpu-quota=20000 centos /bin/bash
    7a4ce375b97cb44de934a5ba8c6e63594500fb7e8d96531f5adc59633ea17640
```

启动这个容器后，查看 Cgroups 文件系统下 CPU 子系统中 "system.slice" 这个控制组里的资源限制文件，示例代码如下：

```
[root@docker ~]# cat /sys/fs/cgroup/cpu/system.slice/Docker-7a4ce375b97cb44de934a5ba
8c6e63594500fb7e8d96531f5adc59633ea17640.scope/cpu.cfs_quota_us
    20000
[root@docker ~]# cat /sys/fs/cgroup/cpu/system.slice/Docker-7a4ce375b97cb44de934a5ba
8c6e63594500fb7e8d96531f5adc59633ea17640.scope/cpu.cfs_period_us
    100000
```

这就意味着这个 Docker 容器只能使用 20%的 CPU 带宽。

5.3.4　Cgroups 的劣势

Cgroups 的资源限制能力也有一些不完善的地方，尤其是/proc 文件系统的问题。

Linux 操作系统中，/proc 目录存储的是记录当前内核运行状态的一系列特殊文件，用户可以通过访问这些文件，查看系统信息以及当前正在运行的进程信息，如 CPU 使用情况、内存占用情况等，这些文件也是 top 命令查看系统信息的主要数据来源。

但用户在容器中执行 top 命令时就会发现，显示的信息居然是宿主机的 CPU 和内存数据，而不是当前容器的数据。

造成这个结果的原因是，/proc 文件系统并不知道用户通过 Cgroups 对这个容器进行了资源限制，即/proc 文件系统不了解 Cgroups 限制的存在。

这是企业中容器化应用常见的问题，也是容器相较于虚拟机的劣势。

5.4 Docker 文件系统

Docker 文件系统

5.4.1 容器可读可写层的工作原理

Docker 镜像采用层级结构，是根据 Dockerfile 文件中的命令一层一层通过 docker commit 堆叠而成的一个只读文件。容器的最上层是有一个可读可写层。这个可读可写层在容器启动时，为当前容器单独挂载。任何容器在运行时，都会基于当前镜像在其上层挂载一个可读可写层，用户针对容器的所有操作都在可读可写层中完成。一旦容器被删除，这个可读可写层也随之被删除。

而用户针对这个可读可写层的操作，主要基于两种方式：写时复制与用时分配。下面对这两种方式进行详解。

1. 写时复制

写时复制（CoW，Copy-on-Write）是所有驱动都要用到的技术。CoW 表示只在需要写时才去复制，针对已有文件的修改场景。例如，基于一个镜像启动多个容器，如果为每个容器都分配一个与镜像一样的文件系统，那么就会占用大量的磁盘空间，如图 5.8 所示。

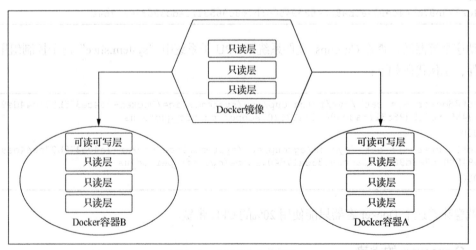

图 5.8 分配多个文件系统

而 CoW 技术可以让所有容器共享镜像的文件系统，所有数据都从镜像中读取，如图 5.9 所示。只在要对文件进行写操作时，才从镜像里把要写的文件复制到自己的文件系统进行修改，这样就可以有效地提高磁盘的利用率。

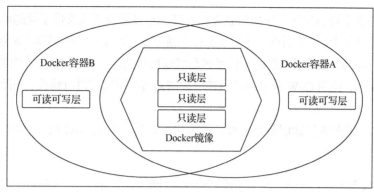

图 5.9 共享文件系统

2. 用时分配

用时分配是先前没有分配空间，只在要新写入一个文件时才分配空间，这样可以提高存储资源的利用率。例如，启动一个容器时，并不为这个容器预分配磁盘空间，当有新文件写入时，才按需分配空间。

5.4.2 Docker 存储驱动

Docker 提供了多种存储驱动（Storage Driver）来存储镜像，常用的几种 Storage Driver 是 AUFS、OverlayFS、Device Mapper、Btrfs、ZFS。不同的存储驱动需要不同的宿主机文件系统，如表 5.1 所示。

表 5.1 存储驱动与文件系统

Docker 存储驱动	宿主机文件系统
Overlay, Overlay2	XFS(ftype=1), EXT4
AUFS	XFS, EXT4
Device Mapper	direct-lvm
Btrfs	Btrfs
ZFS	ZFS

下面通过 docker info 命令查看本机 Docker 使用的 Storage Driver，示例代码如下：

```
[root@docker ~]# docker info
......
Storage Driver: overlay2
Backing Filesystem: xfs
......
```

从以上示例中可以看到，此处使用的 Storage Driver 是 Overlay2，Backing Filesystem 代表的是本机的文件系统。用户可以通过--storage-driver=<name>参数来指定要使用的存储驱动，或者在配置文件/etc/default/Docker 中通过 DOCKER_OPTS 指定。

下面介绍几种常见的存储驱动。

1. AUFS

AUFS（Another Union File System）是一种联合文件系统，是文件级的存储驱动。AUFS 是一个能透明覆盖一个或多个现有文件系统的层状文件系统，把多层合并成文件系统的单层表示。简单来说，AUFS 支持将不同目录挂载到同一个虚拟文件系统下，它可以一层一层地叠加修改文件。下面无论有多少层都是只读的，只有最上层的文件系统是可读可写的。当需要修改一个文件时，AUFS 会为该文件创建一个副本，使用 CoW 将文件从只读层复制到可读可写层进行修改，修改结果也保存在可读可写层。

在 Docker 中，下面的只读层就是镜像，可读可写层就是容器。AUFS 存储驱动结构如图 5.10 所示。

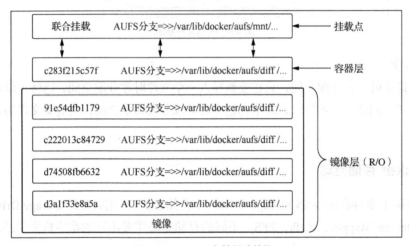

图 5.10　AUFS 存储驱动结构

2. OverlayFS

OverlayFS 是 Linux 内核 3.18 版本开始支持的，它也是一种联合文件系统，与 AUFS 不同的是 OverlayFS 只有两层：upper 层与 lower 层，分别代表 Docker 的镜像层与容器层，如图 5.11 所示。

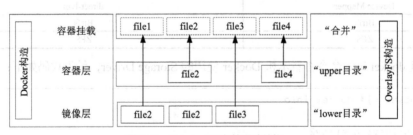

图 5.11　OverlayFS 存储驱动结构

当用户需要修改一个文件时，OverlayFS 使用 CoW 将文件从只读的 lower 层复制到可读可写的 upper 层进行修改，结果也保存在 upper 层。

3. Device Mapper

Device Mapper 是 Linux 内核 2.6.9 版本开始支持的，它提供一种从逻辑设备到物理设备的映射框架机制，在该机制下，用户可以很方便地根据自己的需要制定实现存储资源的管理策略。AUFS 与 OverlayFS 都是文件级存储，而 Device Mapper 是块级存储，所有的操作都是直接对块进行的。

Device Mapper 会先在块设备上创建一个资源池，然后在资源池上创建一个带有文件系统的基本设备,所有镜像都是这个基本设备的快照,而容器则是镜像的快照。所以在容器里看到的文件系统是资源池上基本设备的文件系统的快照,容器并没有被分配空间,如图 5.12 所示。

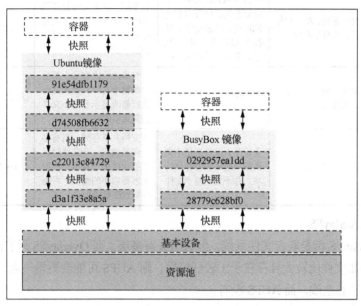

图 5.12　Device Mapper 存储驱动结构

当用户要写入一个新文件时,Device Mapper 在容器的镜像内为其分配新的块并写入数据,也就是用时分配。当用户要修改已有文件时,Device Mapper 使用 CoW 为容器快照分配块空间,将要修改的数据复制到容器快照中新的块里,再进行修改。Device Mapper 默认会创建一个 100GB 的文件来包含镜像和容器。每一个容器被限制在 10GB 大小的卷内,可以自己配置调整。Device Mapper 存储驱动读写机制如图 5.13 所示。

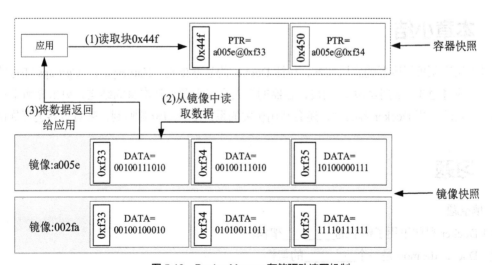

图 5.13　Device Mapper 存储驱动读写机制

Docker 容器的存储驱动各有其特点,下面对三种存储驱动进行对比,如表 5.2 所示。

表 5.2 常用存储驱动对照表

存储驱动	特点	优点	缺点	适用场合
AUFS	联合文件系统,未并入内核主线,文件级存储	作为 Docker 的第一个存储系统,已经有很长的历史,比较稳定,且在大量的生产中实践过,有较强的社区支持	有多层,在做写时复制操作时,如果文件比较大且存在于比较低的层,可能会慢一些	大并发但少 I/O 的场景
OverlayFS	联合文件系统,并入内核主线,文件级存储	只有两层	不管修改的内容多少都会复制整个文件,对大文件进行修改显示要比小文件消耗更多的时间	大并发但少 I/O 的场景
Device Mapper	并入内核主线,块级存储	无论是大文件还是小文件都只复制需要修改的块,并不复制整个文件	不支持共享存储,当有多个容器读同一个文件时,需要生成多个副本,在很多容器启停的情况下可能会导致磁盘溢出	I/O 密集的场景

- AUFS 与 OverlayFS

AUFS 和 OverlayFS 都是联合文件系统,但 AUFS 有多层,而 OverlayFS 只有两层,所以在做写时复制操作时,如果文件比较大且存在于比较低的层,则 AUFS 可能会更慢一点。另外,OverlayFS 并入了 Linux 系统核心主线,而 AUFS 没有。

- OverlayFS 与 Device Mapper

OverlayFS 是文件级存储,Device Mapper 是块级存储。文件级存储不管修改的内容多少都会复制整个文件,对大文件进行修改显示要比小文件消耗更多的时间,而块级存储无论是大文件还是小文件都只复制需要修改的块,并不复制整个文件,如此一来 Device Mapper 速度就要快一些。块级存储直接访问逻辑磁盘,适合 I/O 密集的场景。而对于程序内部复杂,多并发但少 I/O 的场景,OverlayFS 的性能相对要强一些。

5.5 本章小结

本章深层次剖析了容器的底层技术,包括 Docker 的基本架构、Namespace、Cgroups 和存储驱动等。希望大家通过本章的学习可以明白,容器的强大不仅来源于其本身的结构,更依靠宿主机的硬件支持。在实际应用 Docker 容器时,还会利用相关的系统配置与资源限制,来对容器进行优化。

5.6 习题

1. 填空题

(1) Docker 目前采用了标准的_____架构。

(2) Docker deamon 是一个_____的架构。

(3) 用户使用的 Docker 可执行命令就是_____程序。

(4) 容器用来实现"隔离"的技术称为_____。

(5) 子系统是资源的_____。

2. 选择题

(1) 已经通过 Linux Namespace 创建的容器,(　　)将对其做进一步"限制"。

　　A. Cgroups　　　　　　　　　　B. Namespace

　　C. Docker deamon　　　　　　　D. CoW

(2) Linux 中,Cgroups 向用户暴露出来的操作接口是(　　)。

　　A. 文件系统　　B. 服务端　　　C. 伪终端　　　D. 镜像

(3) Cgroups 为每个容器创建一个(　　)。

　　A. 用户　　　　B. 控制组　　　C. 属组　　　　D. 属主

(4) CoW 的中文含义是(　　)。

　　A. 读写分离　　B. 主从复制　　C. 写时复制　　D. 主从同步

(5) Docker 提供了多种存储驱动(Storage Driver)来存储(　　)。

　　A. 数据　　　　B. 容器　　　　C. 日志　　　　D. 镜像

3. 思考题

(1) 简述 Namespace 与 Cgroups 的区别。

(2) 简述写时复制与用时分配的区别。

4. 操作题

创建一个容器,并通过 Cgroups 对其进行资源限制。

06 第6章 容器数据卷

本章学习目标
- 理解容器数据卷的概念
- 熟练使用容器数据卷
- 理解容器数据卷的工作机制
- 掌握数据迁移方法

在生产环境中使用 Docker 容器，往往需要对数据进行持久化保存，或者多个容器需要共享数据。这时就会使用到容器数据卷。通过容器数据卷管理容器数据是一项使用容器的基本技能。本章将详细介绍容器数据卷的使用及其相关内容。

6.1 容器数据卷概念

容器技术使用 rootfs 机制与 Namespace，构建出与宿主机隔离开的文件系统。在用户使用 Docker 容器的时候，会产生一系列的数据文件。这些数据文件在 Docker 容器关闭时就会消失，但是其中部分数据是用户希望能够保存的。Docker 将应用与运行环境打包成容器运行，用户希望在运行过程中产生的部分数据是可以持久化的，并且容器之间能够实现数据互通。这正是容器数据卷（Docker Volume）要解决的问题。

容器数据卷概念

Docker 中的数据可以存储在类似于虚拟机磁盘的介质中，这种介质在 Docker 中称为数据卷。数据卷以目录的形式呈现给 Docker，不仅可用来存储 Docker 应用的数据，还可以支持多个容器间数据共享，并且修改数据卷文件也不会影响镜像。在 Docker 中使用数据卷，就是在系统中挂载一个文件系统。

Docker 数据卷所使用的挂载技术，就是 Linux 的绑定挂载机制。其主要作用是，允许用户将一个目录或文件（并非整个设备）挂载到一个指定的目录上。用户在该挂载点上进行的任何操作都只发生在被挂载的目录或文件上，而原挂载点的内容会被隐藏起来且不受任何影响。容器利用数据卷与宿主机进行数据共享，从而实现容器间的数据共享与交换。

Docker 数据卷默认存储在宿主机的/var/lib/docker/volumes/目录下，也可以指定挂载到任意位置。这种挂载仅存储在宿主机的内存中，永远不会写入宿主机的文件系统，如图 6.1 所示。

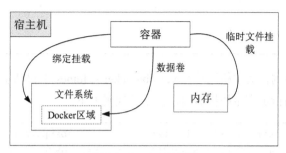

图 6.1　Docker 数据卷

数据卷的特点如下。

（1）容器启动时初始化，如果容器使用的镜像包含数据卷，这些数据也会复制到数据卷中。

（2）容器对数据卷的修改是直接生效的。

（3）数据卷的变化不会影响镜像的更新。数据卷独立于联合文件系统，镜像基于联合文件系统，镜像与数据卷不会相互影响。

（4）数据卷是宿主机中的一个目录，与容器生命周期隔离。

6.2　数据卷挂载

数据卷挂载-1

数据卷挂载-2

6.2.1　在命令行挂载数据卷

在 docker create 命令或 docker run 命令中，使用-v 为容器增加一个数据卷，示例代码如下：

```
[root@docker ~]# docker run -it --name volume -v /web/app Docker.io/centos
[root@83110701ff75 /]# ls web/
app
[root@83110701ff75 /]# exit
exit
```

以上示例使用 docker run 命令运行了一个容器，并通过-v 参数为容器添加了一个数据卷。

下面通过命令查看挂载信息，示例代码如下：

```
[root@docker ~]# docker inspect volume
......
"Mounts": [
        {
            "Type": "volume",
            "Name": "ab66d264dab20639281b30f11e7a753d3012adbf25a64e21596ec88ee58abf1f",
            "Source": "/var/lib/docker/volumes/ab66d264dab20639281b30f11e7a753d3012adbf25a64e21596ec88ee58abf1f/_data",
            "Destination": "/web/app",
            "Driver": "local",
```

```
            "Mode": "",
            "RW": true,
            "Propagation": ""
        }
    ],
......
```

从以上示例中可以看到，宿主机已经在/var/lib/docker/volumes/下自动生成了挂载目录。
下面通过命令行手动指定宿主机挂载目录，示例代码如下：

```
[root@docker ~]# docker run -it -d --name test -v /webapp:/app Docker.io/nginx
356b5ac7943f716d09c8a61c675b8a70d3ab548127cdf70fba6ead834c5cab0c
```

以上示例在后台运行了一个被命名为 test 的 Nginx 容器，并为它挂载数据卷。
下面查看容器 test 的状态及挂载数据信息，示例代码如下：

```
[root@docker ~]# docker ps -a
CONTAINER ID   IMAGE             COMMAND                  CREATED          STATUS          PORTS    NAMES
356b5ac7943f   Docker.io/nginx   "nginx -g 'daemon ..."   About a minute ago   Up About a minute   80/tcp   test
#Nginx 容器正在运行
[root@docker ~]# docker inspect test
#使用 docker inspect 查看挂载数据卷信息
......
        "Mounts": [
            {
                "Type": "bind",
                "Source": "/webapp",
                "Destination": "/app",
                "Mode": "",
                "RW": true,
                "Propagation": "rprivate"
            }
        ],
......
```

以上示例中，Mounts 信息包含了上面创建的容器的详细挂载信息，Source 指定了本机路径，Destination 指定了容器内部的路径。
下面通过示例观察数据卷共享机制，会在宿主机与容器端之间多次切换，建议开启两个终端，示例代码如下：

```
[root@docker ~]# docker run -it --name test -v /web/webapp:/app Docker.io/nginx
```

以上示例创建了一个名为 test 的 Nginx 容器，并将容器内的/app 目录挂载至宿主机的/web/webapp 路径下。
下面分别查看宿主机与容器的根目录下的文件，示例代码如下：

```
root@92c8dedeadee:/# ls /
app bin boot dev etc home   lib lib64 media mnt opt proc root run
#根目录下多了一个 app 目录
[root@docker ~]# ls /
bin  dev home lib64 mnt proc run  srv tmp var
boot etc lib  media opt root sbin sys usr web
[root@docker ~]# cd /web/webapp/
[root@docker web]# ls
[root@docker web]#
```

从以上示例中可以看到,宿主机的根目录下新建了一个 web 目录,而该目录下没有任何文件。

下面在宿主机的/web 目录下创建文件,并返回容器观察目录内容,示例代码如下:

```
[root@docker web]# touch a.txt b.txt
[root@docker web]# ls
a.txt b.txt
#在宿主机目录上创建两个文件 a.txt 和 b.txt
root@92c8dedeadee:/# ls /
app bin boot   dev etc home   lib lib64 media mnt opt proc root run
root@92c8dedeadee:/# cd app/
root@92c8dedeadee:/app# ls
a.txt b.txt
#返回容器查看,挂载目录下有了在宿主机中创建的文件 a.txt、b.txt
```

从以上示例中可以看到,在宿主机的挂载目录下创建的文件会在容器中出现。

下面在容器中创建文件,并返回宿主机观察目录内容,示例代码如下:

```
root@92c8dedeadee:/app# touch c.txt
root@92c8dedeadee:/app# ls
a.txt b.txt c.txt
#在容器的挂载数据卷中创建一个 c.txt 文件
[root@docker webapp]# ls
a.txt b.txt c.txt
#返回宿主机查看挂载卷,多了 c.txt 文件
```

从以上示例中可以看出,Docker 数据卷能够实现 Docker 容器与宿主机间的数据共享,并且能够将容器中产生的数据永久保存下来,随时在宿主机查看与修改。

在生产环境中,容器服务的配置文件通常采用数据卷的方式挂载至容器内。为了防止容器内的误操作修改配置文件,在挂载时可以进行权限设置。这样就可以达到在宿主机修改代码、在容器内查看修改结果的目的。

下面创建容器并为数据卷设置权限,示例代码如下:

```
[root@docker ~]# docker run -it --name volume -v /src/test:/webapp:ro Docker.io/nginx /bin/bash
```

以上示例创建了一个名为 volume 的 Nginx 容器,并将挂载数据卷权限设置为 ro(只读)。

下面查看数据卷是否挂载成功，示例代码如下：

```
[root@docker ~]# docker inspect volume
#使用docker inspect查看挂载数据卷信息
        "Mounts": [
          {
              "Type": "bind",
              "Source": "/src/test",
              "Destination": "/webapp",
              "Mode": "ro",
              "RW": false,
              "Propagation": "rprivate"
          }
        ],
root@7c04a53151e4:/# ls
bin   dev  home  lib64    mnt   proc  run   srv   tmp  var
boot  etc  lib   media    opt   root  sbin  sys   usr  webapp
#查看容器挂载目录webapp
[root@docker ~]# cd /src/test/
[root@docker test]# ls
[root@docker test]#
```

从以上示例中可以看到，数据卷已经挂载成功，且宿主机挂载目录中没有任何文件。

下面向宿主机目录中添加文件，并返回容器中查看效果，示例代码如下：

```
[root@docker test]# echo hello world > a.txt
[root@docker test]# cat a.txt
hello world
#在宿主机的挂载目录中创建一个文件并写入"hello world"
root@7c04a53151e4:/# cd webapp/
root@7c04a53151e4:/webapp# ls
a.txt
root@7c04a53151e4:/webapp# cat a.txt
hello world
```

从以上示例中可以看到，在容器挂载目录中可以查看文件内容。

下面在容器挂载目录下的文件中修改内容，示例代码如下：

```
root@7c04a53151e4:/webapp# echo 1 > a.txt
bash: a.txt: Read-only file system
```

以上示例中，在容器挂载目录中修改文件时发生报错，这是因为在容器中文件为只读类型，无法修改。

下面在容器挂载目录中创建新的文件，示例代码如下：

```
root@7c04a53151e4:/webapp# touch b.txt
touch: cannot touch 'b.txt': Read-only file system
```

以上示例中，在容器挂载目录中创建文件时发生报错，这是因为在容器中挂载目录同样为只读类型，无法对其进行实质性的操作。

6.2.2 通过 Dockerfile 挂载数据卷

用户创建镜像时，通常会在 Dockerfile 文件中加上 VOLUME[/date]来创建含有数据卷的镜像，并使用该镜像创建包含数据卷的容器。

Dockerfile 可以创建多个数据卷，与使用 docker run 命令创建数据卷不同，Dockerfile 中的数据卷不能映射到已经存在的本地目录。在启动容器时，才会创建 Dockerfile 中指定的数据卷，并且以 Dockerfile 中指定的名称命名。运行同样镜像的容器创建的数据卷是不一样的（可以看到不同容器的数据卷地址也是不一样的）。当容器中的数据卷地址不一样时，容器之间就无法共享数据了。

下面使用 Dockerfile 中的 VOLUME 选项来指定挂载数据卷，首先创建 Dockerfile 并添加内容，示例代码如下：

```
[root@docker ~]# cat Dockerfile
FROM centos
VOLUME /root/date
VOLUME /work
VOLUME test
```

以上示例创建了一个 Dockerfile 文件并添加了内容，即挂载三个数据卷。

下面通过该 Dockerfile 创建新镜像，示例代码如下：

```
[root@docker ~]# docker build -t volume .
Sending build context to docker daemon 37.38 kB
Step 1/4 : FROM centos
 ---> 1e1148e4cc2c
Step 2/4 : VOLUME /root/date
 ---> Running in 596d28ff2267
 ---> 416188d94279
Removing intermediate container 596d28ff2267
Step 3/4 : VOLUME /work
 ---> Running in cae822949abb
 ---> 2f15cedd0062
Removing intermediate container cae822949abb
Step 4/4 : VOLUME test
 ---> Running in 7cbc12964c13
 ---> ad48b99a98b7
Removing intermediate container 7cbc12964c13
Successfully built ad48b99a98b7
```

以上示例中，镜像已经构建完成，并且执行了挂载三个数据卷的命令。

下面使用构建完成的镜像运行容器，并查看其挂载信息，示例代码如下：

```
[root@docker ~]# docker run -it volume
[root@80ec2168f309 /]# ls
```

```
anaconda-post.log  etc     lib64   opt    run    sys    usr
bin                home    media   proc   sbin   test   var
dev                        lib     mnt    root   srv    tmp    work
#使用构建的镜像运行容器
[root@docker ~]# docker inspect 80ec2168f309
#使用docker inspect命令查看容器信息
"Mounts": [
        {
            "Type": "volume",
            "Name": "03e7aad69343ee281225bb6afe233e179fd404b041e5950e6bf3d01cf6e1133d",
            "Source":   "/var/lib/docker/volumes/03e7aad69343ee281225bb6afe233e179fd
404b041e5950e6bf3d01cf6e1133d/_data",
            "Destination": "/work",
            "Driver": "local",
            "Mode": "",
            "RW": true,
            "Propagation": ""
        },
        {
            "Type": "volume",
            "Name": "823ba7884122a52dde0d07b61861d54d280dd334aee3bd4e8b74021d6231b93a",
            "Source":   "/var/lib/docker/volumes/823ba7884122a52dde0d07b61861d54d28
0dd334aee3bd4e8b74021d6231b93a/_data",
            "Destination": "test",
            "Driver": "local",
            "Mode": "",
            "RW": true,
            "Propagation": ""
        },
        {
            "Type": "volume",
            "Name": "04a0baa0d6f6554bdef4de6007ab7f7e3782eea887854a3df903a4aa 098ea74d",
            "Source":   "/var/lib/docker/volumes/04a0baa0d6f6554bdef4de6007ab7f7e3782
eea887854a3df903a4aa098ea74d/_data",
            "Destination": "/root/date",
            "Driver": "local",
            "Mode": "",
            "RW": true,
            "Propagation": ""
        }
    ],
```

从以上示例中可以看出，该容器挂载了三个数据卷，容器内的目录为Dockerfile中指定的目录，宿主机中数据卷的位置在/var/lib/docker/volumes/下，并且数据卷的地址是随机生成的。

如此一来，就实现了通过Dockerfile创建镜像，运行容器时会自动挂载数据卷。

6.3 数据卷容器

运行容器时宿主机会随机生成挂载目录，无法保持目录地址一致，所以无法实现容器间的数据共享。数据卷容器可以有效地解决这个问题：将已命名的容器

数据卷容器

挂载数据卷，其他容器通过挂载这个容器实现数据共享，挂载数据卷的容器叫作数据卷容器。数据卷容器挂载一个宿主机目录，其他容器连接数据卷容器来实现数据的共享，如图 6.2 所示。

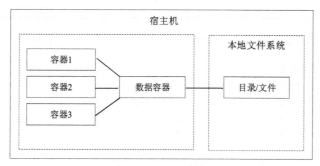

图 6.2 数据卷容器

下面启动一个名为 volume-container 的容器，此容器包含两个数据卷/volume1 和/volume2（这两个数据卷目录在容器中，运行容器时会自动创建），示例代码如下：

```
[root@docker ~]# docker run -it --name volume-container -v /volume1 -v /volume2 Docker.io/centos
[root@a22e708d606f /]# ls
anaconda-post.log  etc   lib64  opt   run   sys   var
bin                home  media  proc  sbin  tmp   volume1
dev                lib   mnt    root  srv   usr   volume2
```

以上示例中，容器 volume-container 已经创建完成，数据卷也挂载完成。

下面使用 **Ctrl+P+Q** 组合键退出当前容器终端，查看挂载信息并在宿主机中为数据卷添加文件，示例代码如下：

```
[root@docker ~]# docker inspect volume-container | grep volume
        "Name": "/volume-container",
            "Type": "volume",
            "Source": "/var/lib/docker/volumes/dabc02487a3d0e033ea67e35a4a82478e66f
d3431a54c66e573d9d288d85e278/_data",
            "Destination": "/volume2",
            "Type": "volume",
            "Source":   "/var/lib/docker/volumes/80a2e248d31224537b97ba73d2a38d5fd1f
28692b2b17705cfb2d56260937e4e/_data",
            "Destination": "/volume1",
            "/volume1": {},
            "/volume2": {}
#查看挂载信息
[root@docker ~]# cd /var/lib/docker/volumes/80a2e248d31224537b97ba73d2a38d5fd1f28692b2
b17705cfb2d56260937e4e/_data/
[root@docker _data]# ls
[root@docker _data]# echo hello container1 > a.txt
[root@docker _data]# cd /var/lib/docker/volumes/dabc02487a3d0e033ea67e35a4a82478e66fd
3431a54c66e573d9d288d85e278/_data/
[root@docker _data]# echo hello container2 > b.txt
```

以上示例在宿主机中分别为两个数据卷添加文件及文件内容。

下面创建容器 test1-container，用 --volumes-from 参数挂载容器 volume-container 中的数据卷，示例代码如下：

```
[root@docker ~]# docker run -it --name test1-container --volumes-from volume-container Docker.io/centos
[root@e96655548eb6 /]# ls
anaconda-post.log  etc    lib64   opt    run    sys    var
bin                home   media   proc   sbin   tmp    volume1
dev                lib    mnt     root   srv    usr    volume2
[root@e96655548eb6 /]# cat volume1/a.txt
hello container1
[root@e96655548eb6 /]# cat volume2/b.txt
hello container2
```

从以上示例中可以看出，两个容器实现了数据共享。

下面将初始数据卷容器删除，观察数据卷还能否正常工作，示例代码如下：

```
[root@docker ~]# docker ps -a
CONTAINER ID   IMAGE              COMMAND       CREATED          STATUS         PORTS    NAMES
e96655548eb6   Docker.io/centos   "/bin/bash"   19 minutes ago   Up 19 minutes           test1-container
a22e708d606f   Docker.io/centos   "/bin/bash"   31 minutes ago   Up 31 minutes           volume-container
[root@docker ~]# docker stop volume-container
volume-container
[root@docker ~]# docker rm volume-container
volume-container
[root@docker ~]# docker ps -a
CONTAINER ID   IMAGE              COMMAND       CREATED          STATUS         PORTS    NAMES
e96655548eb6   Docker.io/centos   "/bin/bash"   20 minutes ago   Up 20 minutes           test1-container
#删除了数据卷容器
[root@docker ~]# docker run -it --name test2-container --volumes-from test1-container Docker.io/centos
[root@7bb687139994 /]# ls
anaconda-post.log  etc    lib64   opt    run    sys    var
bin                home   media   proc   sbin   tmp    volume1
dev                lib    mnt     root   srv    usr    volume2
[root@7bb687139994 /]# cat /volume1/a.txt
hello container1
[root@7bb687139994 /]# cat /volume2/b.txt
hello container2
#成功挂载数据卷
```

从以上示例中可以看到，即使删除了初始的数据卷容器 volume-container 或其他容器，只要有容器在使用该数据卷，里面的数据就不会丢失。

下面删除所有容器，再观察数据卷，示例代码如下：

```
[root@docker ~]# docker ps -a
CONTAINER ID   IMAGE   COMMAND   CREATED   STATUS   PORTS   NAMES
```

```
7bb687139994  Docker.io/centos   "/bin/bash"   6 minutes ago   Exited (0) 2 seconds ago   test2-container
e96655548eb6  Docker.io/centos   "/bin/bash"   About an hour ago   Up About an hour      test1-container
[root@docker ~]# docker rm 7bb687139994
7bb687139994
[root@docker ~]# docker stop e96655548eb6
e96655548eb6
[root@docker ~]# docker rm e96655548eb6
e96655548eb6
[root@docker ~]# docker ps -a
CONTAINER ID     IMAGE          COMMAND              CREATED           STATUS          PORTS     NAMES
#删除所有容器
[root@docker ~]# cd /var/lib/docker/volumes/dabc02487a3d0e033ea67e35a4a82478e66fd3431a54c66e573d9d288d85e278/_data/
[root@docker _data]# ls
b.txt
[root@docker _data]# cat b.txt
hello container2
#宿主机本地的数据卷文件还存在
```

以上示例中，即使删除了所有容器，数据卷也保留在宿主机中，这大大保证了数据的安全性。

6.4 备份数据卷

企业中，业务数据不容有失。人们通常会对数据进行一次备份或多次备份，以保证数据的安全性。

下面创建一个名为 data-volume 的 CentOS 容器，准备对其挂载的两个数据卷 /var/volume1 和 /var/volume2 进行备份操作。示例代码如下：

备份数据卷

```
[root@docker ~]# docker run -it --name data-volume -v /var/volume1 -v /var/volume2 Docker.io/centos
[root@dc45a951e182 /]# ls
anaconda-post.log  dev   home   lib64  mnt   proc  run    srv   tmp   var
bin                etc   lib    media  opt   root  sbin   sys   usr
[root@dc45a951e182 /]# ls /var/
adm     empty    kerberos   lock   nis       run      volume1
cache   games    lib        log    opt       spool    volume2
db      gopher   local      mail   preserve  tmp      yp
```

以上示例中，容器已经创建完成，数据卷也成功挂载。

下面在容器挂载目录中创建文件并添加内容，示例代码如下：

```
[root@dc45a951e182 /]# echo hello container1 > /var/volume1/a.txt
[root@dc45a951e182 /]# echo hello container > /var/volume2/b.txt
[root@dc45a951e182 /]# cat /var/volume1/a.txt
hello container1
[root@dc45a951e182 /]# cat /var/volume2/b.txt
hello container
```

以上示例分别在容器挂载目录 volume1 与 volume2 中创建了 a.txt 与 b.txt 两个文件，并在文件中添加了内容。

简而言之，备份数据卷就是使用-volumes-from 参数来创建一个挂载数据卷的容器，从宿主机挂载要存放备份数据的目录到容器的备份目录，并备份数据卷中的数据。完成后使用--rm 参数删除容器，此时备份数据已经保存在当前的目录下。示例代码如下：

```
[root@docker ~]# docker run --rm --volumes-from data-volume -v /root/backup:/backup
Docker.io/centos tar cvf /backup/backup1.tar /var/volume1
#--rm：该容器执行完命令后自动删除
#挂载宿主机/root/backup 目录到容器的/backup 目录
#创建、运行容器
/var/volume1/
/var/volume1/a.txt
tar: Removing leading `/' from member names
#执行 tar 命令，备份数据卷，停止并删除容器
[root@docker ~]# docker ps -a
CONTAINER ID  IMAGE              COMMAND       CREATED         STATUS         PORTS    NAMES
dc45a951e182  Docker.io/centos   "/bin/bash"   17 minutes ago  Up 17 minutes           data-volume
#此时容器已删除
[root@docker ~]# ls /root/backup/
backup1.tar
#备份文件已存在
```

以上示例成功将容器中的/var/volume1/a.txt 文件备份到宿主机中，并在备份之后将容器删除。宿主机中的/root/backup/backup1.tar 文件就是备份数据，只是该文件经过了压缩。

下面以同样的方式对容器中的/var/volume2/b.txt 文件进行备份，示例代码如下：

```
[root@docker ~]# docker run --rm --volumes-from data-volume -v /root/backup:/backup
Docker.io/centos tar cvf /backup/backup2.tar /var/volume2
/var/volume2/
/var/volume2/b.txt
tar: Removing leading `/' from member names
[root@docker ~]# ls /root/backup/
backup1.tar  backup2.tar
```

此时，两份文件都已备份到宿主机中。

下面解压备份文件，并查看其目录结构，示例代码如下：

```
[root@docker ~]# tar -xf backup/backup1.tar
[root@docker ~]# tree .
.
├── backup
│   ├── backup1.tar
│   └── backup2.tar
└── var
    └── volume1
```

```
        └── a.txt

3 directories, 3 files
```

在以上示例中，仍可以看到备份之前的路径。

另外，也可以使用一条命令完成多个文件备份，示例代码如下：

```
[root@docker ~]# docker run -it --rm --volumes-from data-volume -v /root/backup:/backup Docker.io/centos tar cvf /backup/backup.tar /var/volume1 /var/volume2
tar: Removing leading `/' from member names
/var/volume1/
/var/volume1/a.txt
/var/volume2/
/var/volume2/b.txt
[root@docker ~]# ls /root/backup/
backup1.tar  backup2.tar  backup.tar
```

以上示例仅通过一条命令就成功备份了两份数据，通常在需要备份多份数据时会使用此方式。

6.5 数据卷的恢复与迁移

容器对于宿主机来说就是一个进程，有时难免出现故障。在生产环境中，人们很少会去修复一个容器，通常是将原来的容器删除，并重新运行一个新的容器继续提供服务。这时就需要用到 Docker 数据卷的恢复与迁移技术。

数据卷的恢复与迁移

6.5.1 恢复数据卷

恢复数据卷是将备份数据恢复到原容器中。

我们在 6.4 节中已经在宿主机中做好了数据备份，下面模拟数据丢失来对容器数据卷进行恢复。示例代码如下：

```
[root@docker ~]# ls /root/backup/
backup1.tar  backup2.tar  backup.tar
#已经做好的数据备份
[root@docker ~]# docker ps -a
CONTAINER ID    IMAGE              COMMAND       CREATED       STATUS       PORTS  NAMES
dc45a951e182    Docker.io/centos   "/bin/bash"   2 hours ago   Up 2 hours          data-volume
[root@docker ~]# docker attach data-volume
#进入数据卷容器
[root@dc45a951e182 /]# ls
anaconda-post.log  dev   home  lib64  mnt    proc  run   srv   tmp  var
bin                etc   lib   media  opt    root  sbin  sys   usr
[root@dc45a951e182 /]# ls /var/volume1
a.txt
[root@dc45a951e182 /]# ls /var/volume2
b.txt
```

```
[root@dc45a951e182 /]# rm -rf /var/volume1/a.txt
[root@dc45a951e182 /]# rm -rf /var/volume2/b.txt
```

以上示例为了模拟数据丢失,将容器中的文件/var/volume1/a.txt 与 var/volume2/b.txt 删除。

下面进行数据恢复,示例代码如下:

```
[root@docker ~]# docker run --rm --volumes-from data-volume -v /root/backup/:/backup Docker.io/centos tar xvf /backup/backup.tar -C /
#将容器挂载到数据卷容器 data-volume
#将宿主机的备份文件存放目录挂载至容器
#执行解压操作
#-C 后面的路径用于存放恢复后的数据
var/volume1/
var/volume1/a.txt
var/volume2/
var/volume2/b.txt
```

以上示例通过创建新容器对数据卷容器进行挂载,并将宿主机数据目录挂载到容器,再将解压后的数据存放到指定路径。

下面进入容器查看数据是否成功恢复,示例代码如下:

```
[root@docker ~]# docker attach data-volume
[root@dc45a951e182 /]# ls /var/volume1/
a.txt
[root@dc45a951e182 /]# ls /var/volume2/
b.txt
```

从以上示例中可以看到,数据文件 a.txt 与 b.txt 都已经成功恢复。

6.5.2 迁移数据卷

迁移数据卷是将备份数据恢复到新建容器中。

新建容器并解压备份文件到新的容器数据卷,示例代码如下:

```
[root@docker ~]# docker run -it -v /var/volume1 -v /var/volume2 --name new-container Docker.io/centos /bin/bash
#创建一个新容器,并挂载要恢复数据的目录
[root@ba5c8854260f ~]# ls /var/volume1/
[root@ba5c8854260f ~]# ls /var/volume2/
```

以上示例新建了容器 new-container,并挂载了数据卷目录 volume1 与 volume2,但数据卷中并没有数据。

下面使用 Ctrl+P+Q 组合键退出当前容器终端,将备份数据迁移到容器 new-container 中,示例代码如下:

```
[root@docker ~]# docker run -it --rm --volumes-from new-container -v /root/backup/:/backup Docker.io/centos tar xvf /backup/backup.tar -C /
```

```
    var/volume1/
    var/volume1/a.txt
    var/volume2/
    var/volume2/b.txt
    [root@docker ~]# docker attach new-container
    [root@ba5c8854260f ~]# ls /var/volume1/
    a.txt
    [root@ba5c8854260f ~]# ls /var/volume2/
    b.txt
```

从以上示例中可以看到，数据已经迁移成功。

建议新容器创建时挂载的数据卷路径与先前备份的数据卷路径保持一致，否则会出现数据恢复不全的情况，示例代码如下：

```
    [root@docker ~]# docker run -it -v /var/volume1 --name new-container Docker.io/centos /bin/bash
    [root@86aa85ef715e /]# ls /var/
    adm    db      games   kerberos  local   log    nis    preserve  spool   volume1
    cache  empty   gopher  lib       lock    mail   opt    run       tmp     yp
    [root@86aa85ef715e /]# ls /var/volume1/
    #只挂载了一个目录
    [root@docker ~]# docker run -it --rm --volumes-from data-volume -v /root/backup/:/backup Docker.io/centos tar xvf /backup/backup.tar -C /
    var/volume1/
    var/volume1/a.txt
    var/volume2/
    var/volume2/b.txt
    [root@docker ~]# docker attach new-container
    [root@86aa85ef715e /]# ls /var/
    adm    db      games   kerberos  local   log    nis    preserve  spool   volume1
    cache  empty   gopher  lib       lock    mail   opt    run       tmp     yp
    [root@86aa85ef715e /]# ls /var/volume1/
    a.txt
```

以上示例中，路径没有保持一致，备份之后发现只恢复了 volume1 中的数据，volume2 中的数据没有恢复。

为了避免这种情况发生，可以修改 -C 参数后面的路径，使数据正常恢复，示例代码如下：

```
    [root@docker ~]# docker run -it -v /var/data --name new-container Docker.io/centos /bin/bash
    [root@1c34a17a56cf /]# ls /var/data/
    #新建容器，已挂载数据卷，没有文件数据
    [root@docker  ~]#  docker  run  -it  --rm  --volumes-from  new-container  -v /root/backup/:/backup Docker.io/centos tar xvf /backup/backup.tar -C /var/data
    var/volume1/
    var/volume1/a.txt
    var/volume2/
    var/volume2/b.txt
    [root@docker ~]# docker attach new-container
```

```
#进入容器查看
[root@1c34a17a56cf /]# ls /var/data/
var
[root@1c34a17a56cf /]# ls /var/data/var/
volume1  volume2
[root@1c34a17a56cf /]# ls /var/data/var/volume1
a.txt
[root@1c34a17a56cf /]# ls /var/data/var/volume2
b.txt
[root@1c34a17a56cf /]# tree /var/data/
#查看目录结构
/var/data/
`-- var
    |-- volume1
    |   `-- a.txt
    `-- volume2
        `-- b.txt

3 directories, 2 files
```

以上示例通过修改路径，使数据完整地备份到容器 new-container 中。

6.6 管理数据卷

6.6.1 与容器关联

数据卷最大的优势是可以用来做持久化数据。它的生命周期是独立的，Docker 不会在容器被删除后自动删除数据卷，也不存在类似垃圾回收的机制来处理没有被任何容器使用的数据卷。但难免会有无用的数据卷，用户可以通过在删除容器的命令中添加参数，在删除容器的同时删除数据卷。

管理数据卷

Docker 数据卷可以通过命令与容器关联，删除容器时，数据卷也随之被删除。

- docker rm -v

删除容器时添加-v 参数会将数据卷一并删除。

- docker run --rm

创建、运行容器时添加--rm 参数，容器运行结束时容器与数据卷会被一并删除。

如果不对数据卷进行及时清理，/var/lib/docker/volumes/目录下就会产生许多残留目录。但删除的数据卷是无法找回的，建议再三确认之后再执行操作。

下面创建一个容器并挂载数据卷，再将容器删除查看数据，示例代码如下：

```
[root@docker ~]# docker run -it -v /data --name test Docker.io/centos
#运行一个容器，并为其挂载数据卷
[root@docker ~]# docker inspect test | grep Source
        "Source":   "/var/lib/docker/volumes/763ea812e5661d424b71bdf52cf91e189a69b8b98c9aa92988a508ecdfb12f65/_data",
```

```
#查看数据卷挂载目录
[root@docker ~]# ls /var/lib/docker/volumes/
06d67c0721317d5d93b2bc8a4b12991d99ef4ac39e84ae4d581fdb41042f830c
0bcd045e068ca97f27f16d7a8a9cbc65bc43cc630af36c25c49313f9f5047247
1c0d04e339a64f3c99b62ba54e722946b2d98f95dd751f752a4f76544aa6eb40
4bba849a01e12864e92866e28671534a3b2fe1cfc0cd0f038bb4dab76a3bc942
5ea1e4d807205a3ac53d0129aa758d3538c05a4a07ef550cf0842e086c986755
763ea812e5661d424b71bdf52cf91e189a69b8b98c9aa92988a508ecdfb12f65
#数据卷所在目录
[root@docker ~]# docker rm test
test
#不添加-v参数,删除容器
[root@docker ~]# docker inspect test | grep Source
Error: No such object: test
#容器已经被删除
[root@docker ~]# ls /var/lib/docker/volumes/
06d67c0721317d5d93b2bc8a4b12991d99ef4ac39e84ae4d581fdb41042f830c
0bcd045e068ca97f27f16d7a8a9cbc65bc43cc630af36c25c49313f9f5047247
1c0d04e339a64f3c99b62ba54e722946b2d98f95dd751f752a4f76544aa6eb40
4bba849a01e12864e92866e28671534a3b2fe1cfc0cd0f038bb4dab76a3bc942
5ea1e4d807205a3ac53d0129aa758d3538c05a4a07ef550cf0842e086c986755
763ea812e5661d424b71bdf52cf91e189a69b8b98c9aa92988a508ecdfb12f65
```

以上示例中,将挂载了数据卷的容器删除之后,容器挂载的数据卷还存在。

下面在删除容器的同时添加-v参数,删除该容器的数据卷,示例代码如下:

```
[root@docker ~]# docker run -it -v /data --name test2 Docker.io/centos
[root@docker ~]# docker inspect test2 | grep Source
        "Source": "/var/lib/docker/volumes/a2955c9ca7c3f65765b59e20b2c6c4559144
b8c14cee1f408dcb8797ae45a61a/_data",
[root@docker ~]# ls /var/lib/docker/volumes/
06d67c0721317d5d93b2bc8a4b12991d99ef4ac39e84ae4d581fdb41042f830c
0bcd045e068ca97f27f16d7a8a9cbc65bc43cc630af36c25c49313f9f5047247
1c0d04e339a64f3c99b62ba54e722946b2d98f95dd751f752a4f76544aa6eb40
4bba849a01e12864e92866e28671534a3b2fe1cfc0cd0f038bb4dab76a3bc942
5ea1e4d807205a3ac53d0129aa758d3538c05a4a07ef550cf0842e086c986755
763ea812e5661d424b71bdf52cf91e189a69b8b98c9aa92988a508ecdfb12f65
a2955c9ca7c3f65765b59e20b2c6c4559144b8c14cee1f408dcb8797ae45a61a
[root@docker ~]# docker stop test2
test2
[root@docker ~]# docker rm -v test2
test2
#删除容器时添加-v参数
[root@docker ~]# ls /var/lib/docker/volumes/
06d67c0721317d5d93b2bc8a4b12991d99ef4ac39e84ae4d581fdb41042f830c
0bcd045e068ca97f27f16d7a8a9cbc65bc43cc630af36c25c49313f9f5047247
1c0d04e339a64f3c99b62ba54e722946b2d98f95dd751f752a4f76544aa6eb40
4bba849a01e12864e92866e28671534a3b2fe1cfc0cd0f038bb4dab76a3bc942
```

```
5ea1e4d807205a3ac53d0129aa758d3538c05a4a07ef550cf0842e086c986755
763ea812e5661d424b71bdf52cf91e189a69b8b98c9aa92988a508ecdfb12f65
```

以上示例在删除容器时添加了-v 参数,数据卷也同时被删除,清理了无用的数据卷,节省了磁盘空间。

创建容器时,在命令中添加--rm参数,终止容器时会自动删除容器及数据卷,示例代码如下:

```
[root@docker ~]# docker run -it --rm --name test3 -v /data Docker.io/centos /bin/bash
```

以上示例在创建容器命令中添加了--rm 参数,并执行了该命令。

下面通过另一个终端查看宿主机的挂载目录,示例代码如下:

```
[root@docker ~]# ls /var/lib/docker/volumes/
06d67c0721317d5d93b2bc8a4b12991d99ef4ac39e84ae4d581fdb41042f830c
0bcd045e068ca97f27f16d7a8a9cbc65bc43cc630af36c25c49313f9f5047247
1c0d04e339a64f3c99b62ba54e722946b2d98f95dd751f752a4f76544aa6eb40
4bba849a01e12864e92866e28671534a3b2fe1cfc0cd0f038bb4dab76a3bc942
5ea1e4d807205a3ac53d0129aa758d3538c05a4a07ef550cf0842e086c986755
763ea812e5661d424b71bdf52cf91e189a69b8b98c9aa92988a508ecdfb12f65
8b2d43a433ca4556322d7ecfde99611dd6aa5d1e5245593a0774331f4ea78a09
```

以上示例中,容器创建成功,数据卷目录也挂载成功。

下面通过 exit 命令退出容器,并再次查看宿主的挂载目录,示例代码如下:

```
[root@a80c936139f2 /]# exit
exit
#退出容器,因为添加了--rm 参数,自动删除容器和数据卷
[root@docker ~]# ls /var/lib/docker/volumes/
06d67c0721317d5d93b2bc8a4b12991d99ef4ac39e84ae4d581fdb41042f830c
0bcd045e068ca97f27f16d7a8a9cbc65bc43cc630af36c25c49313f9f5047247
1c0d04e339a64f3c99b62ba54e722946b2d98f95dd751f752a4f76544aa6eb40
4bba849a01e12864e92866e28671534a3b2fe1cfc0cd0f038bb4dab76a3bc942
5ea1e4d807205a3ac53d0129aa758d3538c05a4a07ef550cf0842e086c986755
763ea812e5661d424b71bdf52cf91e189a69b8b98c9aa92988a508ecdfb12f65
```

以上示例中,使用 exit 命令退出容器之后,数据卷也被删除。

6.6.2 命令管理

Docker 中有专门的容器数据卷命令供用户管理容器数据卷。下面通过示例介绍容器数据卷命令的一些参数。

- create

创建数据卷。

示例代码如下:

```
[root@docker ~]# docker volume create test
Test
```

以上示例通过在 docker volume 命令中添加 create 参数，创建出了命名为 test 的新容器数据卷。

- ls

列出数据卷。

示例代码如下：

```
[root@docker ~]# docker volume ls
DRIVER              VOLUME NAME
local               1c0d04e339a64f3c99b62ba54e722946b2d98f95dd751f752a4f7a6eb40
local               4bba849a01e12864e92866e28671534a3b2fe1cfc0cd0f038bb4d3bc942
local               763ea812e5661d424b71bdf52cf91e189a69b8b98c9aa92988a50b12f65
local               test
```

以上示例通过在 docker volume 命令中添加 ls 参数查看数据卷，可以看到刚刚创建的 test 数据卷。另外，在宿主机的挂载目录中也可以查看数据卷信息，示例代码如下：

```
[root@docker ~]# ls /var/lib/docker/volumes/
1c0d04e339a64f3c99b62ba54e722946b2d98f95dd751f752a4f76544aa6eb40
4bba849a01e12864e92866e28671534a3b2fe1cfc0cd0f038bb4dab76a3bc942
763ea812e5661d424b71bdf52cf91e189a69b8b98c9aa92988a508ecdfb12f65
metadata.db
test
```

以上示例通过宿主机挂载目录查看容器数据卷，与数据卷目录下查看到的结果相同。

- inspect

显示一个或多个数据卷的详细信息。

首先创建一个容器，并为其挂载刚刚创建的容器数据卷，示例代码如下：

```
[root@docker ~]# docker run -it -d --name test-container -v test:/volume Docker.io/centos
4030655b7706e56cde51e74180915a4e02d285ea1a149a5ec778875c0f25033a
```

以上示例将刚刚创建的容器数据卷 test 作为新容器 test-container 的数据卷，也就是将 test 数据卷在宿主机上的目录 /var/lib/docker/volumes/test/_data 挂载到容器内的 /volume 中。

接着，通过命令查看容器 test-container 的数据卷信息，示例代码如下：

```
[root@docker ~]# docker inspect test-container
......
"Mounts": [
    {
        "Type": "volume",
        "Name": "test",
        "Source": "/var/lib/docker/volumes/test/_data",
        "Destination": "/volume",
        "Driver": "local",
        "Mode": "z",
        "RW": true,
        "Propagation": ""
    }
```

```
        ],
......
```

以上示例通过查看容器挂载信息得知容器 test-container 成功挂载 test 数据卷。

另外，还可以在宿主机中使用 docker inspect 命令查看指定数据卷的信息，示例代码如下：

```
[root@docker ~]# docker volume inspect test
[
    {
        "Driver": "local",
        "Labels": {},
        "Mountpoint": "/var/lib/docker/volumes/test/_data",
        "Name": "test",
        "Options": {},
        "Scope": "local"
    }
]
```

- rm

删除一个或多个数据卷。

首先将容器终止并删除，再查看数据卷信息，示例代码如下：

```
[root@docker ~]# docker stop test-container
docktest-container
[root@docker ~]# docker rm test-container
test-container
#终止、删除容器
[root@docker ~]# docker volume ls
DRIVER              VOLUME NAME
local               1c0d04e339a64f3c99b62ba54e722946b2d98f95dd751f752a4f76544aa6eb40
local               4bba849a01e12864e92866e28671534a3b2fe1cfc0cd0f038bb4dab76a3bc942
local               763ea812e5661d424b71bdf52cf91e189a69b8b98c9aa92988a508ecdfb12f65
local               test
```

以上示例中，容器 test-container 已经被删除，但数据卷 test 仍然存在。

下面通过在命令中添加 rm 参数对数据卷 test 进行删除并查看数据卷信息，示例代码如下：

```
[root@docker ~]# docker volume rm test
test
#删除数据卷
[root@docker ~]# docker volume ls
DRIVER              VOLUME NAME
local               1c0d04e339a64f3c99b62ba54e722946b2d98f95dd751f752a4f76544aa6eb40
local               4bba849a01e12864e92866e28671534a3b2fe1cfc0cd0f038bb4dab76a3bc942
local               763ea812e5661d424b71bdf52cf91e189a69b8b98c9aa92988a508ecdfb12f65
```

以上示例中，数据卷被成功删除。

- prune

删除所有未被使用的数据卷。

在前面的示例中可以看到，本地残留了一些未被使用的数据卷，用户可以使用一条命令将其删除，示例代码如下：

```
[root@docker ~]# docker volume prune
WARNING! This will remove all volumes not used by at least one container.
Are you sure you want to continue? [y/N] y
#警告：将要删除没有容器使用的数据卷，是否继续？
Deleted Volumes:
1c0d04e339a64f3c99b62ba54e722946b2d98f95dd751f752a4f76544aa6eb40
4bba849a01e12864e92866e28671534a3b2fe1cfc0cd0f038bb4dab76a3bc942
763ea812e5661d424b71bdf52cf91e189a69b8b98c9aa92988a508ecdfb12f65

Total reclaimed space: 33 B
```

以上示例通过命令删除了三个未使用的数据卷，释放了 33B 的空间。在执行命令时，Docker 会询问是否要删除没有被使用的数据卷，如果确定，在终端输入"y"即可，否则输入"N"。

下面查看数据卷是否被成功删除，示例代码如下：

```
[root@docker ~]# docker volume ls
DRIVER              VOLUME NAME
```

从以上示例中可以看到，没有被使用的数据卷已经被成功删除，本地没有数据卷。

6.7 本章小结

本章详细全面地讲解了使用 Docker 数据卷长久存储容器数据、以 Docker 容器作为容器数据卷、备份 Docker 数据卷中的数据、恢复 Docker 容器数据以及迁移和删除 Docker 容器数据卷等数据卷相关知识。相信大家通过本章的学习已经可以熟练运用容器数据卷技术。

6.8 习题

1. 填空题

（1）数据卷以_____的形式呈现给 Docker。
（2）在 Docker 中使用数据卷，就是在系统中_____一个文件系统。
（3）数据卷是宿主机中的一个_____。
（4）为了防止容器内的误操作修改配置文件，在挂载时可以进行_____设置。
（5）挂载数据卷的容器叫作_____。

2. 选择题

（1）恢复数据卷是将备份数据恢复到（   ）中。

  A. 新容器   B. 数据卷容器   C. 原容器   D. Web 容器

（2）迁移数据卷是将备份数据恢复到（　　）中。

  A. 新容器   B. 数据卷容器   C. 原容器   D. Web 容器

（3）数据卷最大的优势是可以用来做（　　）数据。

  A. 储存   B. 业务   C. 持久化   D. 数据库

（4）Docker 数据卷可以通过命令与容器（　　），删除容器时，数据卷也随之被删除。

  A. 关联   B. 合并   C. 挂载   D. 分离

（5）表示创建数据卷的参数是（　　）。

  A. create   B. inspect   C. prune   D. --rm

3. 思考题

（1）简述数据卷容器在数据备份中的作用。

（2）简述恢复与迁移数据卷的过程及区别。

4. 操作题

创建一个容器并挂载一个数据卷，再为其做数据备份、恢复与迁移。

第 7 章　容器网络

本章学习目标
- 了解容器网络的多种工作方式
- 熟悉容器网络知识
- 掌握 Docker 的原生网络知识
- 熟悉 Docker 自定义网络

当企业开始大规模使用 Docker 时，工程师就需要掌握很多关于网络的知识。Docker 作为目前流行的轻量级容器技术，有很多令人称道的功能，如前面介绍的 Docker 镜像管理。然而，Docker 也有很多不完善的地方，网络方面就是 Docker 比较薄弱的部分。作为初学者很有必要深入了解 Docker 的网络知识，以适应更高的网络需求。

7.1　容器网络管理

容器网络管理-1

容器网络管理-2

7.1.1　容器网络概述

容器网络主要用于容器与容器、容器与外网、容器与宿主机之间的通信及互联。宿主机接通外网，再与容器之间搭建网桥，使容器与宿主机网络连通，以达到容器连接外网的目的，如图 7.1 所示。

用户可以创建一个或多个网络，一个容器可以加入一个或多个网络。同一个网络中的容器可以相互通信，不同网络中的容器相互隔离。在创建容器之前，用户可以先创建网络，然后再将容器添加到网络，即创建容器与创建网络是分开的。

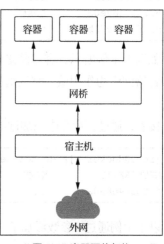
图 7.1　容器网络架构

Docker 的本地网络实现是利用 Linux 的 Network Namespace 和虚拟网络设备（主要是 Virtual Ethernet Pair），在本地主机和容器内分别创建一个虚拟接口，并使它们彼此连通。Docker 使用 Linux 的 Namespace 技术来进行资源隔离，例如，PID Namespace 隔离进程，Mount Namespace 隔离文件系统，Network Namespace 隔离网络等。Network Namespace 为容器提供了独立的网络环境。

Virtual Ethernet Pair 简称 VETH Pair，是一对端口，所有从这对端口进入的数据包都将从另一端出来，反之也是一样。

7.1.2 查看容器网络

用户要对容器网络进行配置，首先要熟练掌握命令。下面详细介绍容器网络管理命令。

查看容器网络的命令格式为：

```
docker network ls [OPTIONS]
```

参数介绍如下。

- -f, --filter filter

过滤条件。

- --format string

格式化打印结果。

- --no-trunc

不缩略显示。

- -q, --quiet

只显示网络对象的 ID 号。

首先，查看所有容器网络，示例代码如下：

```
[root@docker ~]# docker network ls
NETWORK ID          NAME                DRIVER              SCOPE
14bcbfd0be2e        bridge              bridge              local
5f8d844e8e0a        host                host                local
bd863aa4971b        none                null                local
```

如以上示例所示，容器网络也有其固定的 ID 号，DRIVER 表示容器网络的驱动程序，SCOPE 表示容器网络的作用域。默认情况下，容器创建完成后，会自动创建 bridge、host、none 三种网络模式。

接着，通过在命令中添加过滤条件查看容器网络，示例代码如下：

```
[root@docker ~]# docker network ls -f 'driver=host'
NETWORK ID          NAME                DRIVER              SCOPE
5f8d844e8e0a        host                host                local
```

以上示例通过-f 参数添加了"driver=host"过滤条件，成功过滤出了 host 网络。

通常 Docker 所显示的容器 ID 号、镜像 ID 号等都是缩略之后的结果，只要在命令中添加对应的参数即可显示完整 ID 号。通过在命令中添加参数，以不缩略的形式列出所有容器网络，示例代码如下：

```
[root@docker ~]# docker network ls --no-trunc
NETWORK ID                                                          NAME      DRIVER   SCOPE
14bcbfd0be2e27daec734226f09b693926b7c95f0d9d9646c6e83d4a1526d929     bridge    bridge   local
5f8d844e8e0a89275eb1ba9e5e11206b46d50692772ff4b48c700a51d1e2a81f     host      host     local
bd863aa4971bd801adb397432b5e7edf48a3296072a6b962585f355098a6a251     none      null     local
```

以上示例在命令中添加了 --no-trunc 参数，以不缩略的形式列出了所有容器网络。

最后，通过在命令中添加参数，列出所有网络的 ID 号，示例代码如下：

```
[root@docker ~]# docker network ls -q
14bcbfd0be2e
5f8d844e8e0a
bd863aa4971b
```

以上示例在命令中添加了 -q 参数，列出了所有容器网络的 ID 号。

7.1.3 创建容器网络

创建容器网络的命令格式为：

```
docker network create [OPTIONS] NETWORK
```

参数介绍如下。

- -d, --driver string

指定网络模式（默认为 bridge）。

- --subnet strings

指定子网网段。

- --ip-range strings

指定容器的 IP 地址范围，格式同 subnet 参数。

- --gateway strings

子网的 IPv4 或 IPv6 网关。

创建一个容器网络，并指定它的网络模式，示例代码如下：

```
[root@docker ~]# docker network create -d bridge test-bridge
f5cd871980fa044ff0295609797a4b1038abb1140609fa2120da064f6620355b
#容器网络 ID 号
[root@docker ~]# docker network ls
NETWORK ID      NAME           DRIVER     SCOPE
14bcbfd0be2e    bridge         bridge     local
5f8d844e8e0a    host           host       local
bd863aa4971b    none           null       local
f5cd871980fa    test-bridge    bridge     local
```

以上示例创建了一个命名为 test-bridge 的新容器网络，并指定它的网络模式为 bridge 网络。其余网络属性配置方式与之相同，这里不再赘述。

7.1.4 删除容器网络

下面讲解删除容器网络的操作，在生产环境中建议再三确认之后再执行删除操作。删除容器网络与删除容器同样都需要在命令中添加 rm 参数。

删除容器网络的命令格式为：

```
docker network rm NETWORK...
```

首先，查看是否有需要删除的容器网络，示例代码如下：

```
[root@docker ~]# docker network ls
NETWORK ID          NAME                DRIVER              SCOPE
14bcbfd0be2e        bridge              bridge              local
5f8d844e8e0a        host                host                local
bd863aa4971b        none                null                local
f5cd871980fa        test-bridge         bridge              local
```

接着，将需要删除的容器网络删除，示例代码如下：

```
[root@docker ~]# docker network rm test-bridge
test-bridge
```

最后，查看容器网络是否被删除，示例代码如下：

```
[root@docker ~]# docker network ls
NETWORK ID          NAME                DRIVER              SCOPE
14bcbfd0be2e        bridge              bridge              local
5f8d844e8e0a        host                host                local
bd863aa4971b        none                null                local
```

从以上示例中，可以看到容器网络 test-bridge 已经成功删除。

7.1.5 容器网络详细信息

查看容器网络详细信息的命令格式为：

```
docker network inspect [OPTIONS]
```

参数介绍如下。

- -f, --format string

使用给定的模板格式化输出。

示例代码如下：

```
[root@docker ~]# docker network inspect none
```

```
[
    {
        "Name": "none",
        "Id": "bd863aa4971bd801adb397432b5e7edf48a3296072a6b962585f355098a6a251",
        "Created": "2019-03-06T22:32:47.372204263+08:00",
        "Scope": "local",
        "Driver": "null",
        "EnableIPv6": false,
        "IPAM": {
            "Driver": "default",
            "Options": null,
            "Config": []
        },
        "Internal": false,
        "Attachable": false,
        "Containers": {},
        "Options": {},
        "Labels": {}
    }
]
```

以上示例查看了 none 网络的详细信息，包括容器网络名称、容器网络 ID 号、容器网络创建时间等。

7.1.6 配置容器网络

配置容器网络就是为用户创建的容器添加网络配置，只需要在运行容器的命令中添加指定的网络参数。

配置容器网络的命令格式为：

```
docker run/create --network NETWORK
```

示例代码如下：

```
[root@docker ~]# docker run -it -d \
> --network=host \
> Docker.io/centos /bin/bash
e8eccfb1d60b9e235f52e73a85281239ceb1df8e59749e5523cc61d21f71ab64
```

以上示例通过在运行容器中添加--network 参数，指定了容器的 host 网络模式。其中，反斜杠"\"表示命令没有输入完，上下两行为同一条命令。这种命令输入方式适合在输入长命令时使用。

下面查看容器网络信息，验证该容器网络是否为 host 模式，示例代码如下：

```
[root@docker ~]# docker inspect e8 | grep NetworkMode
        "NetworkMode": "host",
```

以上示例通过在 docker inspect 命令中添加 grep 参数过滤出了该容器的网络模式为 host 的信息。下面运行一个不指定网络模式的容器，并查看其网络模式信息，示例代码如下：

```
[root@docker ~]# docker run -it -d  Docker.io/centos /bin/bash
1a4b0d12a4723903d9ef47f33df6dd1c0822b6b3c0f6e871560b893a729a1028
[root@docker ~]# docker inspect 1a | grep NetworkMode
        "NetworkMode": "bridge",
```

由以上示例可见，不指定网络模式，Docker 会默认使用 bridge 网络模式。

7.1.7 容器网络连接与断开

容器网络连接与断开的命令格式为：

```
docker network connect [OPTIONS] NETWORK CONTAINER
docker network disconnect [OPTIONS] NETWORK CONTAINER
```

下面通过示例讲解容器网络的连接与断开。首先创建一个容器，示例代码如下：

```
[root@docker ~]# docker run -it -d \
> --network=host \
> Docker.io/centos /bin/bash
efa344d12298fd365b953c14b970191d0f9a3c861c1ff25be1a0fead5beec871
```

以上示例运行了一个连接 host 网络的容器。

然后将该容器与 host 网络断开，示例代码如下：

```
[root@docker ~]# docker network ls
NETWORK ID          NAME               DRIVER              SCOPE
7c7c9e595e91        bridge             bridge              local
b9fe4d40c930        host               host                local
a9577f306525        none               null                local
[root@docker ~]# docker stop efa3
efa3
#关闭容器
[root@docker ~]# docker network disconnect b9fe efa3
```

以上示例使该容器与 host 网络断开。在命令中使用 ID 号即可，并且断开网络之前需要先关闭该容器。

下面再次执行断开网络命令，观察执行结果，示例代码如下：

```
[root@docker ~]# docker network disconnect b9fe efa3
Error response from daemon: Container cannot be disconnected from host network or connected to host network
```

以上示例中，再次执行断开命令时发生报错，提示网络已断开。

下面将该容器添加到 none 网络中，示例代码如下：

```
[root@docker ~]# docker network connect a957 efa3
#连接 none 网络
```

```
[root@docker ~]# docker network connect a957 efa3
Error response from daemon: service endpoint with name xenodochial_bose already exists
```

以上示例中，共执行了两次连接 none 网络的命令。第一次执行命令使容器成功连接了 none 网络，再次执行命令连接时报错，提示容器已在 none 网络中。

7.2 none 网络

none 网络

顾名思义，none 网络就是什么都没有的网络。在这种模式下，Docker 容器网络拥有自己的网络命名空间，但并不为 Docker 容器进行任何网络配置。也就是说，这个模式下的容器除了本地环回接口，没有其他任何网卡、IP、路由等信息，如图 7.2 所示。

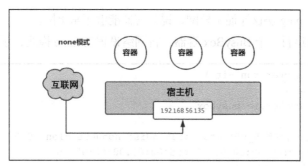

图 7.2 none 网络

没有网络配置，Docker 开发者才能在此基础上做其他无限多可能的网络定制开发。用户可以自己为 Docker 容器添加网卡、配置 IP 地址等。这也正体现了 Docker 开放的设计理念。

下面使用默认网络模式创建一个 BusyBox 容器，示例代码如下：

```
[root@docker ~]# docker run --rm -it \
> --name test-default \
> Docker.io/busybox
```

以上示例运行了一个被命名为 test-default 的 BusyBox 容器，并且此时已进入容器。

下面在容器终端中查看容器 IP 地址，示例代码如下：

```
/ # ip a
1: lo: <LOOPBACK,UP,LOWER_UP> mtu 65536 qdisc noqueue qlen 1000
    link/loopback 00:00:00:00:00:00 brd 00:00:00:00:00:00
    inet 127.0.0.1/8 scope host lo
       valid_lft forever preferred_lft forever
    inet6 ::1/128 scope host
       valid_lft forever preferred_lft forever
2: eth0@if11: <BROADCAST,MULTICAST,UP,LOWER_UP,M-DOWN> mtu 1500 qdisc noqueue
    link/ether 02:42:ac:11:00:02 brd ff:ff:ff:ff:ff:ff
    inet 172.17.0.2/16 scope global eth0
       valid_lft forever preferred_lft forever
```

```
        inet6 fe80::42:acff:fe11:2/64 scope link
            valid_lft forever preferred_lft forever
```

从以上示例中可以看到，Docker 为容器分配了 IP 地址。

下面通过 ping 命令测试容器网络是否能够连通外网，示例代码如下：

```
/ # ping -c 3 www.mobiletrain.org
PING www.mobiletrain.org (220.181.57.216): 56 data bytes
64 bytes from 220.181.57.216: seq=0 ttl=127 time=4.521 ms
64 bytes from 220.181.57.216: seq=1 ttl=127 time=4.386 ms
64 bytes from 220.181.57.216: seq=2 ttl=127 time=4.192 ms

--- www.mobiletrain.org ping statistics ---
3 packets transmitted, 3 packets received, 0% packet loss
round-trip min/avg/max = 4.192/4.366/4.521 ms
```

以上示例中，通过 ping 协议连通了外网，说明容器能够正常上网。

作为对比验证，再运行一个 BusyBox 容器，将网络设置为 none 模式，示例代码如下：

```
[root@docker ~]# docker run -it \
> --name test-none \
> --network=none Docker.io/busybox
/ # ip a
1: lo: <LOOPBACK,UP,LOWER_UP> mtu 65536 qdisc noqueue qlen 1000
    link/loopback 00:00:00:00:00:00 brd 00:00:00:00:00:00
    inet 127.0.0.1/8 scope host lo
        valid_lft forever preferred_lft forever
    inet6 ::1/128 scope host
        valid_lft forever preferred_lft forever
#没有分配 IP 地址，只有一个本地环回接口
/ # ping -c 3 www.mobiletrain.org
ping: bad address 'www.mobiletrain.org'
#无法访问外网
```

通过以上示例的对比验证，可以很清晰地理解 Docker 容器 none 网络就是没有网络。没有网络意味着安全性非常高，这样的网络模式通常可以用在一些对安全性要求较高，并且不需要联网的应用中，如用来产生随机密码的应用。

7.3 host 网络

host 网络

一个 Docker 容器一般会被分配一个独立的网络命名空间，但如果启动容器时选择了 host 模式，那么这个容器将不会被分配一个独立的网络命名空间，而是和宿主机共享一个网络命名空间。容器将使用宿主机的 IP 地址和端口号，如图 7.3 所示。

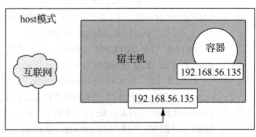

图 7.3 host 网络

下面在宿主机上运行一个网络模式为 host 的 Web 应用容器，示例代码如下：

```
[root@docker ~]# docker run -it -d \
> --name test-host \
> --network=host Docker.io/nginx
4b0912a76ad6d95d2d34a7ad8f8daf5c32456403539dc4111e09bb55c337487c
```

以上示例运行了一个命名为 test-host 的 Nginx 容器，并指定网络模式为 host，使其在后台运行。下面查看容器信息，示例代码如下：

```
[root@docker ~]# docker inspect test-host
......
"Networks": {
            "host": {
                "IPAMConfig": null,
                "Links": null,
                "Aliases": null,
                "NetworkID": "5f8d844e8e0a89275eb1ba9e5e11206b46d50692772ff4b48c700a51d1e2a81f",
                "EndpointID": "72942e6127a18003e19e20e9299874bfdbcc77526e271adef89604ddfbbbad5c",
                "Gateway": "",
                "IPAddress": "",
                "IPPrefixLen": 0,
                "IPv6Gateway": "",
                "GlobalIPv6Address": "",
                "GlobalIPv6PrefixLen": 0,
                "MacAddress": ""
......
```

从以上示例中，可以看出网络模式为 host。

下面再查看宿主机的 80 端口状态，示例代码如下：

```
[root@docker ~]# ss -anptu | grep 80
tcp      LISTEN      0         128         *:80                    *:*
users:(("nginx",pid=9340,fd=6),("nginx",pid=9323,fd=6))
```

从以上示例中可以看出 80 端口被 Nginx 进程占用。创建容器时并没有指定端口映射，容器默认使用了宿主机的 80 端口，证明在 host 模式下宿主机与容器共用端口。

下面通过 curl 工具测试容器网站是否能够被访问，示例代码如下：

```
[root@docker ~]# curl -I 10.0.36.163
HTTP/1.1 200 OK
Server: nginx/1.15.9
Date: Tue, 09 Apr 2019 10:57:03 GMT
Content-Type: text/html
Content-Length: 612
Last-Modified: Tue, 26 Feb 2019 14:13:39 GMT
Connection: keep-alive
ETag: "5c754993-264"
```

```
Accept-Ranges: bytes
#在宿主机使用 curl 工具确认网页能够正常访问
```

下面是浏览器的访问测试结果,如图 7.4 所示。

图 7.4　host 模式下的 Nginx 容器

7.4　bridge 网络

bridge 网络

在 bridge 模式下,Docker 守护进程创建了一个虚拟以太网桥 Docker0,附加在其上的网卡之间能自动转发数据包。默认情况下,守护进程会创建一对对等接口,将其中一个接口设置为容器的 eth0 接口,另一个接口 veth 放置在宿主机的命名空间中,从而将宿主机上的所有容器都连接到这个内部网络上。同时,守护进程还会从网桥的私有地址空间中分配一个 IP 地址和子网给该容器,如图 7.5 所示。

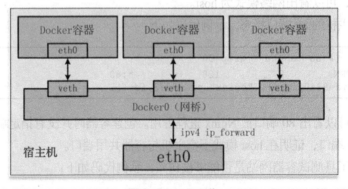

图 7.5　bridge 网络

下面通过 brctl show 命令查看容器网桥信息,在这之前需要安装网桥工具管理包,否则命令不生效,示例代码如下:

```
[root@docker ~]# yum -y install bridge-utils
```

安装完成之后,即可查看容器网桥信息,示例代码如下:

```
[root@docker ~]# brctl show
bridge name     bridge id           STP     enabled     interfaces
Docker0         8000.0242efe6171b   no
interfaces 表示接口，以上示例中，只有一个 Docker0 网桥，而没有接口。
```

下面运行一个网络模式为 bridge 的容器，示例代码如下：

```
[root@docker ~]# docker run -it -d \
> --name test-nginx \
> --network=bridge \
> -p 8000:80 Docker.io/nginx
fbbbf537879adb0d6c5c34264bfd8117fb82f9f0077a3d1902ff2d9601b1fa08
```

以上示例在后台运行了一个命名为 test-nginx 的 Nginx 容器，并指定它的网络模式为 bridge，将宿主机的 8000 端口映射到了容器的 80 端口。

下面接着查看容器网桥信息，示例代码如下：

```
[root@docker ~]# brctl show
bridge name     bridge id           STP     enabled     interfaces
Docker0         8000.0242efe6171b   no                  vethaaf8a5e
```

从以上示例中可以看到，网桥 Docker0 上挂载了网络接口，vethaaf8a5e 就是新创建的 Nginx 容器的虚拟网卡，名称以 veth 开头。

下面运行一个 BusyBox 容器，并设置网络模式为 bridge，查看其网卡信息，示例代码如下：

```
[root@docker ~]# docker run -it \
> --name test-busybox
> --network=bridge Docker.io/busybox
[root@docker ~]# brctl show
bridge name     bridge id           STP     enabled     interfaces
Docker0         8000.0242efe6171b   no                  veth70a4bee
                                                        vethaaf8a5e
```

以上示例中，veth70a4bee 就是 BusyBox 容器的虚拟网卡，名称同样以 veth 开头。

Docker 采用 NAT（Network Address Translation，网络地址转换）方式，将容器内部服务监听的端口与宿主机的某一个端口进行映射，使宿主机以外的网络可以将网络报文发送至容器内部。访问容器时，需要访问宿主机的 IP 地址及端口。因为增加了网络层，所以会影响网络的传输效率，如图 7.6 所示。

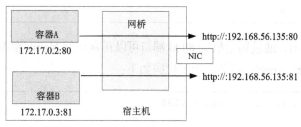

图 7.6 端口映射

在同一个服务器中,可能运行着多个业务,若这些业务都使用默认端口将会产生冲突,这时就需要容器映射不同的端口。

下面在宿主机中安装 Apache 服务,示例代码如下:

```
[root@docker ~]# yum -y install httpd
```

安装完成之后,启动 Apache 服务,示例代码如下:

```
[root@docker ~]# systemctl start httpd
```

以上示例在宿主机中启动了一个 Apache 服务。

下面通过查看端口的形式验证 Apache 是否正常运行,示例代码如下:

```
[root@docker ~]# ss -anptu | grep 80
tcp    LISTEN    0    128    :::80    :::*
users:(("httpd",pid=10461,fd=4),("httpd",pid=10460,fd=4),("httpd",pid=10459,fd=4),("httpd",pid=10458,fd=4),("httpd",pid=10457,fd=4),("httpd",pid=10451,fd=4))
```

以上示例查看宿主机 80 端口,可以看到 80 端口被 Apache 占用,服务正常运行。

下面创建一个 Nginx 容器,并配置端口映射,示例代码如下:

```
[root@docker ~]# docker run -d \
> --name test-nginx \
> -p 8000:80 Docker.io/nginx
f8b393997dffc24003c5a06578a4373c0ade57c1f73aa209af718c96b93f0f55
```

以上示例在后台运行了一个命名为 **test-nginx** 的 Nginx 容器,并将容器 80 端口映射到宿主机的 8000 端口。

下面测试用户通过宿主机的 8000 端口是否能够访问容器中的 Nginx 服务,示例代码如下:

```
[root@docker ~]# curl -I 192.168.56.135:8000
HTTP/1.1 200 OK
Server: nginx/1.15.9
Date: Tue, 09 Apr 2019 16:19:26 GMT
Content-Type: text/html
Content-Length: 612
Last-Modified: Tue, 26 Feb 2019 14:13:39 GMT
Connection: keep-alive
ETag: "5c754993-264"
Accept-Ranges: bytes
```

从以上示例可以看出,通过宿主机的 8000 端口可以正常访问 Nginx 容器。

下面再访问宿主机的 Apache 服务,示例代码如下:

```
[root@docker ~]# curl -I 192.168.56.135
HTTP/1.1 200 OK
Server: nginx/1.15.9
```

```
Date: Tue, 09 Apr 2019 16:19:26 GMT
Content-Type: text/html
Content-Length: 612
Last-Modified: Tue, 26 Feb 2019 14:13:39 GMT
Connection: keep-alive
ETag: "5c754993-264"
Accept-Ranges: bytes
```

从以上示例可以看出,通过宿主机 80 端口可以正常访问 Apache 服务。有了端口映射,容器与容器、容器与宿主机的业务之间就不会出现冲突,保证了业务都能够被正常访问。

7.5 container 网络

container 是容器网络中一种较为特殊的网络模式。这个模式指定新创建的容器和已经存在的容器共享一个网络命名空间,而不是和宿主机共享。新创建的容器没有自己的网卡、IP 地址等,而是和一个指定的容器共享 IP 地址、端口号等。这两个容器之间不存在网络隔离,而这两个容器与宿主机以及其他容器之间存在网络隔离,如图 7.7 所示。

container 网络

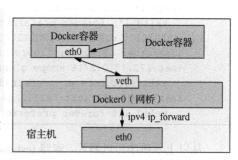
图 7.7 container 网络

下面搭建一个 container 网络模型并查看效果。首先创建一个普通容器,示例代码如下:

```
[root@docker ~]# docker run -it --name test1 Docker.io/busybox
```

以上示例创建了一个被命名为 test1 的 BusyBox 容器,此时该容器的网络模式默认为 bridge。创建完成后,在容器终端中查看容器 IP 信息,示例代码如下:

```
/ # ip a
1: lo: <LOOPBACK,UP,LOWER_UP> mtu 65536 qdisc noqueue qlen 1000
    link/loopback 00:00:00:00:00:00 brd 00:00:00:00:00:00
    inet 127.0.0.1/8 scope host lo
       valid_lft forever preferred_lft forever
    inet6 ::1/128 scope host
       valid_lft forever preferred_lft forever
2: eth0@if17: <BROADCAST,MULTICAST,UP,LOWER_UP,M-DOWN> mtu 1500 qdisc noqueue
    link/ether 02:42:ac:11:00:02 brd ff:ff:ff:ff:ff:ff
    inet 172.17.0.2/16 scope global eth0
       valid_lft forever preferred_lft forever
    inet6 fe80::42:acff:fe11:2/64 scope link
       valid_lft forever preferred_lft forever
/ # exit
exit
```

以上示例中,通过查看容器 IP 信息得知该容器 IP 地址为 172.17.0.2。

下面创建一个网络模式为 container 的容器，示例代码如下：

```
[root@docker ~]# docker run -it --name test-container --network=container:test1 Docker.io/busybox
```

以上示例创建了一个被命名为 test-container 的 BusyBox 容器，它与先前的 test1 容器共享网络命名空间。其中，在配置 container 网络时，需要添加与新容器共享网络命名空间的容器的名称。

下面在 test-container 容器终端中查看其 IP 信息，示例代码如下：

```
/ # ip a
1: lo: <LOOPBACK,UP,LOWER_UP> mtu 65536 qdisc noqueue qlen 1000
    link/loopback 00:00:00:00:00:00 brd 00:00:00:00:00:00
    inet 127.0.0.1/8 scope host lo
       valid_lft forever preferred_lft forever
    inet6 ::1/128 scope host
       valid_lft forever preferred_lft forever
2: eth0@if17: <BROADCAST,MULTICAST,UP,LOWER_UP,M-DOWN> mtu 1500 qdisc noqueue
    link/ether 02:42:ac:11:00:02 brd ff:ff:ff:ff:ff:ff
    inet 172.17.0.2/16 scope global eth0
       valid_lft forever preferred_lft forever
    inet6 fe80::42:acff:fe11:2/64 scope link
       valid_lft forever preferred_lft forever
```

从以上示例中可以看到，容器 test-container 与容器 test1 的 IP 地址是一样的，但不排除容器 test1 在创建之后自动崩溃，新的容器 test-container 沿用了它的 IP 地址的可能。

下面在宿主机终端中查看容器信息，示例代码如下：

```
[root@docker ~]# docker ps
CONTAINER ID    IMAGE               COMMAND    CREATED           STATUS          PORTS    NAMES
8ac135fff87f    Docker.io/busybox   "sh"       58 seconds ago    Up 58 seconds            test-container
9e32a3a4b408    Docker.io/busybox   "sh"       3 minutes ago     Up 3 minutes             test1
```

以上示例说明这两个容器已经进行了网络命名空间共享。此时，两个容器之间已经可以进行通信。

7.6 多节点容器网络

Docker 多节点网络模式可以分为两种：一种是 Docker1.19 版本开始引入的基于 VxLAN （Virtual extensible Local Area Network，虚拟可扩展局域网）的对跨界点网络的原生支持；另一种是通过插件方式引入的第三方实现方案，如 Flannel、Calico 等。

多节点容器网络-1　　多节点容器网络-2　　多节点容器网络-3

7.6.1 Overlay 网络

Overlay 网络是一种实现设备间连通的虚拟网络，Docker 1.19 版本中，增加了对 Overlay 网络的原生支持。Docker 还支持 Consul、etcd 和 ZooKeeper 3 种分布式存储。其中，etcd 是一个支持高可用的分布式存储系统，通常 etcd 处理的数据都是控制数据，应用数据是在数据量很小但更新访问频繁的情况下使用 etcd；而 Consul 作为一个分布式据库用于保存网络状态信息。

在 Docker 中，Overlay 网络用于连接不同计算机上的 Docker 容器，允许不同计算机上的容器相互通信，同时支持对消息进行加密。当用户初始化一个集群或是将容器加入到一个集群中时，在 Docker 主机上会出现两种网络：一种是名为 ingress 的 Overlay 网络，用于传递集群服务的控制或数据消息，若在创建容器集群服务时没有指定连接用户自定义的 Overlay 网络，集群将会加入默认的 ingress 网络；另一种名为 docker_gwbridge 的桥接网络会连接容器集群中所有独立的 Docker 系统进程。Overlay 网络如图 7.8 所示。

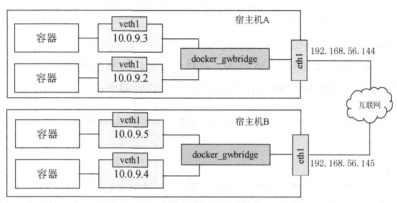

图 7.8　Overlay 网络

7.6.2　部署 Overlay 网络

Overlay 网络环境部署需要准备三台机器，其中一台（192.168.56.135）安装分布式数据库，这里以 Consul 为例，另外两台（192.168.56.144/192.168.56.145）创建网络，架构如图 7.9 所示。

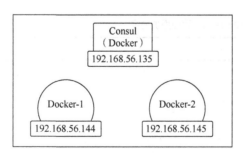

图 7.9　Overlay 网络架构

在 Docker 环境下部署 Overlay 网络之前需要先创建 Consul 数据库，具体步骤如下。

（1）三台机器部署 Docker 环境，主机名与 IP 地址如表 7.1 所示。

表 7.1　　　　　　　　　　　主机名与 IP 地址对照表

主机名	IP 地址	部署服务
Docker	192.168.56.135	Docker、Consul
Docker-1	192.168.56.144	Docker
Docker-2	192.168.56.145	Docker

（2）选择一台作为 Consul 服务器用以安装 Consul，此处以 IP 地址为 192.168.56.135 的服务器为例。这里直接使用镜像的方式启动 Consul 容器部署 Consul 服务，示例代码如下：

```
[root@docker ~]# docker run -it -d \
> -p 8500:8500 \
> -h consul \
> --name consul \
> Docker.io/progrium/consul \
> -server -bootstrap
670f9b9942a4eb239968626f068ddb2d39954e2e65850c78d9a614ff1033873e
```

以上示例在第一台宿主机中运行了一个 Consul 容器。

下面使用浏览器访问 192.168.56.135:8500，查看 Consul，如图 7.10 所示。

（3）修改两台机器的 Docker daemon 配置文件，示例代码如下：

```
[root@Docker-1 ~]# vim /usr/lib/systemd/system/Docker.service
......
[Service]
Type=notify
# the default is not to use systemd for cgroups because the delegate issues still
# exists and systemd currently does not support the cgroup feature set required
# for containers run by Docker
ExecStart=/usr/bin/Dockerd   --cluster-store=consul://192.168.56.135:8500   --cluster-=ens33:2376
ExecReload=/bin/kill -s HUP $MAINPID
TimeoutSec=0
RestartSec=2
Restart=always
......
#在 ExecStart=/usr/bin/Dockerd 后面添加内容
```

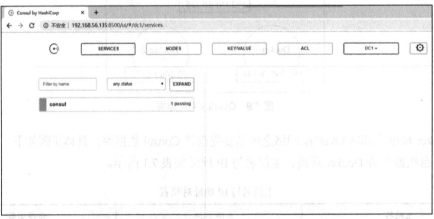

图 7.10 Consul Web 界面

以上示例中，--cluster-store 指定 Consul 的地址，--cluster-advertise 告知 Consul 该节点的连接地址，192.168.56.135 为 Consul 主机。

将配置文件配置成功之后，使用重启 Docker 的命令会报错。需要先将配置文件重新加载，再重启 Docker，示例代码如下：

```
[root@Docker-2 ~]# systemctl daemon-reload
#修改完配置文件，重新加载
[root@Docker-2 ~]# systemctl restart Docker
#重新启动 Docker 服务
```

（4）查看 Consul 端信息

用浏览器访问 Consul 主页，在 "KEY/VALUE" 下查看两个节点，这就是自动注册到 Consul 数据库中的节点，如图 7.11 所示。

在 Consul 页面中看到图 7.11 所示结果，即表示 Consul 分布式数据库搭建完成。

下面开始构建 Overlay 网络。

（5）在一台节点主机中创建 Overlay 网络，示例代码如下：

```
[root@Docker-1 ~]# docker network create -d Overlay ov-test
c63713ab55433d2d647d3ad4e51a6c206b66cea1166008303022e1c0ea04f527
```

图 7.11 Consul 收集节点

注意，此处的 -d 参数用以指定创建 Overlay 网络。

下面查看网络是否创建成功，示例代码如下：

```
[root@Docker-1 ~]# docker network ls
NETWORK ID          NAME                DRIVER              SCOPE
53e0d0791e30        bridge              bridge              local
37051ac1f8c6        Docker_gwbridge     bridge              local
9958f39cecbd        host                host                local
d1df4d2b5e94        none                null                local
c63713ab5543        ov-test             Overlay             global
```

从以上示例中可以看到，已经成功创建了一个名为 ov-test 的 Overlay 网络。

下面切换到另一台节点主机查看网络信息，示例代码如下：

```
[root@Docker-2 ~]# docker network ls
NETWORK ID          NAME                DRIVER              SCOPE
db84e7c9c176        bridge              bridge              local
459ad4feed5c        host                host                local
7ff4d673c265        none                null                local
C63713ab5543        ov-test             Overlay             global
```

以上示例中,在另一台节点主机中也能够看到 Overlay 网络。

这是因为网络类型为 global,即同时可以在多台节点主机查看到该网络。创建网络时,主机将信息存入 Consul,另一台主机会读取到新网络信息,同时,在主机上对网络的操作会同步到 Consul 中。

(6)在网络中运行容器。

在 Docker-1 中运行一个容器,查看并测试其网络,示例代码如下:

```
[root@Docker-1 ~]# docker run -it \
> --name test1 \
> --network=ov-test busybox
/ # ip a
1: lo: <LOOPBACK,UP,LOWER_UP> mtu 65536 qdisc noqueue qlen 1000
    link/loopback 00:00:00:00:00:00 brd 00:00:00:00:00:00
    inet 127.0.0.1/8 scope host lo
       valid_lft forever preferred_lft forever
2: eth0@if16: <BROADCAST,MULTICAST,UP,LOWER_UP,M-DOWN> mtu 1450 qdisc noqueue
    link/ether 02:42:0a:00:00:02 brd ff:ff:ff:ff:ff:ff
    inet 10.0.0.2/24 brd 10.0.0.255 scope global eth0
       valid_lft forever preferred_lft forever
3: eth1@if18: <BROADCAST,MULTICAST,UP,LOWER_UP,M-DOWN> mtu 1500 qdisc noqueue
    link/ether 02:42:ac:12:00:02 brd ff:ff:ff:ff:ff:ff
    inet 172.18.0.2/16 brd 172.18.255.255 scope global eth1
       valid_lft forever preferred_lft forever
/ # ping -c 3 www.mobiletrain.org
PING www.mobiletrain.org (220.181.57.216): 56 data bytes
64 bytes from 220.181.57.216: seq=0 ttl=127 time=5.321 ms
64 bytes from 220.181.57.216: seq=1 ttl=127 time=3.892 ms
64 bytes from 220.181.57.216: seq=2 ttl=127 time=4.286 ms

--- www.mobiletrain.org ping statistics ---
3 packets transmitted, 3 packets received, 0% packet loss
round-trip min/avg/max = 3.892/4.499/5.321 ms
```

以上示例中,新建容器可以连通外网,并且容器有两个网卡,一个是 eth0,连接 Overlay 网络,另一个是 eth1,连接主机的 docker_gwbridge,为访问外网的容器提供出口。

在另一台 Docker-2 中运行容器,查看并测试其网络,示例代码如下:

```
[root@Docker-2 ~]# docker run -it \
> --name test2 \
> --network=ov-test busybox
/ # ip a
1: lo: <LOOPBACK,UP,LOWER_UP> mtu 65536 qdisc noqueue qlen 1000
```

```
      link/loopback 00:00:00:00:00:00 brd 00:00:00:00:00:00
      inet 127.0.0.1/8 scope host lo
         valid_lft forever preferred_lft forever
2: eth0@if7: <BROADCAST,MULTICAST,UP,LOWER_UP,M-DOWN> mtu 1450 qdisc noqueue
      link/ether 02:42:0a:00:00:03 brd ff:ff:ff:ff:ff:ff
      inet 10.0.0.3/24 brd 10.0.0.255 scope global eth0
         valid_lft forever preferred_lft forever
3: eth1@if10: <BROADCAST,MULTICAST,UP,LOWER_UP,M-DOWN> mtu 1500 qdisc noqueue
      link/ether 02:42:ac:12:00:02 brd ff:ff:ff:ff:ff:ff
      inet 172.18.0.2/16 brd 172.18.255.255 scope global eth1
         valid_lft forever preferred_lft forever
#同样是两个网卡
/ # ping -c 3 10.0.0.2
PING 10.0.0.2 (10.0.0.2): 56 data bytes
64 bytes from 10.0.0.2: seq=0 ttl=64 time=1.208 ms
64 bytes from 10.0.0.2: seq=1 ttl=64 time=0.392 ms
64 bytes from 10.0.0.2: seq=2 ttl=64 time=0.405 ms

--- 10.0.0.2 ping statistics ---
3 packets transmitted, 3 packets received, 0% packet loss
round-trip min/avg/max = 0.392/0.668/1.208 ms
```

以上示例中,Docker-2 与 Docker-1 中的容器可以 ping 通。这是因为在同一个 Overlay 网络下的容器使用 eth0 网卡通信,使用 eth1 网卡访问外网。

(7) 不同 Overlay 网络间的隔离性。

在 Docker-2 主机中创建一个 Overlay 网络,示例代码如下:

```
[root@Docker-2 ~]# docker network create -d Overlay ov-test2
a9cd36a904dee06faaae59e24fbc2077d0719f2b8f384feb853b128723208402
[root@Docker-2 ~]# docker network ls
NETWORK ID          NAME                DRIVER              SCOPE
db84e7c9c176        bridge              bridge              local
150f2a4c3a23        Docker_gwbridge     bridge              local
459ad4feed5c        host                host                local
7ff4d673c265        none                null                local
c63713ab5543        ov-test             Overlay             global
a9cd36a904de        ov-test2            Overlay             global
```

以上示例新创建了一个名为 ov-test2 的 Overlay 网络。

在新的网络中创建一个容器,并测试其能否与 ov-test 网络中的容器互通,示例代码如下:

```
[root@Docker-2 ~]# docker run -it \
> --name test3 \
> --network=ov-test2 busybox
/ # ip a
1: lo: <LOOPBACK,UP,LOWER_UP> mtu 65536 qdisc noqueue qlen 1000
      link/loopback 00:00:00:00:00:00 brd 00:00:00:00:00:00
      inet 127.0.0.1/8 scope host lo
         valid_lft forever preferred_lft forever
```

```
2: eth0@if13: <BROADCAST,MULTICAST,UP,LOWER_UP,M-DOWN> mtu 1450 qdisc noqueue
    link/ether 02:42:0a:00:01:02 brd ff:ff:ff:ff:ff:ff
    inet 10.0.1.2/24 brd 10.0.1.255 scope global eth0
       valid_lft forever preferred_lft forever
3: eth1@if15: <BROADCAST,MULTICAST,UP,LOWER_UP,M-DOWN> mtu 1500 qdisc noqueue
    link/ether 02:42:ac:12:00:03 brd ff:ff:ff:ff:ff:ff
    inet 172.18.0.3/16 brd 172.18.255.255 scope global eth1
       valid_lft forever preferred_lft forever
#拥有两个网卡，IP地址为10.0.1.2
/ # ping -c 3 10.0.0.2
PING 10.0.0.2 (10.0.0.2): 56 data bytes

--- 10.0.0.2 ping statistics ---
3 packets transmitted, 0 packets received, 100% packet loss
```

以上示例中，10.0.0.2 为 ov-test 网络中容器的 IP 地址，却无法 ping 通。这是因为不同 Overlay 网络中的容器在正常情况下是无法互相通信的，并且不同 Overlay 网络之间是隔离的。

要让两个 Overlay 网络中的容器通信，可以将其中一个容器连接到另一个容器所在的 Overlay 网络，示例代码如下：

```
[root@Docker-2 ~]# docker network connect ov-test test3
```

以上示例将 ov-test2 网络中的 test3 容器连接到 ov-test 网络。

下面回到 test3 容器终端，再次尝试连接 ov-test 网络中的容器，示例代码如下：

```
/ # ping -c 3 10.0.0.2
PING 10.0.0.2 (10.0.0.2): 56 data bytes
64 bytes from 10.0.0.2: seq=0 ttl=64 time=2.237 ms
64 bytes from 10.0.0.2: seq=1 ttl=64 time=0.404 ms
64 bytes from 10.0.0.2: seq=2 ttl=64 time=0.396 ms

--- 10.0.0.2 ping statistics ---
3 packets transmitted, 3 packets received, 0% packet loss
round-trip min/avg/max = 0.396/1.012/2.237 ms
/ # ping -c 3 10.0.0.1
PING 10.0.0.1 (10.0.0.1): 56 data bytes
64 bytes from 10.0.0.1: seq=0 ttl=64 time=0.202 ms
64 bytes from 10.0.0.1: seq=1 ttl=64 time=0.069 ms
64 bytes from 10.0.0.1: seq=2 ttl=64 time=0.067 ms

--- 10.0.0.1 ping statistics ---
3 packets transmitted, 3 packets received, 0% packet loss
round-trip min/avg/max = 0.067/0.112/0.202 ms
```

以上示例中，test3 容器连接到 ov-test 网络之后，即可 ping 通 ov-test 网络中的所有容器。

（8）IP 地址管理

Overlay 网络默认分配的子网为 10.0.X.0/24，用户也可以通过--subnet 指定 IP 地址范围，示例代码如下：

```
[root@Docker-2 ~]# docker network create \
> -d Overlay \
> --subnet 10.8.8.0/24 ov-test3
a064ca0f61421f5eb2330327147033f5538a802845c4d0450734215530ae7bf9
#创建一个新的Overlay网络
[root@Docker-2 ~]# docker network ls
NETWORK ID          NAME                DRIVER              SCOPE
db84e7c9c176        bridge              bridge              local
150f2a4c3a23        Docker_gwbridge     bridge              local
459ad4feed5c        host                host                local
7ff4d673c265        none                null                local
c63713ab5543        ov-test             Overlay             global
a9cd36a904de        ov-test2            Overlay             global
a064ca0f6142        ov-test3            Overlay             global
```

以上示例创建了一个被命名为 ov-test3 的 Overlay 网络，并将其网段指定为 10.8.8.0/24。

下面在 ov-test3 网络中创建一个容器，并查看其 IP 地址，示例代码如下：

```
[root@Docker-2 ~]# docker run -it \
> --name test4 \
> --network=ov-test3 busybox
# ip a
1: lo: <LOOPBACK,UP,LOWER_UP> mtu 65536 qdisc noqueue qlen 1000
    link/loopback 00:00:00:00:00:00 brd 00:00:00:00:00:00
    inet 127.0.0.1/8 scope host lo
       valid_lft forever preferred_lft forever
2: eth0@if20: <BROADCAST,MULTICAST,UP,LOWER_UP,M-DOWN> mtu 1450 qdisc noqueue
    link/ether 02:42:0a:08:08:02 brd ff:ff:ff:ff:ff:ff
    inet 10.8.8.2/24 brd 10.8.8.255 scope global eth0
       valid_lft forever preferred_lft forever
3: eth1@if22: <BROADCAST,MULTICAST,UP,LOWER_UP,M-DOWN> mtu 1500 qdisc noqueue
    link/ether 02:42:ac:12:00:04 brd ff:ff:ff:ff:ff:ff
    inet 172.18.0.4/16 brd 172.18.255.255 scope global eth1
       valid_lft forever preferred_lft forever
```

以上示例中，由于在创建 Overlay 网络时指定了 10.8.8.0/24 的网段，在网络中新建的容器分配到了指定网段的 IP 地址。

7.6.3 Macvlan 网络

Macvlan 网络可以实现 Docker 容器的跨主机通信，通过为物理网卡额外添加 MAC（Media Access Control，媒体存取控制）地址的形式来复用物理网卡，也就是说 Macvlan 网络直接使用服务器上的网卡让不同主机上的容器进行通信。

创建 Macvlan 网络的原理是，在宿主机物理网卡上虚拟出多个子网卡，通过不同的 MAC 地址在数据链路层（Date Link Layer）进行网络数据转发，如图 7.12 所示。

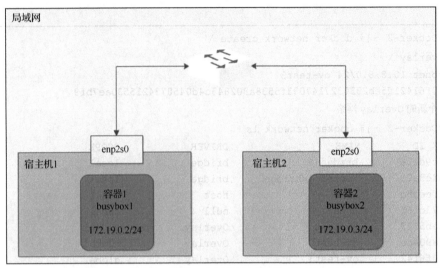

图 7.12 Macvlan 网络

下面通过 docker network create 命令创建网络模式为 Macvlan 的容器网络。在创建时，用户无须手动为网卡添加 MAC 地址，但是必须明确指定使用的子网掩码（subnet）、网关（gateway）以及所使用的父网卡。

首先，在两台服务器上分别创建 Macvlan 网络，示例代码如下：

```
[root@Docker-1 ~]# docker network create \
> -d Macvlan \
> --subnet 192.168.56.0/24 \
> --gateway 192.168.56.1 \
> -o parent=ens33 mac-test
cf3502248a1486eea0450fbcfa54bcb6089cd67e58b2ef89f18c80cb03eb500f
#parent 指定的是流量在 Docker 主机上实际通过的接口
[root@Docker-1 ~]# docker network ls
NETWORK ID          NAME                DRIVER              SCOPE
e608a9c34fe3        bridge              bridge              local
37051ac1f8c6        Docker_gwbridge     bridge              local
9958f39cecbd        host                host                local
cf3502248a14        mac-test            Macvlan             local
d1df4d2b5e94        none                null                local
#更换另一台主机操作
[root@Docker-2 ~]# docker network create \
> -d Macvlan \
> --subnet 192.168.56.0/24 \
> --gateway 192.168.56.1 \
> -o parent=ens33 mac-test
10ced96e6b4f74956e6d2644ea188876035c87440dac19c295a159aa84a974d2
[root@Docker-2 ~]# docker network ls
NETWORK ID          NAME                DRIVER              SCOPE
58cd9714749c        bridge              bridge              local
150f2a4c3a23        Docker_gwbridge     bridge              local
```

```
459ad4feed5c        host            host            local
10ced96e6b4f        mac-test        Macvlan         local
7ff4d673c265        none            null            local
```

以上示例分别在 Docker-1 与 Docker-2 两台服务器上创建了 Macvlan 网络，并指定了 Macvlan 网络的子网掩码与网关。其中，parent 指定了流量在 Docker 主机上实际通过的接口。

然后分别在主机 Docker-1 与 Docker-2 中的 Macvlan 网络中创建容器，并查看其 IP 地址，示例代码如下：

```
[root@Docker-1 ~]# docker run -it \
> --name test1 \
> --network=mac-test \
> --ip=192.168.56.5 busybox
/ # ip a
1: lo: <LOOPBACK,UP,LOWER_UP> mtu 65536 qdisc noqueue qlen 1000
    link/loopback 00:00:00:00:00:00 brd 00:00:00:00:00:00
    inet 127.0.0.1/8 scope host lo
       valid_lft forever preferred_lft forever
2: eth0@if2: <BROADCAST,MULTICAST,UP,LOWER_UP,M-DOWN> mtu 1500 qdisc noqueue
    link/ether 02:42:c0:a8:38:05 brd ff:ff:ff:ff:ff:ff
    inet 192.168.56.5/24 brd 192.168.56.255 scope global eth0
       valid_lft forever preferred_lft forever
#在 Docker-1 主机上创建容器，并查看 IP 地址
#在 Macvlan 网络模式下创建容器一定要指定 IP 地址，否则容易造成 IP 地址冲突
[root@Docker-2 ~]# docker run -it \
> --name test2 \
> --network=mac-test \
> --ip=192.168.56.6 busybox
/ # ip a
1: lo: <LOOPBACK,UP,LOWER_UP> mtu 65536 qdisc noqueue qlen 1000
    link/loopback 00:00:00:00:00:00 brd 00:00:00:00:00:00
    inet 127.0.0.1/8 scope host lo
       valid_lft forever preferred_lft forever
2: eth0@if2: <BROADCAST,MULTICAST,UP,LOWER_UP,M-DOWN> mtu 1500 qdisc noqueue
    link/ether 02:42:c0:a8:38:06 brd ff:ff:ff:ff:ff:ff
    inet 192.168.56.6/24 brd 192.168.56.255 scope global eth0
       valid_lft forever preferred_lft forever
```

注意，在 Macvlan 网络模式下创建容器一定要指定 IP 地址，否则容易造成 IP 地址冲突。

最后使用以上两个容器中任意一个容器终端 ping 另外一个容器，测试其连通性，示例代码如下：

```
/ # ping -c 3 192.168.56.5
PING 192.168.56.5 (192.168.56.5): 56 data bytes
64 bytes from 192.168.56.5: seq=0 ttl=64 time=0.908 ms
64 bytes from 192.168.56.5: seq=1 ttl=64 time=0.417 ms
64 bytes from 192.168.56.5: seq=2 ttl=64 time=0.408 ms

--- 192.168.56.5 ping statistics ---
3 packets transmitted, 3 packets received, 0% packet loss
```

```
round-trip min/avg/max = 0.408/0.577/0.908 ms
```

从以上示例可以看出，两个容器已经可以互相通信。

7.7 本章小结

本章详细系统地介绍了 Docker 容器的网络结构，包括 none 网络、host 网络、bridge 网络、container 网络以及跨主机容器的网络。相信读者通过本章的学习能够熟练掌握 Docker 容器网络技术。

7.8 习题

1. 填空题

（1）同一个网络中的容器可以_____。

（2）不同网络中的容器_____。

（3）容器创建完成后，会自动创建_____、_____、_____三种网络模式。

（4）不指定网络模式，Docker 会默认使用_____网络模式。

（5）在 host 网络中，_____与_____共享同一个网络命名空间。

2. 选择题

（1）Docker 容器网络拥有自己的（　　）。
　　A. 容器　　　　　B. 储存空间　　　　C. 网络命名空间　　D. 数据空间

（2）Container 网络模式指定（　　）与已存在的容器共享一个网络命名空间。
　　A. 新容器　　　　　　　　　　　　　B. 宿主机
　　C. 其他宿主机中的容器　　　　　　　D. 原容器

（3）在 Docker 中，Overlay 网络用于连接（　　）。
　　A. 不同宿主机上的容器　　　　　　　B. 相同宿主机上的容器
　　C. 相同环境中的容器　　　　　　　　D. 不同环境中的宿主机

（4）不同 Overlay 网络之间是（　　）的。
　　A. 相通　　　　　B. 隔离　　　　　C. 挂载　　　　　D. 关联

（5）Macvlan 网络模式可以实现 Docker 容器（　　）通信。
　　A. 远程　　　　　B. 跨主机　　　　C. 异步　　　　　D. 连接

3. 思考题

（1）简述 none 网络、host 网络与 bridge 网络的区别。

（2）简述容器网络增、删、查的操作步骤。

4. 操作题

利用三个不同宿主机中的容器，搭建 Overlay 网络。

第 8 章 私有仓库

本章学习目标

- 了解 Docker 私有仓库
- 部署私有仓库
- 熟练使用私有仓库
- 通过 Web 界面管理仓库
- 掌握常用的几种第三方私有仓库的用法

Docker 仓库用于保存 Docker 镜像，分为公有仓库与私有仓库。公有仓库就是 Docker Hub 一类供所有 Docker 用户使用的 Docker 仓库。私有仓库是指由个人或企业搭建的 Docker 仓库，供其自身使用，是非公开的。

本章将对 Docker 私有仓库及其相关内容进行详解。

私有仓库及搭建私有仓库

8.1 私有仓库

Docker 镜像通常保存在 Docker Hub，Docker Hub 是目前最大的 Docker 镜像公有仓库，由 Docker 官方人员进行维护，其中的镜像可供所有用户下载使用。在生产环境中，通常公司会构建一些符合业务需求的镜像，这些镜像因为是商业机密而不得上传至 Docker Hub，只能供公司内部人员使用。此时就需要在内网搭建一个 Docker 私有仓库，来存储公司内部的镜像，并确保内部人员可以不受网络限制，快速地拉取或上传镜像。

镜像为 Docker 容器的运行基础，容器是镜像的具体运行实例，镜像仓库为镜像提供了可靠的存储空间，镜像可以从公有或私有仓库拉取，如图 8.1 所示。

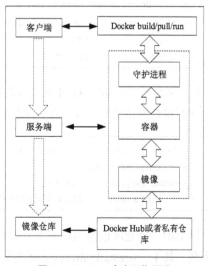

图 8.1 Docker 仓库工作原理

8.2 搭建私有仓库

8.2.1 环境部署

私有镜像仓库在企业中有较高的使用率，因此私有镜像仓库搭建技术显得尤为重要。下面通过示例讲述私有镜像仓库的搭建方式与过程。

本节需要用到两台服务器，一个作为私有镜像仓库，另一个作为使用私有镜像仓库的Docker客户机。此处以CentOS系统为例，安装并启动Docker，服务器信息如表8.1所示。

表 8.1　　　　　　　　　　　　　　　　服务器信息

服务器名称	IP 地址	功能
Docker-1	192.168.56.146	Docker 私有仓库
Docker-2	192.168.56.147	使用 Docker 私有仓库的客户机

8.2.2 自建仓库

Docker Hub 为用户提供了完美的仓库镜像，本示例将使用 Docker Hub 中的仓库镜像运行私有仓库。首先从 Docker Hub 中拉取仓库镜像，示例代码如下：

```
 [root@Docker-1 ~]# docker pull registry
Using default tag: latest
latest: Pulling from library/registry
c87736221ed0: Pull complete
1cc8e0bb44df: Pull complete
54d33bcb37f5: Pull complete
e8afc091c171: Pull complete
b4541f6d3db6: Pull complete
Digest: sha256:db8e07b1da92e1774458798a018512d71d869887d80b13cf126acda20122e41e
Status: Downloaded newer image for registry:latest
[root@Docker-1 ~]# docker images
REPOSITORY          TAG              IMAGE ID          CREATED          SIZE
registry            latest           f32a97de94e1      5 weeks ago      25.8MB
```

以上示例成功拉取了 Docker 仓库的镜像。

下面将仓库镜像运行成容器，示例代码如下：

```
 [root@Docker-1 ~]# docker run -it -d -p 5000:5000 \
> --restart=always \
> --name registry registry
84e48495b8a18b151e128b8698cf776a5e9aab40c57ed15bb055835a407ef1db
```

以上示例将仓库镜像运行成了仓库容器，并映射了宿主机的 5000 端口，供 Docker 镜像的上传与下载。其中，--restart=always 表示容器停止时自动重启，这条参数常用于生产环境中。

下面将镜像上传至刚刚创建的镜像仓库，示例代码如下：

```
[root@Docker-1 ~]# docker pull busybox
Using default tag: latest
latest: Pulling from library/busybox
fc1a6b909f82: Pull complete
Digest: sha256:577311505bc76f39349a2d389d32c7967ca478de918104126c10aa0eb7f101fd
Status: Downloaded newer image for busybox:latest
#下载一个BusyBox镜像供测试使用
[root@Docker-1 ~]# docker tag busybox 192.168.56.146:5000/busybox:latest
#修改镜像的tag，使其指向私有仓库
[root@Docker-1 ~]# docker push 192.168.56.146:5000/busybox:latest
Error response from daemon: Get https://192.168.56.146:5000/v2/: http: server gave HTTP response to HTTPS client
```

以上示例拉取了一个 BusyBox 镜像，并为其添加了 tag 标签，在尝试将镜像推送至私有仓库时，发生了报错。

这是因为 Docker 默认支持 HTTPS（Hyper Text Transfer Protocol Secure，安全超文本传输协议），命令行中使用的是 HTTP（Hyper Text Transfer Protocol，超文本传输协议）。修改 Docker 的启动参数，使之允许以 HTTP 工作，示例代码如下：

```
[root@Docker-1 ~]# cat /usr/lib/systemd/system/Docker.service
......
[Service]
Type=notify
# the default is not to use systemd for cgroups because the delegate issues still
# exists and systemd currently does not support the cgroup feature set required
# for containers run by Docker
ExecStart=/usr/bin/Dockerd --insecure-registry 192.168.56.146:5000
ExecReload=/bin/kill -s HUP $MAINPID
TimeoutSec=0
RestartSec=2
Restart=always
......
#修改配置文件,如以上代码所示:在ExecStart=/usr/bin/Dockerd后添加--insecure-registry IP:5000 代码段
[root@Docker-1 ~]# systemctl daemon-reload
[root@Docker-1 ~]# systemctl restart Docker
```

以上示例修改了 Docker 配置文件中的启动参数，并重启 Docker。

下面接着尝试将镜像推送至私有仓库，示例代码如下：

```
[root@Docker-1 ~]# docker push 192.168.56.146:5000/busybox:latest
The push refers to repository [192.168.56.146:5000/busybox]
0b97b1c81a32: Pushed
latest: digest: sha256:f79f7a10302c402c052973e3fa42be0344ae6453245669783a9e16da3d56d5b4 size: 527
```

以上示例成功将镜像推送到私有仓库。

下面查看私有仓库中的镜像，并拉取其中的镜像，示例代码如下：

```
[root@Docker-1 ~]# curl -X GET http://192.168.56.146:5000/v2/_catalog
{"repositories":["busybox"]}
 #使用curl工具查看，可以看到仓库中有一个BusyBox镜像
[root@Docker-1 ~]# docker rmi busybox
Untagged: busybox:latest
Untagged: busybox@sha256:577311505bc76f39349a2d389d32c7967ca478de918104126c10aa0eb7f101fd
[root@Docker-1 ~]# docker rmi 192.168.56.146:5000/busybox
Untagged: 192.168.56.146:5000/busybox:latest
Untagged: 192.168.56.146:5000/busybox@sha256:
f79f7a10302c402c052973e3fa42be0344ae6453245669783a9e16da3d56d5b4
Deleted: sha256:af2f74c517aac1d26793a6ed05ff45b299a037e1a9eefeae5eacda133e70a825
Deleted: sha256:0b97b1c81a3200e9eeb87f17a5d25a50791a16fa08fc41eb94ad15f26516ccea
[root@Docker-1 ~]# docker images
REPOSITORY           TAG              IMAGE ID          CREATED            SIZE
registry             latest           f32a97de94e1      5 weeks ago        25.8MB
 #删除本地的BusyBox镜像，可以看到本地已经没有BusyBox镜像，下面尝试从私有仓库中拉取BusyBox镜像
[root@Docker-1 ~]# docker pull 192.168.56.146:5000/busybox
Using default tag: latest
latest: Pulling from busybox
fc1a6b909f82: Pull complete
Digest: sha256:f79f7a10302c402c052973e3fa42be0344ae6453245669783a9e16da3d56d5b4
Status: Downloaded newer image for 192.168.56.146:5000/busybox:latest
[root@Docker-1 ~]# docker images
REPOSITORY                          TAG              IMAGE ID          CREATED            SIZE
192.168.56.146:5000/busybox         latest           af2f74c517aa      13 days ago        1.2MB
registry                            latest           f32a97de94e1      5 weeks ago        25.8MB
```

以上示例删除了本地原来的镜像，并成功从私有仓库拉取了镜像。因为使用的是内网环境，所以下载速度很快。

如果想在其他宿主机上使用该仓库，只需要修改配置文件，重启Docker服务。下面通过另外一台服务器拉取私有仓库中的镜像。先修改Docker配置文件，再重新读取并重新启动Docker，最后拉取镜像，示例代码如下：

```
[root@Docker-2 ~]# docker pull 192.168.56.146:5000/busybox
Using default tag: latest
latest: Pulling from busybox
fc1a6b909f82: Pull complete
Digest: sha256:f79f7a10302c402c052973e3fa42be0344ae6453245669783a9e16da3d56d5b4
Status: Downloaded newer image for 192.168.56.146:5000/busybox:latest
[root@Docker-2 ~]# docker images
REPOSITORY                          TAG              IMAGE ID          CREATED            SIZE
192.168.56.146:5000/busybox         latest           af2f74c517aa      13 days ago        1.2MB
```

以上示例成功从私有仓库下载了BusyBox镜像。

如此，一个简单的私有仓库就搭建好了，但安全系数较低，镜像保存在容器中，容器被删除后，私有仓库以及仓库中的镜像也会一并被删除，数据无法保存。

8.3 使用 TLS 证书

使用 TLS 证书

8.3.1 生成证书

想让仓库对外提供服务，就需要配置用户认可的 TLS（Transport Layer Security，传输层安全）证书，否则仓库将无法正常使用。目前很多代理商可以提供权威的证书，用户可以自行选择。

下面演示自行生成 TLS 证书的方式及过程。

（1）使用 OpenSSL 工具生成私人证书文件，示例代码如下：

```
[root@Docker-1 ~]# mkdir -p /opt/docker/registry/certs
[root@Docker-1 ~]# openssl req -newkey rsa:4096 -nodes -sha256 -keyout /opt/docker/registry/certs/domain.key -x509 -days 365 -out /opt/docker/registry/certs/domain.crt
Generating a 4096 bit RSA private key
................................................++
..............................................................................
................................................................+
writing new private key to '/opt/docker/registry/certs/domain.key'
-----
You are about to be asked to enter information that will be incorporated
into your certificate request.
What you are about to enter is what is called a Distinguished Name or a DN.
There are quite a few fields but you can leave some blank
For some fields there will be a default value,
If you enter '.', the field will be left blank.
-----
Country Name (2 letter code) [XX]:CN
#输入两个字符的国家或地区名称，例如，中国的为 CN
State or Province Name (full name) []:bj
#输入省份名称
Locality Name (eg, city) [Default City]:bj
#输入城市名称
Organization Name (eg, company) [Default Company Ltd]:
#输入公司名称
Organizational Unit Name (eg, section) []:
#输入部门名称
Common Name (eg, your name or your server's hostname) []:registry.Docker.com
#输入姓名，通常指证书名称
Email Address []:
#输入电子邮箱地址
```

以上示例先创建存放证书的路径，在生成证书时，要填写相关信息，如地址、姓名等。

（2）创建带有 TSL 证书的仓库容器，示例代码如下：

```
[root@Docker-1 ~]# docker run -it -d \
> --name registry-TLS \
> -p 5000:5000 \
> -v /opt/docker/registry/certs/:/certs \
> -e REGISTRY_HTTP_TLS_CERTIFICATE=/certs/domain.crt \
> -e REGISTRY_HTTP_TLS_KEY=/certs/domain.key registry
6f4f8bbc439201d318140726da8a294f1820c194260f256f9d1311fce6797d3c
```

以上示例运行了一个被命名为 registry-TLS 的容器，并通过 REGISTRY_HTTP_TLS_CERTIFICATE 和 REGISTRY_HTTP_TLS_KEY 两个参数启用仓库的证书支持。

（3）在每一台 Docker 客户端宿主机上配置域名解析，使宿主机可以解析域名"registry.Docker.com"，并在宿主机中创建名称与域名相同的目录，示例代码如下：

```
[root@Docker-1 ~]# cat /etc/hosts
192.168.56.146 registry.Docker.com
[root@Docker-2 ~]# cat /etc/hosts
192.168.56.146 registry.Docker.com
#两台机器均已做好解析
[root@Docker-2 ~]# mkdir /etc/docker/certs.d
[root@Docker-2 ~]# cd /etc/docker/certs.d/
[root@Docker-2 certs.d]# mkdir registry.Docker.com:5000
```

（4）将证书 damain.crt 复制到要使用仓库的 Docker 宿主机，并放到 /etc/docker/certs.d/registry.Docker.com:5000/ 目录下，示例代码如下：

```
[root@Docker-1 ~]# scp -r -p /opt/docker/registry/certs/domain.crt \
> 192.168.56.147:/etc/docker/certs.d/registry.Docker.com:5000/ca.crt
root@192.168.56.147's password:
domain.crt                           100% 2000     1.1MB/s   00:00
[root@Docker-2 certs.d]# ls registry.Docker.com\:5000/
ca.crt
```

（5）Docker-1 是仓库的宿主机，下面使用 Docker-2 推送镜像到私有仓库，示例代码如下：

```
[root@Docker-2 ~]# docker tag busybox:latest registry.Docker.com:5000/busybox:latest
[root@Docker-2 ~]# docker push registry.Docker.com:5000/busybox:latest
The push refers to repository [registry.Docker.com:5000/busybox]
0b97b1c81a32: Pushed
latest: digest: sha256:f79f7a10302c402c052973e3fa42be0344ae6453245669783a9e16da3d56d5b4 size: 527
[root@Docker-2 ~]# curl -X GET https://registry.Docker.com:5000/v2/_catalog -k
{"repositories":["busybox"]}
```

以上示例成功将 Docker-2 中的镜像推送至私有仓库，并通过 -k 选项关闭了 curl 对证书的验证。

注意，默认情况下，证书只支持基于域名访问，要使其支持 IP 地址访问，需要修改配置文件 Openssl.cnf。在 CentOS 7 系统中，文件所在位置是/etc/pki/tls/Openssl.cnf。在文件中的[v3_ca]部分添加 subjectAltName 选项，示例代码如下：

```
[root@Docker-1 ~]# vim /etc/pki/tls/Openssl.cnf
[ v3_ca ]

subkectAltName = IP:192.168.56.146
```

保存退出后，重新生成证书即可使用。

8.3.2 基本身份验证

企业创建私有镜像仓库时，为防止信息泄露，通常会为仓库添加访问限制。实现访问限制的最简单的方法是基本身份验证。下面通过本机基本身份验证，为仓库添加访问限制。

（1）创建用户密码文件，示例代码如下：

```
[root@Docker-1 ~]# mkdir /opt/docker/registry/auth
[root@Docker-1 ~]# docker run --entrypoint htpasswd registry -Bbn testuser testpassword
> /opt/docker/registry/auth/htpasswd
```

以上示例创建了用户密码文件 testuser 与 testpassword。

（2）运行仓库容器，并指定 TLS 证书与身份验证目录，示例代码如下：

```
[root@Docker-1 ~]# docker run -d -it \
> --name registry-auth \
> -p 5000:5000 \
> -v /opt/docker/registry/auth/:/auth \
> -e "REGISTRY_AUTH=htpasswd" \
> -e "REGISTRY_AUTH_HTPASSWD_REALM=Registry Realm" \
> -e REGISTRY_AUTH_HTPASSWD_PATH=/auth/htpasswd \
> -v /opt/docker/registry/certs:/certs \
> -e REGISTRY_HTTP_TLS_CERTIFICATE=/certs/domain.crt \
> -e REGISTRY_HTTP_TLS_KEY=/certs/domain.key registry
fc1df62e3e252a9cdcf1efad1a30db71b71e4b683f256649537863c15cba14ae
```

（3）尝试推送镜像，示例代码如下：

```
[root@Docker-2 ~]# docker push 192.168.56.146:5000/busybox
The push refers to repository [192.168.56.146:5000/busybox]
0b97b1c81a32: Preparing
no basic auth credentials
```

以上示例中，镜像推送失败，原因是没有基本身份验证凭据。

（4）通过用户名与密码登录，示例代码如下：

```
[root@Docker-2 ~]# docker login registry.Docker.com:5000
```

```
Username: testuser
Password:
Login Succeeded
```

（5）登录之后，再次推送镜像，示例代码如下：

```
[root@Docker-2 ~]# docker tag busybox:latest registry.Docker.com:5000/busybox
[root@Docker-2 ~]# docker push registry.Docker.com:5000/busybox
The push refers to repository [registry.Docker.com:5000/busybox]
0b97b1c81a32: Pushed
latest: digest: sha256:f79f7a10302c402c052973e3fa42be0344ae6453245669783a9e16da3d56d5b4 size: 527
```

以上示例在登录之后成功推送镜像到私有仓库。

8.4 Nginx 反向代理仓库

使用 Nginx 代理可以实现仓库的认证功能。简而言之，就是将 Nginx 服务器作为私有仓库的代理使用，如图 8.2 所示。

Nginx 反向代理仓库

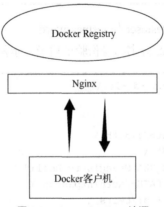

图 8.2 Nginx+Registry 认证

（1）私有仓库的搭建采用前文中的方式。首先在 Docker-1 中安装 Nginx，并修改其配置文件，示例代码如下：

```
[root@Docker-1 ~]# yum -y install nginx
Loaded plugins: fastestmirror
Loading mirror speeds from cached hostfile
 * epel: mirrors.tuna.tsinghua.edu.cn
Resolving Dependencies
--> Running transaction check
---> Package nginx.x86_64 1:1.12.2-2.el7 will be installed
......
Installed:
  nginx.x86_64 1:1.12.2-2.el7
```

```
Complete!
#Nginx安装成功
[root@Docker-1 ~]# cat /etc/nginx/nginx.conf
# For more information on configuration, see:
#   * Official English Documentation: http://nginx.org/en/docs/
#   * Official Russian Documentation: http://nginx.org/ru/docs/

user nginx;
worker_processes auto;
error_log /var/log/nginx/error.log;
pid /run/nginx.pid;

include /usr/share/nginx/modules/*.conf;

events {
    worker_connections 1024;
}

http {
 upstream Docker-registry {
     server 192.168.56.146:5000;
 }

    server {
       listen       443;
       server_name  Docker.test.com;

       ssl on;
ssl_certificate "/etc/nginx/ssl/nginx-selfsigned.crt";
       ssl_certificate_key "/etc/nginx/ssl/nginx-selfsigned.key";
proxy_set_header Host$http_host;
proxy_set_header X-Real-IP    $remote_addr;
client_max_body_size 0;
chunked_transfer_encoding on;
add_header 'Docker-Distribution-Api-Version' 'registry/2.0' always;

       location / {
   auth_basic           "Restricted";
   auth_basic_user_file    /etc/nginx/auth/htpasswd.txt;
   proxy_set_header    Host            $http_host;
   proxy_set_header    X-Real-IP       $remote_addr;
   proxy_set_header    X-Forwarded-For   $proxy_add_x_forwarded_for;
   proxy_set_header    X-Forwarded-Proto  $scheme;
   proxy_read_timeout    900;
   proxy_pass http://Docker-registry;
       }

 location /_ping {
   auth_basic off;
   proxy_pass http://Docker-registry;
```

```
    }

    location /v2/_ping {
            auth_basic off;
            proxy_pass http://Docker-registry;
    }

    location /v2/_catalog {
            auth_basic off;
            proxy_pass http://Docker-registry;
    }
  }
}
#Nginx 配置文件如上所示
```

（2）然后通过 OpenSSL 工具生成私钥和证书，示例代码如下：

```
[root@Docker-1 ~]# openssl req -x509 -nodes \
> -newkey rsa:2048 \
> -days 365 \
> -subj "/C=CN/ST=bj/L=bj/O=Test/OU=Test/CN=Docker.test.com" \
> -keyout /etc/nginx/ssl/nginx-selfsigned.key \
> -out /etc/nginx/ssl/nginx-selfsigned.crt
Generating a 2048 bit RSA private key
.................................+++
.............................................................................
..........................................................................+++
writing new private key to '/etc/nginx/ssl/nginx-selfsigned.key'
-----
```

（3）使用 htpasswd 工具生成用户账户，并设置密码，示例代码如下：

```
[root@Docker-1 ~]# mkdir /etc/nginx/auth
[root@Docker-1 ~]# cd /etc/nginx/auth/
[root@Docker-1 auth]# htpasswd -c htpasswd.txt user
New password:
Re-type new password:
Adding password for user user
#为 user 用户设置密码，此处密码为 passwd
[root@Docker-1 auth]# cat htpasswd.txt
user:$apr1$kSAQ07q7$W1pe/FYOXWOg3Xn9Zb7un/
```

（4）启动 Nginx 服务，示例代码如下：

```
[root@Docker-1 ~]# systemctl start nginx
```

（5）访问测试

使用浏览器访问 https://192.168.56.146:443，出现登录界面，如图 8.3 所示。

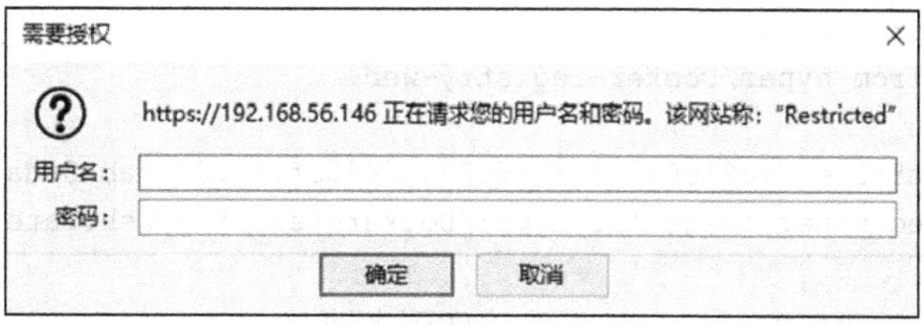

图 8.3 仓库登录界面

输入正确的用户名和密码即可访问仓库。

（6）在 Docker-2 登录仓库，并推送镜像到仓库，示例代码如下：

```
[root@Docker-2 ~]# cat /etc/hosts
192.168.56.146 Docker.test.com
#修改域名解析
[root@Docker-2 ~]# scp -r 192.168.56.146:/etc/nginx/ssl/nginx-selfsigned.crt /etc/pki/ca-trust/source/anchors
root@192.168.56.146's password:
nginx-selfsigned.crt                100%  1322     375.2KB/s   00:00
#复制证书
[root@Docker-2 ~]# update-ca-trust
[root@Docker-2 ~]# systemctl daemon-reload
[root@Docker-2 ~]# systemctl restart Docker
[root@Docker-2 ~]# docker login https://192.168.56.146:443 -u user -p "passwd"
Login Succeeded
#登录成功
[root@Docker-2 ~]# docker tag busybox:latest 192.168.56.146:443/busybox
[root@Docker-2 ~]# docker push 192.168.56.146:443/busybox
The push refers to repository [192.168.56.146:443/busybox]
0b97b1c81a32: Layer already exists
latest: digest: sha256:f79f7a10302c402c052973e3fa42be0344ae6453245669783a9e16da3d56d5b4 size: 527
```

以上示例在宿主机 Docker-2 中进行域名修改及证书复制之后，将镜像成功推送至 Docker-1 的镜像私有仓库。

8.5　可视化私有仓库

可视化私有仓库

私有仓库虽然搭建十分简便，但使用起来还是不够方便，用户不能直观地看到仓库中的资源情况。本节将部署基础的 UI（User Interface，用户界面）工具，使用户可以在 Web 界面直观地看到仓库中的镜像以及镜像的版本等信息。

私有仓库的可视化需要 UI 工具 hyper/Docker-registry-web 来支持实现，如此可提高仓库的可读性。

（1）同样采用拉取镜像的方式运行 hyper/Docker-registry-web，示例代码如下：

```
[root@Docker-1 ~]# docker pull hyper/Docker-registry-web
```

```
Using default tag: latest
latest: Pulling from hyper/Docker-registry-web
......
Digest: sha256:ec8c51ec84c91e843d41f2a6c24a65446eff6918db7ab186da19be530258a953
Status: Downloaded newer image for hyper/Docker-registry-web:latest
```

以上示例拉取了 hyper/Docker-registry-web 镜像到本地。

（2）启动 hyper/Docker-registry-web 工具并连接私有仓库，示例代码如下：

```
[root@Docker-1 ~]# docker run -it -d \
> --restart=always \
> -p 8080:8080 \
> --name regiistry-web \
> --link registry \
> -e REGISTRY_URL=http://192.168.56.146:5000/v2 \
> -e REGISTRY_NAME=192.168.56.146:5000 hyper/Docker-registry-web
a22caeb825e799f484707cf8d2466656206e767573178c7afcdf3610d66d34a2
```

以上示例启动了 hyper/Docker-registry-web 工具并连接了私有仓库，此时已经可以通过访问 IP 地址与端口号查看私有仓库的信息。其中，--link 设置要连接的仓库容器，-e 设置环境变量。

（3）拉取任意镜像到私有仓库中，示例代码如下：

```
[root@Docker-1 ~]# docker pull centos
Using default tag: latest
latest: Pulling from library/centos
8ba884070f61: Pull complete
Digest: sha256:b40cee82d6f98a785b6ae35748c958804621dc0f2194759a2b8911744457337d
[root@Docker-1 ~]# docker tag centos:latest 192.168.56.146:5000/centos
[root@Docker-1 ~]# docker push 192.168.56.146:5000/centos
The push refers to repository [192.168.56.146:5000/centos]
d69483a6face: Pushed
   latest: digest: sha256:ca58fe458b8d94bc6e3072f1cfbd334855858e05e1fd633aa07cf7f82b048e66 size: 529
```

使用浏览器访问私有仓库，查看镜像信息，如图 8.4 所示。

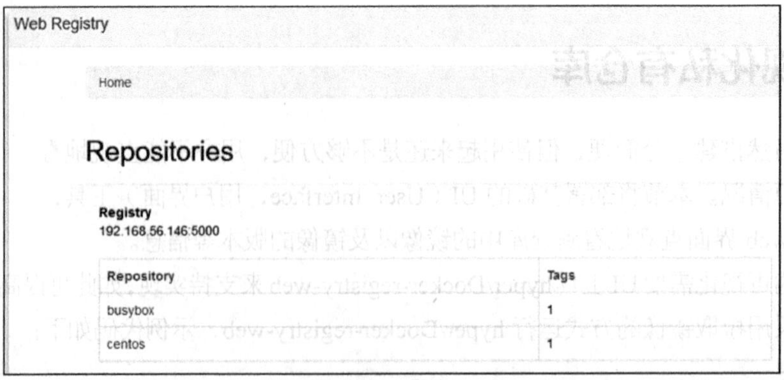

图 8.4 私有仓库 Web 界面

查看镜像的标签、大小、构建历史等信息，如图 8.5 和图 8.6 所示。

图 8.5　镜像详细信息

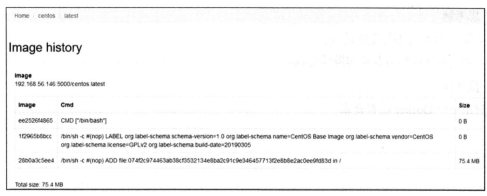

图 8.6　镜像构建历史

8.6　本章小结

本章详细介绍了如何搭建 Docker 私有仓库，如何通过配置证书为仓库添加安全级别与身份验证，如何使用 Nginx 代理仓库。相信大家通过本章的学习已经熟练掌握了镜像私有仓库的相关知识，并能够搭建出企业级的私有仓库。

8.7　习题

1．填空题

（1）_____是目前最大的 Docker 镜像公有仓库。

（2）镜像仓库为镜像提供了可靠的_____。

（3）想让仓库对外提供服务，就需要配置用户认可的_____。

（4）TLS 证书只支持基于_____访问。

（5）私有仓库的可视化需要 UI 工具_____来支持实现。

2．选择题

（1）私有仓库以（　　）的形式运行在宿主机中。

　　A．数据空间　　　B．网络命名空间　　　C．存储空间　　　D．容器

（2）使用（　　）工具生成私人 TLS 证书文件。

  A. OpenSSL B. htpasswd C. UI D. PIP

（3）使用 UI 工具 hyper/Docker-registry-web 来支持实现私有仓库的（　　）。

  A. 兼容性 B. 可视化 C. 标准化 D. 可读性

（4）下列选项中，能够实现反向代理 Docker 私有仓库的是（　　）。

  A. Nginx B. Java C. PHP D. Ansible

（5）为防止信息泄露，通常会为 Docker 私有仓库添加（　　）。

  A. 访问限制   B. Dockerfile

  C. 可视化仓库   D. hyper/Docker-registry-web

3. 思考题

（1）简述 TLS 证书的生成过程。

（2）简述可视化私有仓库的搭建过程。

4. 操作题

搭建出一个 Docker 私有仓库。

第 9 章 容器监控

本章学习目标
- 了解容器监控原理
- 掌握 Docker 监控命令的用法
- 熟悉第三方容器监控软件

在企业中，通常业务是不能随意停止的，否则将给企业带来巨大的经济损失。运维工程师要保证业务正常运行，就必须利用工具时刻监控业务的运行状态，容器中的业务也不例外。除了容器自身的监控命令外，还有一些针对容器的动态特征开发的第三方监控工具。本章将对容器监控及其相关内容进行讲解。

9.1 Docker 监控命令

Docker 监控命令

在容器中，通常可以通过执行命令或利用第三方工具，获取当前容器中的数据并将数据呈现给用户。安装完成的 Docker 自带一些用于监控容器的子命令，这是 Docker 开发者为用户提供的容器监控方式。

9.1.1 docker ps 命令

docker ps 命令是第 4 章中讲过的命令，用来查看容器状态，示例代码如下：

```
[root@docker ~]# docker ps
CONTAINER ID    IMAGE           COMMAND                 CREATED         STATUS               PORTS                       NAMES
587e90b18749    sysdig/sysdig   "/Docker-entrypoin..."  About an hour ago  Up About an hour                              sysdig
bda9a9846225    registry        "/entrypoint.sh /e..."  3 days ago         Up About an hour  0.0.0.0:5000->5000/tcp      registry
```

另外，通过 docker container ls 命令也可以达到相同的效果，示例代码如下：

```
[root@docker ~]# docker container ls
CONTAINER ID    IMAGE           COMMAND                 CREATED       STATUS        PORTS                       NAMES
587e90b18749    sysdig/sysdig   "/Docker-entrypoin..."  2 hours ago   Up 2 hours                                sysdig
bda9a9846225    registry        "/entrypoint.sh /e..."  3 days ago    Up 2 hours    0.0.0.0:5000->5000/tcp      registry
```

153

注意，若 docker container ls 命令执行失败，更新 Docker 版本即可。

9.1.2　docker top 命令

docker top 命令用于查看容器中的进程，示例代码如下：

```
[root@docker ~]# docker top 587
UID        PID        PPID       C        STIME       TTY        TIME         CMD
root       548        531        0        15:40       pts/4      00:00:00     bash
root       4244       4229       0        15:43       pts/5      00:00:00     bash
```

以上示例通过在 docker top 命令中添加容器 ID 号查看到了容器内进程。

除此之外，还可以在命令中添加容器名称，达到相同的效果，示例代码如下：

```
[root@docker ~]# docker container top sysdig
UID        PID        PPID       C        STIME       TTY        TIME         CMD
root       548        531        0        15:40       pts/4      00:00:00     bash
root       4244       4229       0        15:43       pts/5      00:00:00     bash
```

在 docker top 命令中添加参数即可显示特定的进程信息，此处以 -u 参数为例，示例代码如下：

```
[root@docker ~]# docker container top sysdig -u
USER    PID    %cpu   %MEM   VSZ    RSS    TTY    STAT   START   TIME   COMMAND
root    548    0.0    0.2    4668   2792   pts/4  Ss+    15:40   0:00   bash
root    4244   0.0    0.2    4656   2872   pts/5  Ss+    15:43   0:00   bash
```

以上示例通过给 docker top 命令添加 -u 参数，将 sysdig 容器的进程信息以用户为主的格式显示出来。

9.1.3　docker stats 命令

docker stats 命令用于查询容器的各项资源消耗情况，示例代码如下：

```
[root@docker ~]# docker stats
CONTAINER       cpu %   MEM USAGE / LIMIT      MEM %     NET I/O             BLOCK I/O              PIDS
587e90b18749    0.00%   2.395 MiB / 972.6 MiB  0.25%     656 B / 656 B       4.03 MB / 0 B          2
bda9a9846225    0.00%   5.59 MiB / 972.6 MiB   0.57%     2.01 kB / 656 B     30.7 MB / 0 B          6
```

以上示例执行了 docker stats 命令，在终端通过一个动态列表显示出各个容器的资源使用情况，如 CPU 使用率、内存、容器网络等信息。在没有限制容器内存的情况下，此处将显示宿主机的内存。

此处的动态列表有一项明显的不足，就是只显示容器 ID 号，不显示容器名称。但只要在命令中添加容器名称，即可查看指定容器的信息，示例代码如下：

```
[root@docker ~]# docker stats sysdig
CONTAINER    cpu %   MEM USAGE / LIMIT       MEM %     NET I/O             BLOCK I/O              PIDS
```

```
sysdig          0.00% 1.199 MiB / 972.6 MiB 0.12%    702 kB / 5.23 kB    76.1 MB / 0 B    1
```

Docker 自带的容器监控命令能够灵活捕捉容器的实时信息，且使用方便。但它们无法反映容器资源占用的趋势，且只能显示有限的数据。

9.2 Sysdig

Sysdig

Sysdig 是一款命令行监控工具，因其轻量级的特点深受广大用户的喜爱。Sysdig 就像放大镜，使用户可以更清晰地看到宿主机与容器的各项行为。它相当于多种 Linux 监控工具的合集，如 strace、htop、lsof 等，将这些工具的功能及查询结果整合到一个界面中，供用户操作。

Sysdig 在 Docker Hub 中提供了容器镜像，用户可以将 Sysdig 以容器的形式运行，示例代码如下：

```
[root@docker ~]# docker run -it --rm --name=sysdig --privileged=true \
> --volume=/var/run/Docker.sock:/host/var/run/Docker.sock \
> --volume=/dev/:/host/dev/ \
> --volume=/proc/:/host/proc:ro \
> --volume=/boot/:/host/boot:ro \
> --volume=/lib/modules:/host/lib/modules:ro \
> --volume=/usr/:/host/usr:ro sysdig/sysdig
```

以上示例中，Sysdig 容器以挂载宿主机目录的方式收集系统信息，并给予其足够的系统权限。注意，该命令中必须使用绝对路径，否则会在执行时出错。

容器启动后直接进入容器终端，若通过 Ctrl+P+Q 组合键退出容器或者容器在后台运行，通过 exec 命令即可进入 Sysdig 容器，示例代码如下：

```
[root@docker ~]# docker exec -it sysdig bash
```

在 Sysdig 容器中，通过以下命令启动 Sysdig 监控：

```
root@587e90b18749:/# csysdig
```

执行成功之后，将显示 Sysdig 功能界面，如图 9.1 所示。

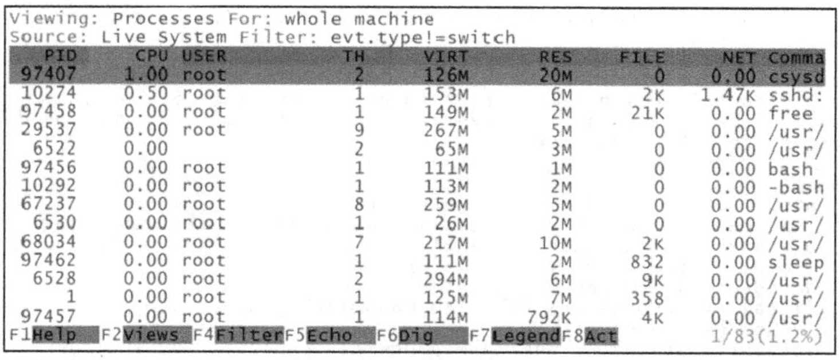

图 9.1 Sysdig 功能界面

功能界面中不仅有各项资源的使用信息，下方还有各类选项，用户可以根据不同要求从不同角度去监控不同类型的资源。

按 F2 键或者单击 Views 选项，进入监控选项列表，如图 9.2 所示。

```
Viewing: Processes For: whole machine
Source: Live System Filter: evt.type!=switch
Select View         Connections
Connections         Top network connections. This view lists all of the
Containers           network connections that were active during the la
Containers Errors   st sampling interval, with details for each of them
Directories         .
Errors
File Opens List     Tips
Files               This view can be applied not only to the whole mach
I/O by Type         ine, but also to single processes, containers, thre
K8s Controllers     ads and so on. Use it after a drill down for more f
K8s Deployments     ine grained investigation.
K8s Namespaces
K8s Pods            Columns
K8s ReplicaSets     L4PROTO: The connection transport protocol (TCP, UD
K8s Services        P, etc.).
F1Help F2Views F4FilterF5Echo F6Dig  F7LegendF8Act          4/88(4.5%)
```

图 9.2　监控选项列表

在该界面中，左边列出了 Sysdig 的各个监控项，右边是关于监控项的说明。通过键盘方向键可移动界面中的光标，从而切换监控项。

下面将光标移动到 Containers 选项，按回车键或者双击该选项，进入容器监控界面，如图 9.3 所示。

```
Viewing: Containers For: whole machine
Source: Live System Filter: container.name != host
   CPU  PROCS THREADS     VIRT     RES   FILE    NET ENGINE IMAGE
  0.00   1.00    1.00      12M      2M      0   0.00 docker docke
  0.00      4       4     145M     36M      0   0.00 docker sysdi
  0.00   1.00    1.00       4M      2M      0   0.00 docker nginx
  0.00   1.00    1.00      12M      2M      0   0.00 docker docke
  0.00      1       3     118M     11M      0   0.00 docker regis

F1Help F2Views F4FilterF5Echo F6Dig  F7LegendF8Act         5/5(100.0%)
```

图 9.3　容器监控界面

若用户觉得图 9.3 中的内容太过烦琐，或者难以理解，可以按 F7 键，进入数据说明界面。其中有对各项数据的解释，能帮助用户更快掌握 Sysdig 的使用方法，如图 9.4 所示。

```
Containers
List all the containers running on this machine, and the resources that
 each of them uses.

Tips
Select a container and click enter to drill down into it. At that point
, you will be able to access several views that will show you the detai
ls of the selected container.

Columns
CPU: Amount of CPU used by the container.
PROCS: Number of processes currently running inside the container.
THREADS: Number of threads currently running inside the container.
VIRT: Total virtual memory for the process.
RES: Resident non-swapped memory for the process.
FILE: Total (input+output) file I/O bandwidth generated by the containe
r, in bytes per second.
NET: Total (input+output) network bandwidth generated by the container,
```

图 9.4　数据说明界面

进入该界面之后，按任意键即可退出。

另外，在监控界面中还可以指定按照某一项数据进行排序，单击列表中某一项数据的表头即可。此处以内存为例，按照占用内存排序的监控列表如图 9.5 所示。

```
Viewing: Containers For: whole machine
Source: Live System Filter: container.name != host
   CPU   PROCS THREADS      VIRT       RES      FILE      NET ENGINE  IMAGE
  1.00       4       4      145M       36M         0     0.00 docker  sysdi
  0.00       1       3      118M       11M         0     0.00 docker  regis
  0.00    1.00    1.00       12M        2M         0     0.00 docker  docke
  0.00    1.00    1.00       12M        2M         0     0.00 docker  docke
  0.00    1.00    1.00        4M        2M         0     0.00 docker  nginx









F1Help  F2Views F4FilterF5Echo  F6Dig   F7LegendF8Act             2/5(40.0%)
```

图 9.5　按照占用内存排序的监控列表

若要查看单个容器的内部信息，将光标移动到该容器信息上，按回车键即可，如图 9.6 所示。

```
Viewing: Processes For: container.id="ac1cf420465c"
Source: Live System Filter: (((container.name != host) and container.i
   PID      CPU USER              TH      VIRT       RES     FILE      NET Comma
 97407     0.50 root               2      129M       23M        0     0.00 csysd
 20169     0.00 root               1        5M        3M        0     0.00 bash
 29562     0.00 root               1        5M        3M        0     0.00 bash
 68051     0.00 root               1        5M        3M        0     0.00 bash









F1Help  F2Views F4FilterF5Echo  F6Dig   F7LegendF8Act             1/4(25.0%)
```

图 9.6　单个容器内部信息

再移动光标到指定信息，按回车键还可以查看容器进程中的线程信息，如图 9.7 所示。

```
Viewing: Threads For: container.id="ac1cf420465c" and proc.pid=97407
Source: Live System Filter: (((container.name != host) and container.i
    PID      TID       CPU      FILE       NET Command
  97407    97408      0.00      0.00      0.00 csysdig
  97407    97407      0.00      0.00      0.00 csysdig











F1Help  F2Views F4FilterF5Echo  F6Dig   F7LegendF8Act             1/2(50.0%)
```

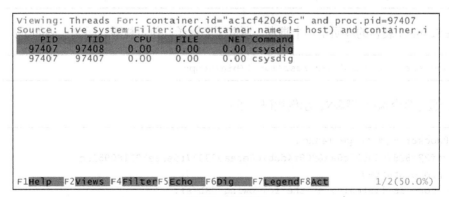

图 9.7　线程信息

若要返回上一级，在键盘上按退格键即可。

为方便用户管理，Sysdig 还支持搜索功能。通过 Ctrl+F 组合键即可启动该功能，再输入关键字即可查询。此处以关键字 usr 为例，如图 9.8 所示。

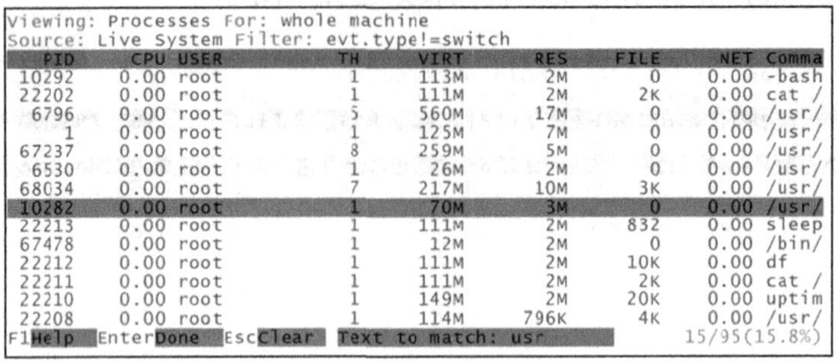

```
Viewing: Processes For: whole machine
Source: Live System Filter: evt.type!=switch
   PID     CPU USER          TH     VIRT      RES     FILE       NET Comma
 10292    0.00 root           1     113M       2M        0      0.00 -bash
 22202    0.00 root           1     111M       2M       2K      0.00 cat /
  6796    0.00 root           5     560M      17M        0      0.00 /usr/
     1    0.00 root           1     125M       7M        0      0.00 /usr/
 67237    0.00 root           8     259M       5M        0      0.00 /usr/
  6530    0.00 root           1      26M       2M        0      0.00 /usr/
 68034    0.00 root           7     217M      10M       3K      0.00 /usr/
 10282    0.00 root           1      70M       3M        0      0.00 /usr/
 22213    0.00 root           1     111M       2M      832      0.00 sleep
 67478    0.00 root           1      12M       2M        0      0.00 /bin/
 22212    0.00 root           1     111M       2M      10K      0.00 df
 22211    0.00 root           1     111M       2M       2K      0.00 cat /
 22210    0.00 root           1     149M       2M      20K      0.00 uptim
 22208    0.00 root           1     114M     796K       4K      0.00 /usr/
F1Help EnterDone EscClear Text to match: usr                15/95(15.8%)
```

图 9.8　关键字搜索

用户在操作过程中遇到问题，可以按 F1 键或者单击某选项，进入帮助文档。帮助文档详细介绍了 Sysdig 的操作方式，供用户学习。

若动态列表变化太快，导致用户无法准确查看信息，可以按 P 键将列表暂停。

Sysdig 为用户提供了较为全面的监控视角，但其本质是命令行工具，缺乏更具直观性的监控角度。

9.3 Weave Scope

Weave Scope 为用户提供了更直观的监控视角，它将整个监控以图形界面的形式呈现出来。

Weave Scope

9.3.1 安装 Weave Scope

首先，下载 Weave Scope 的二进制安装包到指定的路径下，示例代码如下：

```
[root@docker ~]# curl -L git.io/scope -o /usr/local/bin/scope
```

Weave Scope 安装包的本质是一个脚本，所以需要赋予其执行权限，示例代码如下：

```
[root@docker ~]# chmod a+x /usr/local/bin/scope
```

然后，通过命令执行该脚本，示例代码如下：

```
[root@docker ~]# scope launch
ac9bfd4f2248287bf0b36c0aa6909f4ddb1c8ecaad93337f5eaee5011809512c
Scope probe started
Weave Scope is listening at the following URL(s):
  * http://192.168.77.128:4040/
```

此时，Weave Scope 监控已经开启，通过浏览器访问系统提示中的 http://192.168.77.128:4040/即可进入监控界面。在进入界面之前先查看容器状态，示例代码如下：

```
[root@docker ~]# docker ps
CONTAINER ID  IMAGE                    COMMAND              CREATED       STATUS         PORTS                    NAMES
ac9bfd4f2248  weaveworks/scope:1.11.6  "/home/weave/entry..." 9 minutes ago Up 9 minutes                            weavescope
bda9a9846225  registry                 "/entrypoint.sh /e..." 4 days ago    Up 10 minutes  0.0.0.0:5000->5000/tcp   registry
f7a1c3b54be9  Docker.io/centos         "/bin/bash"          6 days ago    Up 26 seconds                           111
79047c735f03  nginx                    "/bin/bash"          6 days ago    Up 17 seconds  80/tcp                   vigilant_ritchie
efa344d12298  Docker.io/centos         "/bin/bash"          6 days ago    Up 11 seconds                           xenodochial_bose
```

从以上示例中可以看到，宿主机中增加了一个名为 weavescope 的新容器，这说明 Weave Scope 以容器的方式在宿主机中运行。

下面根据提示进入 Weave Scope 界面，如图 9.9 所示。

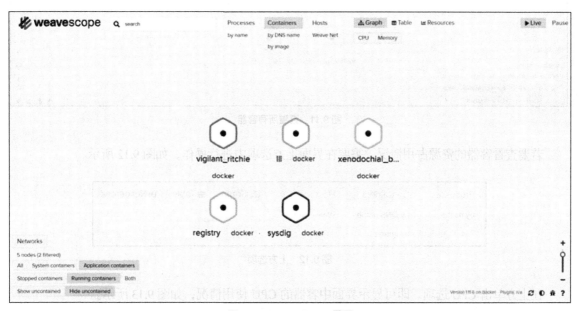

图 9.9　Weave Scope 界面

图 9.9 中，宿主机中的所有容器都以图形的形式呈现出来，更加便于用户管理。

9.3.2　监控容器

在 Weave Scope 界面中，宿主机上的容器被分为多个种类，默认不显示 Weave Scope 本身的容器。若要查看所有容器，就需要在界面左下角的选项中进行操作，如图 9.10 所示。

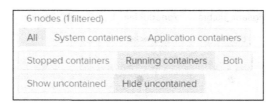

图 9.10　左下角选项

在左下方单击 All 选项，即可查看宿主机中所有运行的容器，如图 9.11 所示。

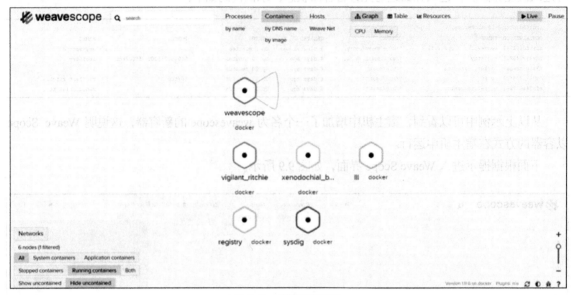

图 9.11 查看所有容器

若要查看容器的资源占用情况,需要在界面上方选项中进行操作,如图 9.12 所示。

图 9.12 上方选项

在上方单击 CPU 选项,即可显示界面中容器的 CPU 使用情况,如图 9.13 所示。

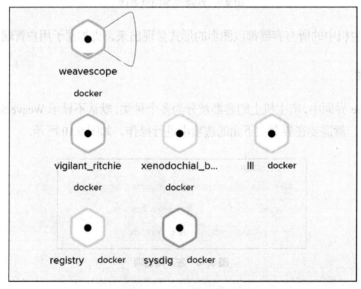

图 9.13 CPU 使用情况

单击 CPU 选项之后，CPU 使用情况将会以液位高度的形式在容器图标上显示。此时，将鼠标指针移动到容器图标之上，即可显示具体数据，如图 9.14 所示。

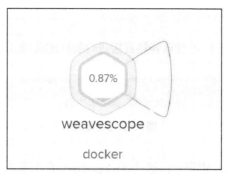

图 9.14　CPU 具体数据

若要查看某一容器的详细信息，单击该容器图标即可，如图 9.15 所示。

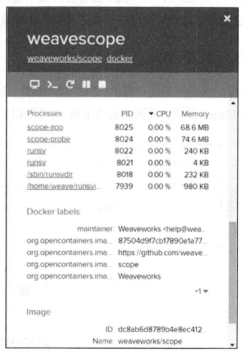

图 9.15　容器详细信息

其中，容器的详细信息包括以下各项。

- Status

CPU 与内存的实时状态曲线图。

- Info

镜像、镜像标签、命令等信息。

- Processes

该容器中实时运行的进程信息。

- Docker labels

维护人员或容器的启动命令等信息。

- Image

该容器的镜像信息。

容器详细信息界面中，有一行可对该容器直接进行操作的选项，如图 9.16 所示。

图 9.16 操作选项

图 9.16 中的选项从左到右分别表示：通过 docker attach 命令进入容器终端；通过 docker exec 命令进入容器终端；通过 docker restart 命令重新启动容器；通过 docker pause 命令暂停容器；通过 docker stop 命令终止容器。

有了这些选项，用户就不需要在终端中输入命令，直接单击选项即可对容器进行操作。若需要执行这些选项之外的操作，可通过选项进入容器终端完成。

9.3.3 监控宿主机

Weave Scope 为用户提供广阔的监控视角，除了监控容器，还可以对宿主机进行监控。单击界面上方的 Hosts 选项，即可查看宿主机，如图 9.17 所示。

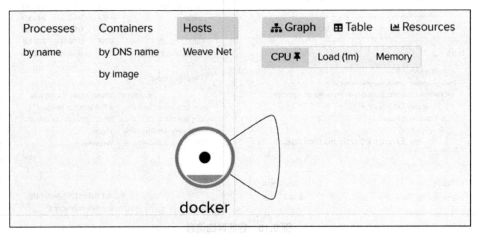

图 9.17 查看宿主机

与容器操作相同，单击宿主机图标即可查看其详细信息，如图 9.18 所示。

与容器相比，宿主机的 Staus 项中增加了负载信息。详细信息还包含了宿主机中的容器信息，单击容器名称即可查看容器的详细信息。

宿主机信息中只有一个供用户对其进行操作的选项，单击即可进入宿主机终端，如图 9.19 所示。

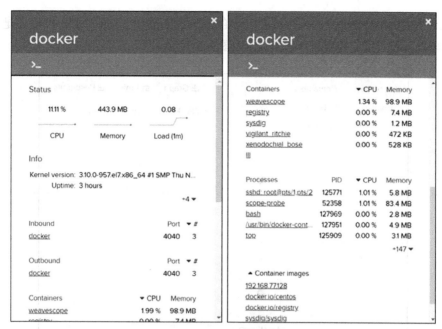

图 9.18　宿主机详细信息

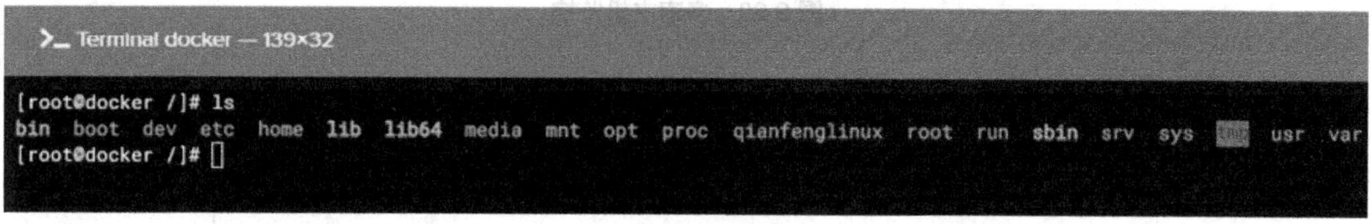

图 9.19　宿主机终端

9.3.4　多宿主机监控

在企业生产环境中，通常需要使用多台宿主机部署容器业务，所以容器监控也需要同时监控多台宿主机。而 Weave Scope 恰好拥有多宿主机监控的功能。下面通过示例来演示该功能的使用方式。

首先，准备两台安装了 Weave Scope 的服务器，并分别在启动命令中添加两个服务器的 IP 地址进行启动，示例代码如下：

```
[root@docker ~]# scope launch 192.168.77.128 192.168.77.130
b3821a79579e4f0bd93786daa46e9221908c4f7eaea59001cb392a9ce6bf111c
Scope probe started
Weave Scope is listening at the following URL(s):
  * http://192.168.77.128:4040/
[root@Docker2 ~]# scope launch 192.168.77.128 192.168.77.130
b2fd7ce46a503e4dc2d0a796bad45b1ca39d5bbdddf29a126dfddfc54637b132
Scope probe started
Weave Scope is listening at the following URL(s):
  * http://192.168.77.130:4040/
```

根据两台宿主机中启动命令的执行结果，无论是访问 http://192.168.77.128:4040/还是 http://192.168.77.130:4040/，都可以监控到两台宿主机，如图 9.20 所示。

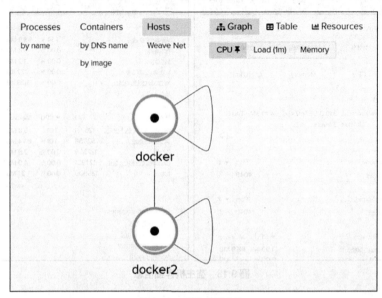

图 9.20　多宿主机监控

单击界面上方的 Containers 选项，查看所有宿主机中的容器，如图 9.21 所示。

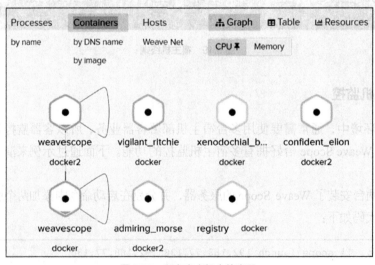

图 9.21　所有宿主机中的容器

为了便于用户分辨，Weave Scope 在每个容器图标下的容器名称后都会标注该容器所属宿主机的主机名。

在生产环境中部署了大量容器，需要对某一容器进行操作时，可以使用 Weave Scope 界面左上角的搜索功能，对该容器进行搜索。此处以关键词 "reg" 为例，搜索结果如图 9.22 所示。

另外，Weave Scope 还支持逻辑条件搜索。例如，搜索 CPU 占用率大于 1%的容器，在搜索栏中输入 "cpu>1" 即可，如图 9.23 所示。

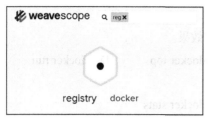

图 9.22 关键词搜索

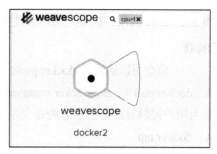

图 9.23 逻辑条件搜索

界面的右下角有四个选项,从左到右前三个是调试界面显示的选项,最后一个是 Weave Scope 的帮助选项,如图 9.24 所示。

单击帮助选项,即可查看 Weave Scope 的帮助文档,如图 9.25 所示。

图 9.24 右下角选项

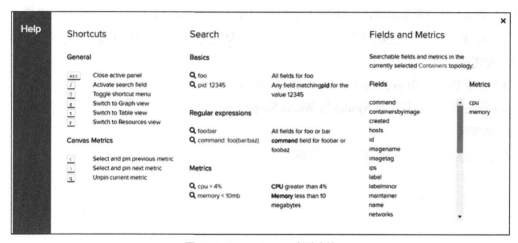

图 9.25 Weave Scope 帮助文档

9.4 本章小结

本章讲解了 Docker 自带的监控命令,以及一些第三方监控软件的安装与使用。其中,Sysdig 是一款优秀的命令行监控工具;Weave Scope 不仅操作简单,还为用户提供了更为直观的图形界面。希望大家通过本章的学习能够熟练掌握 Docker 容器的监控方式,以保证容器中业务的正常运行。

9.5 习题

1. 填空题

(1)执行_____命令之后,终端通过一个动态列表显示出容器的资源使用情况。

(2)在没有_____容器内存的情况下,docker stats 将会显示宿主机的内存。

(3)Sysdig 容器以_____的方式收集系统信息。

(4)在 Weave Scope 界面中,宿主机上的容器被分为两类:_____容器与_____容器。

（5）Weave Scope 为用户提供广阔的监控视角，除了监控容器，还可以对_____进行监控。

2. 选择题

（1）( ) 命令可以达到与 docker ps 命令相同的效果。

  A．docker pull B．docker container ls C．docker top D．docker run

（2）能为用户提供容器动态信息的命令是（ ）。

  A．docker top   B．docker stats

  C．docker container ls   D．docker container top

（3）下列命令中，( ) 是 Sysdig 监控的启动命令。

  A．csysdig B．docker start C．docker run D．docker stats

（4）Weave Scope 的默认端口是（ ）。

  A．8080 B．9090 C．9100 D．4040

（5）若动态列表变化太快，导致用户无法准确查看信息，可以按（ ）键将列表暂停。

  A．P B．F7 C．Q D．F12

3. 思考题

（1）简述 Docker 中 ps、top 与 stats 命令的区别。

（2）简述第三方监控工具 Sysdig 与 Weave Scope 的区别。

4. 操作题

通过任意监控工具监控宿主机中的容器。

第 10 章 企业级容器管理平台 Kubernetes

本章学习目标

- 了解 Kubernetes 的发展史
- 掌握 Kubernetes 的基础知识
- 掌握 Kubernetes 的核心概念

Docker 本身非常适合用于管理单个容器，但真正的生产环境还会涉及多个容器的封装和服务之间的协同处理。这些容器必须跨多个服务器主机进行部署与连接，单一的管理方式满足不了业务需求。Kubernetes 是一个可以实现跨主机管理容器化应用程序的系统，是容器化应用程序和服务生命周期管理平台，它的出现不仅解决了多容器之间数据传输与沟通的瓶颈，而且还促进了容器技术的发展。本章将详细介绍 Kubernetes 的发展与基本的体系结构。

10.1 容器编排初识

10.1.1 企业架构的演变

容器编排初识-1　　容器编排初识-2

企业中的系统架构是实现系统正常运行和服务高可用、高并发的基础。随着时代与科技的发展，系统架构经过了三个阶段的演变，实现了从早期单一服务器部署到现在的容器部署方式的改变。

1. 传统时代

早期，企业在物理服务器上运行应用程序，无法为服务器中的应用程序定义资源边界，导致系统资源分配不均匀。例如，一台物理服务器上运行着多个应用程序，可能存在一个应用程序占用大部分资源的情况，其他应用程序的可用资源因此减少，造成程序运行表现不佳。当然也可以在多台物理服务器上运行不同的应用程序，但这样资源并未得到充分利用，也增加了企业维护物理服务器的成本。

2. 虚拟化时代

虚拟化技术可以在物理服务器上虚拟出硬件资源，以便在服务器的 CPU 上运行多个虚拟机（Virtual Machine，VM）。每个 VM 不仅可以在虚拟化硬件之上运行包括操作系统在内的所有组件，而且相互之间可以保持系统和资源的隔离，从而在一定程度上提高了系统的安全性。虚拟化有利于更好地利用物理服务器中的资源，实现更好的可扩展性，从而降低硬件成本。

3. 容器化时代

容器化技术类似于虚拟化技术，不同的是容器化技术是操作系统级的虚拟，而不是硬件级的虚拟。每个容器都具有自己的文件系统、CPU、内存、进程空间等，并且它们使用的计算资源是可以被限制的。应用服务运行在容器中，各容器可以共享操作系统（Operating System，OS）。因此，容器化技术具有轻质、宽松隔离的特点。因为容器与底层基础架构和主机文件系统隔离，所以跨云和操作系统的快速分发得以实现。

企业中系统架构的演变如图 10.1 所示。

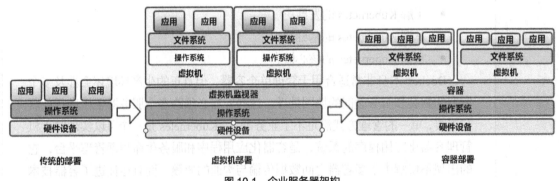

图 10.1　企业服务器架构

10.1.2　常见的容器编排工具

容器的出现和普及为开发者提供了良好的平台和媒介，使开发和运维工作变得更加简单与高效。随着企业业务和需求的增长，在大规模使用容器技术后，如何对这些运行的容器进行管理成为首要问题。在这种情况下，容器编排工具应运而生，最具代表性的有以下三种。

1. Apache 公司 Mesos

Mesos 是 Apache 旗下的开源分布式资源管理框架，由美国加州大学伯克利分校的 AMPLab（Algorithms Machine and People Lab，算法、计算机和人实验室）开发。Mesos 早期通过了万台节点验证，2014 年之后又被广泛使用在 eBay、Twitter 等大型互联网公司的生产环境中。

2. Docker 公司三剑客

容器诞生后，Docker 公司就意识到单一容器体系的弊端，为了能够有效地解决用户的需求和集群的瓶颈，Docker 公司相继推出 Machine、Compose、Swarm 项目。

Machine 项目用 Go 语言编写，可以实现 Docker 运行环境的安装与管理，实现批量在指定节点或平台上安装并启动 Docker 服务。

Compose 项目用 Python 语言编写，可以实现基于 Docker 容器多应用服务的快速编排，其前身是开源项目 Fig。Compose 项目使用户可以通过单独的 YAML 文件批量创建自定义的容器，并通过 API（Application Programming Interface，应用程序接口）对集群中的 Docker 服务进行管理。

Swarm 项目基于 Go 语言编写，支持原生态的 Docker API 和 Docker 网络插件，很容易实现跨主机集群部署。

3. Google 公司 Kubernetes

Kubernetes（来自希腊语，意为"舵手"，因为单词 k 与 s 之间有 8 个字母，所以业内人士喜欢称其为 K8S）基于 Go 语言开发，是 Google 公司发起并维护的开源容器集群管理系统，底层基于 Docker、rkt 等容器技术，其前身是 Google 公司开发的 Borg 系统。Borg 系统在 Google 内部已经应用了十几年，曾管理超过 20 亿个容器。经过多年的经验积累，Google 公司将 Borg 系统完善后贡献给了开源社区，并将其重新命名为 Kubernetes。

Kubernetes 系统支持用户通过模板定义服务配置，用户提交配置信息后，系统会自动完成对应用容器的创建、部署、发布、伸缩、更新等操作。系统发布以来吸引了 Red Hat、CentOS 等知名互联网公司与容器爱好者的关注，是目前容器集群管理系统中优秀的开源项目之一。

10.1.3 Kubernetes 的设计理念

大多数用户，希望 Kubernetes 项目带来的体验是确定的：我有应用的容器镜像，请在一个给定的集群上把这个应用运行起来。此外，用户还希望 Kubernetes 具有提供路由网关、水平扩展、监控、备份、灾难恢复等一系列运维能力。这些其实就是经典 PaaS 项目的能力，用户使用 Docker 公司的 Compose+Swarm 项目，完全可以很方便地自己开发出这些功能。而如果 Kubernetes 项目只停留在拉取用户镜像、运行容器和提供常见的运维功能，就很难和"原生态"的 Docker Swarm 项目竞争，与经典的 PaaS 项目相比也难有优势可言。

1. Kubernetes 项目着重解决的问题

运行在大规模集群中的各种任务之间存在着千丝万缕的关系。如何处理这些关系，是作业编排和管理系统的难点。这种关系在各种技术场景中随处可见，比如，Web 应用与数据库之间的访问关系，负载均衡器和后端服务之间的代理关系，门户应用与授权组件之间的调用关系。同属于一个服务单位的不同功能之间，也存在这样的关系，比如，Web 应用与日志搜集组件之间的文件交换关系。

在容器普及前，传统虚拟化环境对这种关系的处理方法都是"粗粒度"的。很多并不相关的应用被部署在同一台虚拟机中，也许是因为这些应用之间偶尔会互相发起几个 HTTP 请求。更常见的是，把应用部署在虚拟机里之后，还要手动维护协作处理日志搜集、灾难恢复、数据备份等辅助工作的守护进程。

容器技术在功能单位的划分上有着独一无二的"细粒度"优势。使用容器技术可以将那些原先挤在同一个虚拟机里的应用、组件、守护进程分别做成镜像，然后运行在专属的容器中。进程互不干涉，各自拥有资源配额，可以被调度到整个集群里的任何一台机器上。这正是 PaaS 系统最理想的工作状态，也是所谓"微服务"思想得以落地的先决条件。

围绕容器，Kubernetes 项目核心功能全景图如图 10.2 所示。

为了解决容器间需要"紧密协作"的难题，Kubernetes 系统中使用了 Pod 这种抽象的概念来管理各种资源：当需要一次性启动多个应用实例时，可以通过系统中的多实例管理器 Deployment 实现；当需要通过一个固定的 IP 地址和端口以负载均衡的方式访问 Pod 时，可以通过 Service 实现。

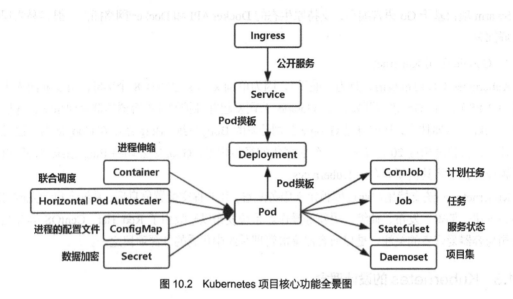

图 10.2　Kubernetes 项目核心功能全景图

2. Kubernetes 项目对容器间的访问进行了分类

在服务器上运行的应用服务频繁进行交互访问和信息交换。在常规环境下，这些应用往往会被直接部署在同一台机器上，通过本地主机（Local Host）通信并在本地磁盘目录中交换文件。在 Kubernetes 项目中，这些运行的容器被划分到同一个 Pod 内，共享 Namespace 和同一组数据卷，从而达到高效率交换信息的目的。

还有另外一些常见的需求，比如 Web 应用对数据库的访问。在生产环境中它们不会被部署在同一台机器上，这样即使 Web 应用所在的服务器宕机，数据库也不会受影响。容器的 IP 地址等信息不是固定的，为了使 Web 应用可以快速找到数据库容器的 Pod，Kubernetes 项目提供了一种名为 Service 的服务。Service 的主要作用是作为 Pod 的代理入口（Portal），代替 Pod 对外暴露一个固定的网络地址。这样，运行 Web 应用的 Pod，就只需要关心数据库 Pod 提供的 Service 信息。

10.1.4　Kubernetes 的优势

Kubernetes 系统不仅可以实现跨集群调度、水平扩展、监控、备份、灾难恢复，还可以解决大型互联网集群中多任务处理的瓶颈。Kubernetes 遵循微服务架构理论，将整个系统划分为多个功能各异的组件。各组件结构清晰，部署简单，可以非常方便地运行于系统环境之中。利用容器的扩容机制，系统将容器归类，形成"容器集"（Pod），用于帮助用户调度工作负载（Word Load），并为这些容器提供联网和存储服务。

2017 年 Google 的搜索热度报告显示，Kubernetes 搜索热度已经超过了 Mesos 和 Docker Swarm，这也标志着 Kubernetes 在容器编排市场逐渐占据主导地位，如图 10.3 所示。

近几年容器技术得到广泛应用，使用 Kubernetes 系统管理容器的企业也在不断增加。Kubernetes 系统的主要功能如表 10.1 所示。

Kubernetes 提供的这些功能去除了不必要的限制和规范，使应用程序开发者能够从繁杂的运维工作中解放出来，获得更大的发挥空间。

第 10 章　企业级容器管理平台 Kubernetes

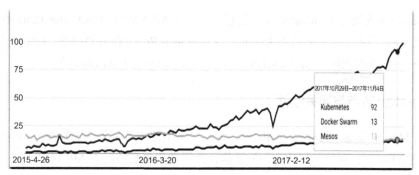

图 10.3　容器编排引擎 Google 搜索热度

表 10.1　Kubernetes 主要功能

主要功能	详解
自我修复	在节点产生故障时，保证预期的副本数量不会减少，在产生故障的同时，终止健康检查失败的容器并部署新的容器，保证上线服务不会中断
存储部署	Kubernetes 挂载外部存储系统，将这些存储作为集群资源的一部分来使用，增强存储使用的灵活性
自动部署和回滚更新	Kubernetes 采用滚动更新策略更新应用，一次更新一个 Pod，当更新过程中出现问题，Kubernetes 会进行回滚更新，保证升级业务不受影响
弹性伸缩	Kubernetes 可以使用命令或基于 CPU 使用情况自动快速扩容和缩容应用程序，保证在高峰期的高可用性和业务低档期回收资源，降低运行成本
提供认证和授权	控制用户是否有权限使用 API 进行操作，精细化权限分配
资源监控	工作节点集成 Advisor 资源收集工具，可以快速实现对集群资源的监控
密钥和配置管理	Kubernetes 允许存储和管理敏感信息，如密码、OAuth 令牌和 SSH 密钥。用户可以部署和更新机密和应用程序配置，而无须重建容器镜像，也不会在堆栈配置中暴露机密
服务发现和负载均衡	为多个容器提供统一的访问入口（内部 IP 地址和一个 DNS 名称），使所有的容器负载均衡，集群内应用可以通过 DNS 名称完成相互访问

10.2　Kubernetes 体系结构

Kubernetes 体系结构

10.2.1　集群体系结构

Kubernetes 集群主要由控制节点 Master（部署高可用需要两个以上）和多个工作节点 Node 组成，两种节点上分别运行着不同的组件来维持集群高效稳定的运转，另外还需要集群状态存储系统 etcd 来提供数据存储服务。Kubernetes 集群中各节点和 Pod 的对应关系如图 10.4 所示。

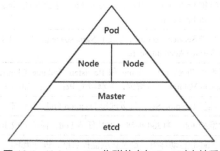

图 10.4　Kubernetes 集群节点与 Pod 对应关系

Kubernetes 的系统架构中，Master 节点上主要运行着 API Server、Controller Manager 和 Scheduler 组件，而每个 Node 节点上主要运行着 Kubelet、Kubernetes Proxy 和容器引擎。除此之外，完整的集群服务还依赖一些附加的组件，如 KubeDNS、Heapster、Ingress Controller 等。

10.2.2 Master 节点与相关组件

控制节点 Master 是整个集群的网络中枢，主要负责组件或者服务进程的管理和控制，例如，追踪其他服务器健康状态，保持各组件之间的通信，为用户或者服务提供 API 接口。

Master 中的组件可以在集群中的任何计算机上运行。但是，为简单起见，设置时通常会在一台计算机上部署和启动所有主组件，并且不在此计算机上运行用户容器。在控制节点 Master 上部署的组件包括以下三种。

1. API Server

API Server 是整个集群的网关，作为 Kubernetes 系统的入口，其内部封装了核心对象的"增""删""改""查"操作，以 REST API 方式供外部客户和内部组件调用，就像机场的"联络室"。

2. Scheduler

该组件监视新创建且未分配工作节点的 Pod，并根据不同的需求将其分配到工作节点中，同时负责集群的资源调度、组件抽离。

3. Controller Manager

Controller Manager 是所有资源对象的自动化控制中心，大多数对集群的操作都是由几个被称为控制器的进程执行的，这些进程被集成于 kube-controller-manager 守护进程中，实现的主要功能如下。

（1）生命周期功能：Namespace 创建，Event、Pod、Node 和级联垃圾的回收。

（2）API 业务逻辑功能：ReplicaSet 执行的 Pod 扩展等。

Kubernetes 主要控制器功能如表 10.2 所示。

表 10.2　　　　　　　　　　　　　　Kubernetes 主要控制器功能

控制器名称	功能
Deployment Controller	管理维护 Deployment，关联 Deployment 和 Replication Controller，保证运行指定数量的 Pod。当 Deployment 更新时，控制实现 Replication Controller 和 Pod 的更新
Node Controller	管理维护 Node，定期检查 Node 的健康状态，标识出（失效|未失效）的 Node 节点
Namespace Controller	管理维护 Namespace，定期清理无效的 Namespace，包括 Namesapce 下的 API 对象，如 Pod、Service 等
Service Controller	管理维护 Service，提供负载以及服务代理
Endpoints Controller	管理维护 Endpoints，关联 Service 和 Pod，创建 Endpoints 为 Service 的后端，当 Pod 发生变化时，实时更新 Endpoints
Service Account Controller	管理维护 Service Account，为每个 Namespace 创建默认的 Service Account，同时为 Service Account 创建 Service Account Secre
Persistent Volume Controller	管理维护 Persistent Volume 和 Persistent Volume Claim，为新的 Persistent Volume Claim 分配 Persistent Volume 进行绑定，为释放的 Persistent Volume 执行清理回收
DaemonSet Controller	管理维护 Daemon Set，负责创建 Daemon Pod，保证指定的 Node 上正常运行 Daemon Pod
Job Controller	管理维护 Job，为 Jod 创建一次性任务 Pod，保证完成 Job 指定完成的任务数目
Pod Autoscaler Controller	实现 Pod 的自动伸缩，定时获取监控数据，进行策略匹配，当满足条件时执行 Pod 的伸缩动作

另外 Kubernetes 1.16 版本还加入了云控制器管理组件，用来与云提供商交互。

10.2.3 Node 节点与相关组件

Node 节点是集群中的工作节点（在早期的版本中也被称为 Minion），主要负责接收 Master 的工作指令并执行相应的任务。当某个 Node 节点宕机时，Master 节点会将负载切换到其他的工作节点上。Node 节点与 Master 节点的关系如图 10.5 所示。

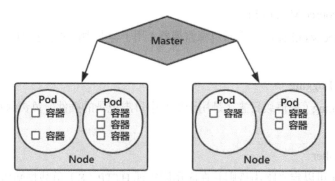

图 10.5　Node 节点

Node 节点上部署的组件包括以下三种。

1. Kubelet

Kubelet 组件主要负责管控容器，它会从 API Server 接收 Pod 的创建请求，然后进行相关的启动和停止容器操作。同时，Kubelet 监控容器的运行状态，并"汇报"给 API Server。

2. Kubernetes Proxy

Kubernetes Proxy 组件负责为 Pod 创建代理服务，从 API Server 获取所有的 Service 信息，并创建相关的代理服务，实现 Service 到 Pod 的请求路由和转发。Kubernetes Proxy 在 Kubernetes 层级的虚拟转发网络中扮演着重要的角色。

3. Docker Engine

Docker Engine 主要负责本机的容器创建和管理工作。

10.2.4　集群状态存储组件

Kubernetes 集群中所有的状态信息都存储于 etcd 数据库中。etcd 以高度一致的分布式键值存储，在集群中是独立的服务组件，可以实现集群发现、共享配置以及一致性保障（如数据库主节点选择、分布式锁）等功能。在生产环境中，建议以集群的方式运行 etcd 并保证其可用性。

etcd 不仅可提供键值存储，还可以提供监听（Watch）机制。键值发生改变时 etcd 会通知 API Server，并由其通过 Watch API 向客户端输出。读者可以访问 Kubernetes 官方网站查看更多的 etcd 说明。

10.2.5　其他组件

Kubernetes 集群还支持 DNS、Web UI 等插件，用于提供更完善的集群功能，这些插件的命名空间资源属于命名空间 kube-system。下面列出常用的插件及其主要功能。

1. DNS

DNS（Domain Name System，域名系统）插件用于集群中的主机名、IP 地址的解析。

2. Web UI

Web UI（管理界面）是提供可视界面的插件，允许用户通过界面来管理集群中运行的应用程序。

3. Container Resource Monitoring

Container Resource Monitoring（容器资源监视器）用于容器中的资源监视，并在数据库中记录这些资源分配。

4. Cluster-level Logging

Cluster level Logging（集群级日志）是用于集群中日志记录的插件，负责保存容器日志与搜索存储的中央日志信息。

5. Ingress Controller

Ingress Controller 可以定义路由规则并在应用层实现 HTTP（S）负载均衡机制。

10.3 深入理解 Kubernetes

Kubernetes 在容器层面而非硬件层面运行，因此它不仅提供了 PaaS 产品的部署、扩展、负载平衡、日志记录和监控功能，还提供了构建开发人员平台的构建块，在重要的地方保留了用户选择灵活性。Kubernetes 的其他特征如下。

（1）Kubernetes 支持各种各样的工作负载，包括无状态、有状态和数据处理的工作负载。如果应用程序可以在容器中运行，那么它也可以在 Kubernetes 上运行。

（2）不支持部署源代码和构建的应用程序，其持续集成、交付和部署工作流程由企业自行部署。

（3）Kubernetes 只是一个平台，它不提供应用程序级服务，包括中间件（如消息总线）、数据处理框架（如 Spark）、数据库（如 MySQL）、高速缓存、集群存储系统（如 Ceph）等。

（4）Kubernetes 不提供或授权配置语言（如 Jsonnet），只提供了一个声明性的 API，用户可以通过任意形式的声明性规范来实现所需要的功能。

10.4 本章小结

本章介绍了容器编排工具 Kubernetes 的发展历史、使用优势，同时对部署 Kubernetes 集群的一些核心概念和网络进行了讲解。读者应该深入理解集群中 Master 节点、Node 节点上运行的核心组件，以及这些组件实现的功能和相互关系，了解 Pod 中各个容器的通信方式和工作原理。下一章将介绍 Kubernetes 的安装和基本配置。

10.5 习题

1. 填空题

（1）容器化技术类似于 VM，具有自己的_____、_____、_____等。

（2）当容器与底层基础架构隔离时，可以实现_____和_____。

（3）Pod 里的容器共享同一个_____和同一组_____，从而达到高效率交换信息的目的。

（4）Kubernetes 遵循_____理论，将整个系统划分为多个功能各异的组件。

（5）Kubernetes 集群主要由控制节点_____和多个工作节点_____组成。

2. 选择题

（1）下列选项中，不属于 Master 节点主要组件的是（　　）。

  A．API Server B．Docker Server C．Scheduler D．Controller Manager

（2）下列选项中，不属于 Node 节点主要组件的是（　　）。

  A．Docker Image B．Docker Engine C．Kublet D．Kubernetes Proxy

（3）Pod 是 Kubernetes 中管理的（　　）单位，一个 Pod 可以包含一个或多个相关容器。

  A．最小 B．最稳定 C．最大 D．最不稳定

（4）Kubernetes 中，每个 Pod 中都存在一个（　　）容器，其中运行着进程用来通信。

  A．pause B．push C．pull D．Pod

（5）Kubernetes 中，etcd 用于存储系统的（　　）。

  A．日志 B．状态信息 C．系统命令代码 D．核心组件

3. 思考题

（1）简述 Kubernetes 的优势。

（2）简述 Kubernetes 的结构体系。

第 11 章 搭建 Kubernetes 集群

本章学习目标
- 了解 Kubernetes 集群的部署方式
- 掌握安装 Kubernetes 集群的 Kubeadm 方式
- 掌握 Kubernetes 集群中的证书验证机制
- 掌握检测集群中状态的基础命令

工欲善其事，必先利其器。学习 Kubernetes 必须有环境的支撑，搭建出企业级应用环境是一名合格的运维人员必须掌握的技能。部署集群前需要明确各组件的安装架构，做好规划，防止在工作时出现服务错乱的情况。其次，要整合环境资源，减少不必要的资源浪费。本章将带领读者搭建出企业级的 Kubernetes 集群，在实际的操作中感受容器编排的魅力。

11.1 官方提供的集群部署方式

Kubernetes 系统支持四种方式在本地服务器或云端上部署集群，用户可以根据不同的需求灵活选择。下面介绍这些安装方式的特点。

官方提供的集群部署方式

1. 使用 Minikube 工具安装

Minikube 是一种能够在计算机或者虚拟机（VM）内轻松运行单节点 Kubernetes 集群的工具，可实现一键部署。这种方式安装的系统在企业中大多被当作测试系统使用。

2. 使用 yum 安装

通过直接使用 epel-release yum 源来安装 Kubernetes 集群，这种安装方式的优点是速度快，但只能安装 Kubernetes 1.5 及以下的版本。

3. 使用二进制编译安装

使用二进制编译包部署集群，用户需要下载发行版的二进制包，手动部署每个组件，组成 Kubernetes 集群。这种部署方式比较灵活，用户可以根据自身需求自定义配置，而且性能比较稳定。虽然二进制方式可以提供稳定的集群状态，但是这种方式部署步骤非常烦琐，一些细小的错误就会导致系统运行失败。

4. 使用 Kubeadm 工具安装

Kubeadm 是一种支持多节点部署 Kubernetes 集群的工具，该方式提供 kubeadm init 和 kubeadm join 命令插件，使用户可以轻松地部署出企业级的高可用集群架构。在 Kubernetes 1.13 版本中，Kubeadm 工具已经进入了可正式发布（General Availability，GA）阶段。

11.2 Kubeadm 方式快速部署集群

11.2.1 Kubeadm 简介

Kubeadm 方式快速部署集群-1

Kubeadm 方式快速部署集群-2

Kubeadm 是芬兰高中生卢卡斯·科尔德斯特伦（Lucas Käldström）在 17 岁时用业余时间完成的一个社区项目。用户可以使用 Kubeadm 工具构建出一个最小化的 Kubernetes 可用集群，但其余的附件，如安装监控系统、日志系统、UI 界面等，需要管理员按需自行安装。

Kubeadm 主要集成了 kubeadm init 工具和 kubeadm join 工具。其中 kubeadm init 工具负责部署 Master 节点上的各个组件并将其快速初始化，kubeadm join 工具负责将 Node 节点快速加入集群。Kubeadm 还支持令牌认证（Bootstrap Token），因此逐渐成为企业中受青睐的部署方式。

11.2.2 部署系统要求

Kubernetes 系统由一组可执行程序组成，读者可以在 GitHub 开源代码库的 Kubernetes 项目页面内下载所需的二进制文件包或源代码包。安装 Kubernetes 对软件和硬件的要求如表 11.1 所示。

表 11.1　　　　　　　　　　Kubernetes 安装对软件和硬件的要求

软硬件	配置说明	本书示例配置
系统要求	基于 x86 或 x64 架构的 Linux 发行版本，如 Red Hat、CentOS、Ubuntu 等	CentOS 7
CPU 与内存	Master 节点：至少 2 核和 4GB 内存 Node 节点：根据需要运行的容器数量而定	Master 节点：2 核 4GB 内存 Node 节点：根据需要运行的容器数量而定
内核版本	Kernel 3.10 及以上	Kernel 3.10.0
软件版本	etcd：3.0 及以上版本 Docker：18.03 及以上版本	etcd：3.0 Docker：18.03

Kubernetes 支持的容器包括 Docker、Containerd、CRI-O 和 Frakti。本书在示例中使用 Docker 作为容器运行环境。

本书部署 Kubernetes 集群使用的是三台 CentOS 系统的虚拟机，其中一台作为 Master 节点，另外两台作为 Node 节点。虚拟主机的系统配置信息如表 11.2 所示。

表 11.2　　　　　　　　　　虚拟主机的系统配置信息

节点名称	CPU 配置	内存配置
Master	2core	2GB
Node1	2core	2GB
Node2	2core	2GB

在部署集群前需要修改各节点的主机名，配置节点间的主机名解析。注意，以下操作在所有节点上都需要执行。这里只给出在 Master 节点上的操作步骤，示例代码如下：

```
# echo master >> /etc/hostname        //修改主机名，重启后生效
# vim /etc/hosts                       //配置主机名解析
127.0.0.1   localhost localhost.localdomain localhost4 localhost4.localdomain4
::1         localhost localhost.localdomain localhost6 localhost6.localdomain6
//加入主机名配置信息
192.168.26.10 master
192.168.26.11 node1
192.168.26.12 node2
```

1. 关闭防火墙与禁用 SELinux

Kubernetes 的 Master 节点与 Node 节点间会有大量的网络通信，为了避免安装过程中不必要的报错，需要将系统的防火墙关闭，同时在主机上禁用 SELinux，示例代码如下：

```
# systemctl stop firewalld
# systemctl disable firewalld
```

SELinux 有两种禁用方式，分为临时禁用与永久性禁用。临时禁用 SELinux 的示例代码如下：

```
# setenforce 0
```

永久禁用 SELinux 服务需要编辑文件/etc/selinux/config，将 SELINUX 修改为 disabled，示例代码如下：

```
# vim /etc/selinux/config
SELINUX=disabled                       //修改此项为 disabled
```

2. 关闭系统 Swap

从 Kubernetes 1.8 版本开始，部署集群时需要关闭系统的 Swap（交换分区）。如果不关闭 Swap，则默认配置下的 Kubelet 将无法正常启动。用户可以通过以下两种方式关闭 Swap。

（1）方法一：通过修改 Kubelet 的启动参数 "--fail-swap-on=false" 更改这个限制。

（2）方法二：使用 swapoff -a 参数来修改/etc/fstab 文件，使用#将 Swap 自动挂载配置注释掉。

示例代码如下：

```
# vim /etc/fstab
（省略部分内容）
#/dev/mapper/centos-swap swap    swap    defaults        0 0  //将此行注释掉
（省略部分内容）
```

Swap 关闭后可以使用 free –m 命令来确认 Swap 是否已经关闭，示例代码如下：

```
# free -m
```

```
total      used      free    shared  buff/cache  available
Mem:    974       220       492       8         261         543
Swap:     0         0         0
```

通过 free –m 命令的执行结果可以看出,Swap 已经关闭。再次提醒,以上操作需要在所有节点上执行。

3. 主机时间同步

如果各主机可以访问互联网,直接启动各主机上的 chronyd 服务即可;否则需要使用本地的时间服务器,确保各主机时间同步。启动 chronyd 服务的示例代码如下:

```
# systemctl start chronyd.service
# systemctl enable chronyd.service
```

以上操作完成后,需要重新启动计算机,以使配置修改生效。

11.2.3 基本环境和集群架构

前面已经介绍过部署 Kubernetes 所需的基本环境,包括关闭 SELinux 和防火墙、主机时间同步、关闭 Swap 和主机名称解析。基本环境的部署流程此处不再赘述。

Kubernetes 项目目前仍处于快速迭代阶段,本书在演示过程中使用的配置可能不完全适合后续版本,因此,在使用不同版本时,建议读者参考更具权威性的官方安装文档。

在部署集群前,首先要了解集群中组件的基本情况。Kubeadm 方式部署 Kubernetes 集群系统配置信息如表 11.3 所示。

表 11.3　　　　Kubeadm 方式部署 Kubernetes 集群系统配置信息

节点名称	节点信息(IP 地址)	部署的主要组件
Master	192.168.26.10	etcd、kube-apiserver、kube-controller-manager、kube-scheduler、kube-proxy、flannel
Node1	192.168.26.11	etcd、kubelet、kube-proxy、docker、flannel
Node2	192.168.26.12	etcd、kubelet、kube-proxy、docker、flannel

集群的基本环境配置好后,接下来进行实际的部署操作。

11.2.4 安装流程

Kubeadm 在构建集群过程中要访问 gcr.io(谷歌镜像仓库)并下载相关的 Docker 镜像,所以需要确保主机可以正常访问此站点。如果无法访问该站点,用户可以访问国内的镜像仓库(如清华镜像站)下载相关镜像。镜像下载完成后,修改为指定的 tag(标签)即可。

1. 安装 Docker 与镜像下载

Kubeadm 需要 Docker 环境,因此要在各节点上安装并启动 Docker,代码如下:

```
# yum install -y yum-utils device-mapper-persistent-data lvm2
# yum-config-manager --add-repo \
https://download.docker.com/linux/centos/docker-ce.repo
# yum makecache fast
```

```
# yum -y install docker-ce
# systemctl enable docker.service
# systemctl restart docker
```

Docker 安装完成后,需要从 Docker Hub 网站拉取相应的镜像并为镜像更换标签,代码如下:

```
# docker pull mirrorgooglecontainers/kube-apiserver:v1.14.0
# docker tag mirrorgooglecontainers/kube-apiserver:v1.14.0 \
k8s.gcr.io/kube-apiserver:v1.14.0
# docker pull mirrorgooglecontainers/kube-controller-manager:v1.14.0
# docker tag mirrorgooglecontainers/kube-controller-manager:v1.14.0 \
k8s.gcr.io/kube-controller-manager:v1.14.0
# docker pull mirrorgooglecontainers/kube-scheduler:v1.14.0
# docker tag mirrorgooglecontainers/kube-scheduler:v1.14.0 \
k8s.gcr.io/kube-scheduler:v1.14.0
# docker pull mirrorgooglecontainers/kube-proxy:v1.14.0
# docker tag mirrorgooglecontainers/kube-proxy:v1.14.0 \
k8s.gcr.io/kube-proxy:v1.14.0
# docker pull mirrorgooglecontainers/pause:3.1
# docker tag mirrorgooglecontainers/pause:3.1 k8s.gcr.io/pause:3.1
# docker pull mirrorgooglecontainers/etcd:3.2.24
# docker tag mirrorgooglecontainers/etcd:3.2.24  k8s.gcr.io/etcd:3.2.24
# docker pull coredns/coredns:1.2.6
# docker tag coredns/coredns:1.2.6 k8s.gcr.io/coredns:1.2.6
```

从 Docker Hub 上拉取镜像速度缓慢为正常现象,需耐心等待。

2. 安装 Kubeadm 和 Kubelet

配置 Kubeadm 和 Kubelet 的 Repo 源,并在所有节点上安装 Kubeadm 和 Kubelet 工具,示例代码如下:

```
# vim /etc/yum.repos.d/Kubernetes.repo
[Kubernetes]
name=Kubernetes
baseurl=https://mirrors.aliyun.com/Kubernetes/yum/repos/Kubernetes-el7-x86_64
enabled=1
gpgcheck=1
repo_gpgcheck=1
gpgkey=https://mirrors.aliyun.com/Kubernetes/yum/doc/yum-key.gpg https://mirrors.aliyun.com/Kubernetes/yum/doc/rpm-package-key.gpg
```

配置完 Kubeadm 和 Kubelet 的 Repo 源后即可进行安装操作,示例代码如下:

```
# yum makecache fast          //下载安装信息并缓存到本地
# yum install -y kubelet kubeadm kubectl ipvsadm
```

3. 配置转发参数

Kubelet 安装完成后,通过配置网络转发参数以确保集群能够正常通信,示例代码如下:

```
# vim /etc/sysctl.d/k8s.conf
net.bridge.bridge-nf-call-ip6tables = 1
```

```
net.bridge.bridge-nf-call-iptables = 1
vm.swappiness=0
# sysctl --system    //使配置生效
```

如果在执行上述命令后出现 net.bridge.bridge-nf-call-iptables 相关信息的报错，则需要重新加载 br_netfilter 模块，代码如下：

```
# modprobe br_netfilter                //重新加载br_netfilter模块
# sysctl -p /etc/sysctl.d/k8s.conf
```

4. 加载 IPVS 相关内核模块

Kubernetes 运行中需要非永久性地加载相应的 IPVS 内核模块，可以将其添加在开机启动项中，代码如下：

```
# modprobe ip_vs
# modprobe ip_vs_rr
# modprobe ip_vs_wrr
# modprobe ip_vs_sh
# modprobe nf_conntrack_ipv4
```

IPVS 加载完成后，可以通过命令 lsmod | grep ip_vs 查看内核模块是否加载成功。

5. 配置 Kubelet

在所有节点上配置 Kubelet，示例代码如下：

```
获取Docker的Cgroups
# DOCKER_CGROUPS=$(docker info | grep 'Cgroup' | cut -d' ' -f4)
# echo $DOCKER_CGROUPS

配置Kubelet的Cgroups
# cat /etc/sysconfig/kubelet<<EOF
KUBELET_EXTRA_ARGS="--cgroup-driver=$DOCKER_CGROUPS --pod-infra-container-image=
registry.cn-hangzhou.aliyuncs.com/google_containers/pause-amd64:3.1"
EOF
```

6. 启动 Kubelet 服务

Kubelet 配置完成后即可启动该服务，代码如下：

```
# systemctl daemon-reload
# systemctl enable kubelet && systemctl restart kubelet
```

接下来可以执行"systemctl status kubelet"命令查看 Kubelet 状态。命令的返回结果中出现以下信息属于正常现象。

```
10月 11 00:26:43 node1 systemd[1]: kubelet.service: main process exited, code=exited,
status=255/n/a
10月 11 00:26:43 node1 systemd[1]: Unit kubelet.service entered failed state.
```

```
10月11日 00:26:43 node1 systemd[1]: kubelet.service failed.
```

通过执行 journalctl -xefu kubelet 命令查看系统日志，可以得到以下结果：

```
unable to load client CA file /etc/Kubernetes/pki/ca.crt: open /etc/Kubernetes/pki/ca.crt: no such file or directory
```

导致上述现象的原因是还没有为集群签发 CA 证书，使用 kubeadm init 工具生成 CA 证书后该问题会自动解决，但在运行 kubeadm init 之前 Kubelet 插件会不断地重启。

7. 初始化 Master 节点

在 Master 节点和各 Node 节点的 Docker 和 Kubelet 设置完成后，即可在 Master 节点上执行 kubeadm init 命令初始化集群。kubeadm init 命令支持两种初始化方式，一是通过命令选项传递参数来设定，二是使用 YAML 格式的专用配置文件设定更详细的配置参数。本实例将使用第一种较为简单的初始化方式。

在 Master 节点执行 kubeadm init 命令即可实现对 Master 节点的初始化，代码如下：

```
# kubeadm init \
 --Kubernetes-version=v1.14.0 \
 --pod-network-cidr=10.244.0.0/16 \
 --apiserver-advertise-address=192.168.26.10 \
 --ignore-preflight-errors=Swap
```

kubeadm init 初始化命令中 "--apiserver-advertise-address=192.168.26.10" 表示所要初始化的节点为 Master。注意，在进行此操作时，需要将参数值修改为自己部署环境中的参数值。命令执行后会加载出以下内容：

```
[init] Using Kubernetes version: v1.14.0
[preflight] Running pre-flight checks
    [WARNING SystemVerification]: this Docker version is not on the list of validated versions: 18.09.1. Latest validated version: 18.06
[preflight] Pulling images required for setting up a Kubernetes cluster
[preflight] This might take a minute or two, depending on the speed of your internet connection
[preflight] You can also perform this action in beforehand using 'kubeadm config images pull'
[kubelet-start] Writing kubelet environment file with flags to file "/var/lib/kubelet/kubeadm-flags.env"
[kubelet-start] Writing kubelet configuration to file "/var/lib/kubelet/config.yaml"
[kubelet-start] Activating the kubelet service
[certs] Using certificateDir folder "/etc/Kubernetes/pki"
[certs] Generating "front-proxy-ca" certificate and key
[certs] Generating "front-proxy-client" certificate and key
[certs] Generating "etcd/ca" certificate and key
[certs] Generating "etcd/server" certificate and key
[certs] etcd/server serving cert is signed for DNS names [master localhost] and IPs [192.168.26.10 127.0.0.1 ::1]
[certs] Generating "etcd/healthcheck-client" certificate and key
[certs] Generating "etcd/peer" certificate and key
```

```
    [certs] etcd/peer serving cert is signed for DNS names [master localhost] and IPs
[192.168.26.10 127.0.0.1 ::1]
    [certs] Generating "apiserver-etcd-client" certificate and key
    [certs] Generating "ca" certificate and key
    [certs] Generating "apiserver" certificate and key
    [certs] apiserver serving cert is signed for DNS names [master Kubernetes Kubernetes.
default Kubernetes.default.svc Kubernetes.default.svc.cluster.local] and IPs [10.96.0.1
192.168.26.10]
    [certs] Generating "apiserver-kubelet-client" certificate and key
    [certs] Generating "sa" key and public key
    [kubeconfig] Using kubeconfig folder "/etc/Kubernetes"
    [kubeconfig] Writing "admin.conf" kubeconfig file
    [kubeconfig] Writing "kubelet.conf" kubeconfig file
    [kubeconfig] Writing "controller-manager.conf" kubeconfig file
    [kubeconfig] Writing "scheduler.conf" kubeconfig file
    [control-plane] Using manifest folder "/etc/Kubernetes/manifests"
    [control-plane] Creating static Pod manifest for "kube-apiserver"
    [control-plane] Creating static Pod manifest for "kube-controller-manager"
    [control-plane] Creating static Pod manifest for "kube-scheduler"
    [etcd] Creating static Pod manifest for local etcd in "/etc/Kubernetes/manifests"
    [wait-control-plane] Waiting for the kubelet to boot up the control plane as static Pods
from directory "/etc/Kubernetes/manifests". This can take up to 4m0s
    [apiclient] All control plane components are healthy after 19.003093 seconds
    [uploadconfig] storing the configuration used in ConfigMap "kubeadm-config" in the
"kube-system" Namespace
    [kubelet] Creating a ConfigMap "kubelet-config-1.14" in namespace kube-system with the
configuration for the kubelets in the cluster
    [patchnode] Uploading the CRI Socket information "/var/run/dockershim.sock" to the Node
API object "master" as an annotation
    [mark-control-plane] Marking the node master as control-plane by adding the label
"node-role.Kubernetes.io/master=''"
    [mark-control-plane] Marking the node master as control-plane by adding the taints
[node-role.Kubernetes.io/master:NoSchedule]
    [bootstrap-token] Using token: wip0ux.19q3dpudrnyc6q7i
    [bootstrap-token] Configuring bootstrap tokens, cluster-info ConfigMap, RBAC Roles
    [bootstraptoken] configured RBAC rules to allow Node Bootstrap tokens to post CSRs in
order for nodes to get long term certificate credentials
    [bootstraptoken] configured RBAC rules to allow the csrapprover controller automatically
approve CSRs from a Node Bootstrap Token
    [bootstraptoken] configured RBAC rules to allow certificate rotation for all node client
certificates in the cluster
    [bootstraptoken] creating the "cluster-info" ConfigMap in the "kube-public" namespace
    [addons] Applied essential addon: CoreDNS
    [addons] Applied essential addon: kube-proxy

Your Kubernetes master has initialized successfully!

To start using your cluster, you need to run the following as a regular user:

mkdir -p $HOME/.kube
sudo cp -i /etc/Kubernetes/admin.conf $HOME/.kube/config
sudo chown $(id -u):$(id -g) $HOME/.kube/config

You should now deploy a pod network to the cluster.
```

```
Run "kubectl apply -f [podnetwork].yaml" with one of the options listed at:
https://Kubernetes.io/docs/concepts/cluster-administration/addons/

You can now join any number of machines by running the following on each node
as root:

kubeadm join 192.168.26.10:6443 --token wip0ux.19q3dpudrnyc6q7i --discovery-token-ca-
cert-hash sha256:e41c201f32d7aa6c57254cd78c13a5aa7242979f7152bf33ec25dde13c1dcc9a
```

上面的内容记录了系统完成初始化的过程，从代码中可以看出 Kubernetes 集群初始化会进行以下四步。

（1）[kubelet]：生成 Kubelet 的配置文件 "/var/lib/kubelet/config.yaml"。

（2）[certificates]：生成相关的各种证书。

（3）kubeconfig]：生成 kubeconfig 文件。

（4）[bootstraptoken]：生成 token。

另外在加载结果的最后会出现配置 Node 节点加入集群的 token 指令 "kubeadm join 192.168.26.10:6443 --token wip0ux.19q3dpudrnyc6q7i --discovery-token-ca-cert-hash sha256:e41c201f32d7aa6c57254cd 78c13a5aa 7242979f7152bf33ec25dde13c1dcc9a"，需要注意，后面审批 Node 节点加入集群时需要该指令。

8. 配置使用 Kubectl

在 Master 节点配置使用 Kubectl 并通过命令查看节点状态，代码如下：

```
# rm -rf $HOME/.kube
# mkdir -p $HOME/.kube
# cp -i /etc/Kubernetes/admin.conf $HOME/.kube/config
# chown $(id -u):$(id -g) $HOME/.kube/config

查看 Node 节点
# kubectl get nodes
NAME   STATUS     ROLES    AGE     VERSION
master NotReady   master   6m19s   v1.12.0
```

9. 配置使用网络插件

通过 kubectl get nodes 的执行结果可以看出 Master 节点为 NotReady 状态，这是因为还没有安装网络插件。在 Master 节点上安装网络插件，代码如下：

```
下载网络插件的相关配置文件
# cd ~ && mkdir flannel && cd flannel
# wget \
https://raw.githubusercontent.com/coreos/flannel/v0.10.0/Documentation/kube-flannel.yml
```

网络插件文件 kube-flannel.yml 下载完成后，需要修改文件中的网络配置信息。其中配置文件中的 IP 参数需要与上面 Kubeadm 的 pod-network 一致，修改后的文件代码如下：

```
# vim kube-flannel.yaml
net-conf.json: |
```

```
{
"Network": "10.244.0.0/16",
"Backend": {
"Type": "vxlan"
}
}
```

配置文件中默认的镜像源路径为"quay.io/coreos/flannel:v0.10.0-amd64",如果用户可以从该镜像路径下载镜像就不需要修改,否则,需要将镜像地址修改为阿里镜像源"image: registry.cn-shanghai.aliyuncs.com/gcr-k8s/flannel:v0.10.0-amd64",示例代码如下:

```
(省略部分内容)
    initContainers:
      - name: install-cni
        image: quay.io/coreos/flannel:v0.10.0-amd64          //此处为镜像地址
        command:
        - cp
        args:
        - -f
        - /etc/kube-flannel/cni-conf.json
        - /etc/cni/net.d/10-flannel.conflist
        volumeMounts:
        - name: cni
          mountPath: /etc/cni/net.d
        - name: flannel-cfg
          mountPath: /etc/kube-flannel/
      containers:
      - name: kube-flannel
        image: quay.io/coreos/flannel:v0.10.0-amd64          //此处为镜像地址
(省略部分内容)
```

如果 Node 节点上存在多个网卡,则需要在 kube-flannel.yaml 中使用 --iface 参数指定集群主机内网网卡的名称,否则可能会出现 DNS 无法解析、容器无法通信的情况。在 flanneld 启动参数中加入 --iface=<iface-name>项,示例代码如下:

```
containers:
- name: kube-flannel
  image: registry.cn-shanghai.aliyuncs.com/gcr-k8s/flannel:v0.10.0-amd64
  command:
  - /opt/bin/flanneld
  args:
  - --ip-masq
  - --kube-subnet-mgr
  - --iface=ens33            //此处加上--iface=<网卡名称>配置项,可以指定多个网卡名称
  - --iface=eth0
```

Kubeadm 部署方式中,系统默认情况下给 Node 节点设置一个污点(Taint):node.Kubernetes.io/not-ready:NoSchedule。该污点表示在各节点还没有进入 Ready 状态之前,Node 节点不会接受系统的

调度。如果 Kubernetes 的网络插件还未部署，节点是不会进入 ready 状态的。因此需要在 kube-flannel.yaml 文件中加入对 node.Kubernetes.io/not-ready:NoSchedule 污点的容忍，示例代码如下：

```
tolerations:
- key: node-role.Kubernetes.io/master
  operator: Exists
  effect: NoSchedule
- key: node.Kubernetes.io/not-ready          //此处新增容忍的污点
  operator: Exists
  effect: NoSchedule
```

网络配置完成后，测试 Kubectl 服务是否能够正常启动，示例代码如下：

```
# kubectl apply -f ~/flannel/kube-flannel.yml        //启动 kubectl
# kubectl get pods --namespace kube-system           //查看 kubectl
# kubectl get service
# kubectl get svc --namespace kube-system
```

网络插件完成安装配置后，节点状态会显示为 Ready，代码如下：

```
# kubectl get nodes
NAME     STATUS   ROLES    AGE   VERSION
master   Ready    master   21d   v1.15.3
node1    Ready    <none>   21d   v1.15.3
node2    Ready    <none>   21d   v1.15.3
```

此时，在 Node 节点输入 token 指令即可将 Node 节点加入集群，代码如下：

```
# kubeadm join 18.16.202.35:6443 --token ccxrk8.myui0xu4syp99gxu --discovery-token-ca-cert-hash \
  sha256:e3c90ace969aa4d62143e7da6202f548662866dfe33c140095b020031bff2986
```

注意，此 token 指令为 Master 节点初始化完成后的返回值。

11.2.5 集群状态检测

Node 节点加入集群后，即可在 Master 节点对集群状态进行检测。

1. 查看 Pod

使用 Kubectl 命令行工具查看 Pod 状态，并使用-n 参数指定 Pod 的命令空间，代码如下：

```
# kubectl get pods -n kube-system
NAME                              READY   STATUS             RESTARTS   AGE
coredns-6c66ffc55b-176bq          1/1     Running            0          16m
coredns-6c66ffc55b-zlsvh          1/1     Running            0          16m
etcd-node1                        1/1     Running            0          16m
kube-apiserver-node1              1/1     Running            0          16m
kube-controller-manager-node1     1/1     Running            0          15m
kube-flannel-ds-sr6tq             0/1     CrashLoopBackOff   6          7m12s
```

```
kube-flannel-ds-ttzhv            1/1    Running    0    9m24s
kube-proxy-nfbg2                 1/1    Running    0    7m12s
kube-proxy-r4g7b                 1/1    Running    0    16m
kube-scheduler-node1             1/1    Running    0    16m
```

2. 查看异常 Pod 信息

从上面的代码可以看出 kube-flannel-ds-sr6tq 的状态为 0，此时可以输入以下指令查看异常 Pod 信息。

```
# kubectl describe pods kube-flannel-ds-sr6tq -n kube-system
Name:               kube-flannel-ds-sr6tq
Namespace:          kube-system
Priority:           0
PriorityClassName:  <none>
Events:
  Type     Reason     Age                  From               Message
  ----     ------     ----                 ----               -------
  Normal   Pulling    12m                  kubelet, node2     pulling image "registry.cn-shanghai.aliyuncs.com/gcr-k8s/flannel:v0.10.0-amd64"
  Normal   Pulled     11m                  kubelet, node2     Successfully pulled image "registry.cn-shanghai.aliyuncs.com/gcr-k8s/flannel:v0.10.0-amd64"
  Normal   Created    11m                  kubelet, node2     Created container
  Normal   Started    11m                  kubelet, node2     Started container
  Normal   Created    11m (x4 over 11m)    kubelet, node2     Created container
  Normal   Started    11m (x4 over 11m)    kubelet, node2     Started container
  Normal   Pulled     10m (x5 over 11m)    kubelet, node2     Container image "registry.cn-shanghai.aliyuncs.com/gcr-k8s/flannel:v0.10.0-amd64" already present on machine
  Normal   Scheduled  7m15s                default-scheduler  Successfully assigned kube-system/kube-flannel-ds-sr6tq to node2
  Warning  BackOff    7m6s (x23 over 11m)  kubelet, node2     Back-off restarting failed container
```

当然，用户也可以删除异常的 Pod，示例代码如下：

```
# kubectl delete pod kube-flannel-ds-sr6tq -n kube-system
pod "kube-flannel-ds-sr6tq" deleted

# kubectl get pods -n kube-system
NAME                              READY   STATUS    RESTARTS   AGE
coredns-6c66ffc55b-l76bq          1/1     Running   0          17m
coredns-6c66ffc55b-zlsvh          1/1     Running   0          17m
etcd-node1                        1/1     Running   0          16m
kube-apiserver-node1              1/1     Running   0          16m
kube-controller-manager-node1     1/1     Running   0          16m
kube-flannel-ds-7lfrh             1/1     Running   1          6s
kube-flannel-ds-ttzhv             1/1     Running   0          10m
kube-proxy-nfbg2                  1/1     Running   0          7m55s
kube-proxy-r4g7b                  1/1     Running   0          17m
kube-scheduler-node1              1/1     Running   0          16m
```

至此，Kubernetes 集群部署完成。

11.3 核心概念

核心概念

要想深入理解 Kubernetes 系统的特性与工作机制，不仅需要理解系统关键资源对象的概念，还要明确这些资源对象在系统中扮演的角色。下面将介绍与 Kubernetes 集群相关的概念和术语。Kubernetes 集群架构如图 11.1 所示。

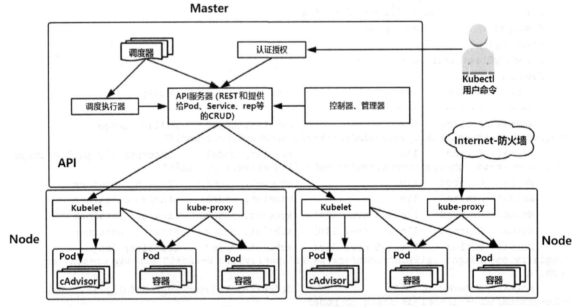

图 11.1　Kubernetes 集群架构

1. Pod

Pod（直译为豆荚）是 Kubernetes 中的最小管理单位（容器运行在 Pod 中），一个 Pod 可以包含一个或多个相关容器。在同一个 Pod 内的容器可以共享网络命名空间和存储资源，也可以由本地的回环接口（lo）直接通信，但彼此又在 Mount、User 和 PID 等命名空间上保持隔离。Pod 抽象图如图 11.2 所示。

2. Label 和 Selector

Label（标签）是资源标识符，用来区分不同对象的属性。Label 本质上是一个键值对（Key:Value），可以在对象创建时或者创建后进行添加和修改。Label 可以附加到各种资源对象上，一个资源对象可以定义任意数量的 Label。用户可以通过给指定的资源对象捆绑一个或多个 Label 来实现多维度的资源分组管理功能，以便灵活地进行资源分配、调度、配置、部署等管理工作。

Selector（选择器）是一个通过匹配 Label 来定义资源之间关系的表达式。给某个资源对象定义一个 Label，相当于给它打一个标签，随后可以通过 Label Selector（标签选择器）查询和筛选拥有某些 Label 的资源对象。Label 与 Pod 的关系如图 11.3 所示。

图 11.2 Pod 抽象图

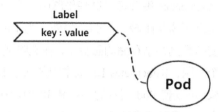
图 11.3 Label 与 Pod 的关系

3. Pause 容器

Pause 容器用于 Pod 内部容器之间的通信，是 Pod 中比较特殊的"根容器"。它打破了 Pod 中命名空间的限制，不仅是 Pod 的网络接入点，而且还在网络中扮演着"中间人"的角色。每个 Pod 中都存在一个 Pause 容器，其中运行着进程用来通信。Pause 容器与其他进程的关系如图 11.4 所示。

4. Replication Controller

Pod 的副本控制器（Replication Controller，RC）在现在的版本中是一个总称。老版本使用 Replication Controller 来管理 Pod 副本（副本指一个 Pod 的多个实例），新版本增加了 ReplicaSet、Deployment 来管理 Pod 的副本，并将三者统称为 Replication Controller。

Replication Controller 保证了集群中存在指定数量的 Pod 副本。当集群中副本的数量大于指定数量，多余的 Pod 副本会停止，反之，欠缺的 Pod 副本则会启动，以保证 Pod 副本数量不变。Replication Controller 是实现弹性伸缩、动态扩容和滚动升级的核心。

ReplicaSet 创建 Pod 副本的资源对象，并提供声明式更新等功能。

Deployment 是一个更高层次的 API 对象，用于管理 ReplicaSet 和 Pod，并提供声明式更新等功能，比老版本的 Replication Controller 稳定性高。

官方建议使用 Deployment 管理 ReplicaSet，而不是直接使用 ReplicaSet，这就意味着可能永远不需要直接操作 ReplicaSet 对象，而 Deployment 将会是使用最频繁的资源对象。Deployment 与 ReplicaSet（RS）的关系如图 11.5 所示。

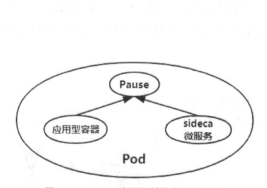
图 11.4 Pause 容器与其他进程的关系

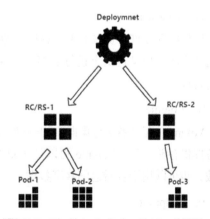
图 11.5 Deployment 与 ReplicaSet 的关系

5. StatefulSet

在 Kubernetes 系统集群中，Pod 的管理对象 StatefulSet 用于管理系统中有状态的集群，如 MySQL、

MongoDB、ZooKeeper 集群等。这些集群中每个节点都有固定的 ID 号，集群中的成员通过 ID 号相互通信，且集群规模是比较固定的。另外，为了能够在其他节点上恢复某个失败的节点，这种集群中的 Pod 需要挂载到共享存储的磁盘上。在删除或者重启 Pod 后，Pod 的名称和 IP 地址会发生改变，为了解决这个问题，Kubernetes 1.5 版本中加入了 StatefulSet 控制器。

StatefulSet 可以使 Pod 副本的名称和 IP 地址在整个生命周期中保持不变，从而使 Pod 副本按照固定的顺序启动、更新或者删除。StatefulSet 有唯一的网络标识符（IP 地址），适用于需要持久存储、有序部署、扩展、删除和滚动更新的应用程序。

6. Service

Service 其实就是我们经常提起的微服务架构中的一个"微服务"。网站由多个具备不同业务能力而又彼此独立的微服务单元所组成，服务之间通过 TCP/UDP 进行通信，从而形成了强大而又灵活的弹性网络，拥有强大的分布式能力、弹性扩展能力、容错能力。

Service 服务提供统一的服务访问入口和服务代理与发现机制，前端的应用（Frontend Pod）通过 Service 提供的入口访问一组 Pod 集群。当 Kubernetes 集群中存在 DNS 附件时，Service 服务会自动创建一个 DNS 名称用于服务发现，将外部的流量引入集群内部，并将到达 Service 的请求分发到后端的 Pod 对象上。因此，Service 本质上是一个四层代理服务。Pod、RC、Service、Label Selector 四者的关系如图 11.6 所示。

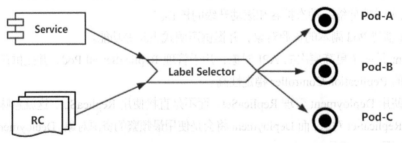

图 11.6　Pod、RC、Service、Label Selector 四者的关系

7. Namespace

集群中存在许多资源对象，这些资源对象可以是不同的项目、用户等。Namespace（命名空间）将这些资源对象从逻辑上进行隔离并设定控制策略，以便不同分组在共享整个集群资源时还可以被分别管理。

8. Volume

Volume（存储卷）是集群中的一种共享存储资源，为应用服务提供存储空间。Volume 可以被 Pod 中的多个容器使用和挂载，也可以用于容器之间共享数据。

9. Endpoint

Endpoint 是一个抽象的概念，主要用于标识服务进程的访问点，可以理解为"容器端口号+Pod 的 IP 地址=Endpoint"。Endpoint 抽象图如图 11.7 所示。

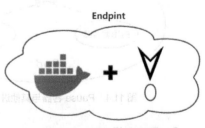

图 11.7　Endpoint 抽象图

11.4 本章小结

本章带领读者使用 Kubeadm 方式搭建出企业级的 Kubernetes 应用集群，同时讲解了集群中的资源对象以及它们在集群中的作用。通过本章的学习，读者不仅学会了部署集群，还掌握了各个组件间的依赖关系。读者在练习时应该仔细检查配置文件中的参数设置，避免安装过程报错。

11.5 习题

1. 填空题

（1）使用_____工具可以实现快速部署基本的 Kubernetes 集群。
（2）Kubernetes 集群中 Master 节点上需要安装的组件包括_____、_____、_____。
（3）使用 Kubeadm 搭建集群时，应该先安装_____环境。
（4）Kubernetes 集群采用_____认证方式。
（5）Kubernetes 集群中 Node 节点上需要安装的组件包括_____、_____、_____。

2. 选择题

（1）部署生产级的 Kubernetes 集群不需要用到（　　）。
    A. etcd   B. API Server   C. TLS   D. kube-proxy
（2）使用 Kubeadm 方式部署 Kubernetes 集群，每个节点都应该部署（　　）环境。
    A. Docker   B. etcd   C. Flannel   D. Web UI
（3）部署 Kubernetes 集群前不需要（　　）。
    A. 关闭防火墙   B. 关闭 SELinux   C. 解析主机名   D. 开启 Swap
（4）Kubeadm 方式部署 Kubernetes 集群的优点不包括（　　）。
    A. 可以实现快速部署   B. 可以实现自定义配置
    C. 适用领域广泛   D. 生产环境可用
（5）关于部署 Kubernetes 集群说法错误的是（　　）。
    A. API Server 服务需要启用 TLS 认证   B. 初始化 Master 后会有 Token 认证
    C. Master 上不需要安装 Docker   D. Kubeadm 可以部署 Web UI

3. 思考题

（1）简述 Kubernetes 部署对系统的要求。
（2）简述二进制方式部署 Kubernetes 的流程。

4. 操作题

请使用 Kubeadm 方式搭建出 Kubernetes 集群。

第 12 章 Kubernetes 基础操作

本章学习目标
- 了解 Kubernetes 集群的命令行管理工具
- 掌握 Kubectl 命令行工具的基本格式和使用方法
- 理解 YAML 格式中各参数的含义
- 熟悉使用 YAML 文件创建自定义配置文件

Kubectl 是一个用于操作 Kubernetes 集群的命令行接口，利用 Kubectl 工具可以在集群中实现各种功能。Kubectl 作为客户端工具，其功能和 Systemctl 工具很相似，用户可以通过指令实现对 Kubernetes 集群中资源对象的基础操作。本章将详细介绍 Kubectl 工具的各种参数和使用场景。

12.1 Kubectl 命令行工具解析

Kubectl 命令行工具解析-1

Kubectl 命令行工具解析-2

12.1.1 Kubectl 命令行工具

Kubectl 命令行工具主要有四部分参数，其基本语法格式如下：

```
# kubectl [command] [type] [name] [flags]
```

语句中各部分参数的含义如下。

- [command]

子命令，用于对 Kubernetes 集群中的资源对象进行操作，如 create、delete、get、apply 等。

- [type]

资源对象类型。此参数区分大小写且能以单、复数的形式表示，如 pod、pods。

- [name]

资源对象名称。此参数区分大小写。如果在命令中不指定该参数，系统将返回对象类型的全部 type 列表。例如，命令 "kubectl get pods" 和 "kubectl get pod nginx-test1"，前者将会显示所有的 Pod，后者只显示 name 为 nginx-test1 的 Pod。

- [flags]

kubectl 子命令的可选参数。例如，"-l" 或者 "--labels" 表示为 Pod 对象设定自定义的标签。

12.1.2 Kubectl 参数

下面详细介绍 Kubectl 命令行工具中各参数的详细用法。

1. 子命令

Kubectl 的子命令非常丰富，可以实现对 Kubernetes 集群中资源对象的创建、删除、查看、修改、配置、运行等操作。常用的子命令和说明如表 12.1 所示。

表 12.1　　　　　　　　　　　常用的子命令和说明

子命令	说明
Get	用于显示一个或者多个资源对象的信息
Logs	打印出容器的日志
Proxy	将本机的某个端口映射到 API Server
Rolling-update	对 RC 进行滚动升级
label	设置或者更新资源对象的 Label
apply	从 stdin 或者配置文件中对资源对象更新配置
api-version	显示当前系统支持的 API 版本，格式为 "group/version"
attach	附着到一个正在运行的容器上
create	从 stdin 或者配置文件中创建资源对象
delete	根据配置文件、资源名称、Label Selector、stdin 删除资源对象
describe	描述一个或者多个资源对象的资源信息
Diff	查看配置文件与当前系统中正在运行的资源对象的差异
Edit	编辑资源对象的属性，在线更新
Exec	执行一个容器内的命令
cluster-info	显示集群中 Master 和内置服务的信息
config	修改 kubeconfig 文件
Run	基于一个镜像在 Kubernetes 集群上启动一个 Deployment
Set	设置资源对象的某个特定信息，目前仅支持修改容器的镜像
Top	查看 Node 或 Pod 的资源使用情况
version	显示系统版本信息
scale	扩容、缩容一个 Deployment、ReplicaSet、RC 或者 Job 中 Pod 的数量
plugin	在 Kubectl 命令行使用用户自定义的插件
rollout	对 Deployment 进行管理，可用操作包括 history、pause、resume、undo、status
expose	对已经存在的 RC、Service、Deployment 或者 Pod 暴露一个新的 Service

Kubectl 子命令涉及参数较多，读者应该多加练习，掌握常用子命令的用法。

2. 资源对象类型和资源对象名称

常用的资源对象类型和简写如表 12.2 所示。

表12.2　常用的资源对象

资源对象类型	简写
pods	po
jobs	
event	ev
secrets	
services	svc
endpoints	ep
limitranges	limits
configmaps	cm
namespace	ns
deployments	deploy
storageclasses	sc
persistentvolumes	pv
componentstatuses	cs
persistentvolumeclaims	pvc
replicationcontrollers	rc

Kubectl 工具支持多个 type 和 name 的组合，可以实现同时对多个资源对象进行操作，实例如下。

获取多个资源对象的信息，示例代码如下：

```
# kubectl get pods pod1 pod2 pod3
```

获取多种资源对象的信息，示例代码如下：

```
# kubectl get pod/Pod1 svc/svc1
```

同时使用多个 YAML 文件创建 Pod，示例代码如下：

```
# kubectl get pod -f pod1.yaml -f pod2.yaml
# kubectl create -f pod1.yaml -f pod2.yaml
```

对其他资源对象的操作读者可以自行实验。

3. 格式化输出选项

Kubectl 的默认输出格式是可读的纯文本格式，如果要以特定格式将详细信息输出到终端窗口，则可以将 -o 或 --output 参数添加到命令中，语法格式如下：

```
# kubectl [command] [TYPE] [NAME] -o <output_format>
```

根据不同的选项，Kubectl 支持的输出格式如表 12.3 所示。

表12.3　Kubectl 支持的输出格式

输出格式	描述
-o custom-columns=<spec>	使用逗号分隔的自定义列打印表
-o custom-columns-file=<filename>	使用文件中的自定义列模板打印表<filename>
-o json	输出 JSON 格式的 API 对象

输出格式	描述
-o jsonpath=<template>	打印在 jsonpath 表达式中定义的字段
-o jsonpath-file=<filename>	打印文件中 jsonpath 表达式定义的字段<filename>
-o name	仅打印资源名称，而不打印其他任何内容
-o wide	以纯文本格式输出其他信息。以 Pod 为例，该参数将输出 Pod 所在节点的信息
-o yaml	输出 YAML 格式的 API 对象

将单个 Pod 的详细信息输出为 YAML 格式，示例代码如下：

```
# kubectl get pod web-Pod-13je7 -o yaml
```

Kubectl 支持 custom-columns 选项，可以实现用户自定义列，并将所需的详细信息输出到表中。可以选择自定义列名（-o custom-columns=<spec>）或使用模板文件（-o custom-columns-file=<filename>）。

（1）以自定义列名显示 Pod 信息。

```
# kubectl get pods <Pod-name> -o \
custom-columns=NAME:.metadata.name,RSRC:.metadata.resourceVersion
```

（2）使用模板文件自定义列名并输出。

```
# kubectl get pods <Pod-name> -o custom-columns-file=template.txt
```

template.txt 文件内容如下所示。

```
NAME            RSRC
metadata.name   metadata.resourceVersion
```

命令的执行结果如下所示。

```
NAME            RSRC
submit-queue    610995
```

4. 对输出进行排序

在生产环境中如果需要对输出对象进行排序操作，可以在 kubectl 命令中使用 --sort-by 参数。通过使用 --sort-by 参数指定数字或字符串字段来对对象进行排序，其中字段可以使用 jsonpath 表达式来指定，基本语法格式如下：

```
kubectl [command] [TYPE] [NAME] --sort-by=<jsonpath_exp>
```

例如，打印按名称排序的容器列表，示例代码如下：

```
# kubectl get pods --sort-by=.metadata.name
```

5. 获取帮助

在集群中可以使用 kubectl help 命令来获取相关帮助。为了使读者可以更加清楚地了解该命令，这里对执行结果进行了注解，示例代码如下：

```
kubectl controls the Kubernetes cluster manager.

 Find more information at: https://Kubernetes.io/docs/reference/Kubectl/overview/
//可以根据此地址获取更多信息

Basic Commands (Beginner): //基本命令（入门）
  create         Create a resource from a file or from stdin.
                 //从文件或标准输入创建资源。
  expose         Take a replication controller, service, deployment or pod and expose it as a new //
Kubernetes Service
  run            Run a particular image on the cluster
                 //在集群上运行特定的镜像
  set            Set specific features on objects
                 //在对象上设置特定功能

Basic Commands (Intermediate)://基本命令（中级）
  explain        Documentation of resources                //解释资源文件
  get            Display one or many resources             //显示一个或者多个资源
  edit           Edit a resource on the server             //在服务器上编辑资源
  delete         Delete resources by filenames, stdin, resources and names, or by resources and abel selector
                 //按文件名、资源名称、标签选择器等条件删除资源

Deploy Commands://部署命令
  rollout        Manage the rollout of a resource          //部署和管理资源
  scale          Set a new size for a Deployment, ReplicaSet, Replication Controller, or Job    //为 Deployment、ReplicaSet、Replication Controller 或 Job 设置新的大小
  autoscale      Auto-scale a Deployment, ReplicaSet, or ReplicationController //自动缩放

Cluster Management Commands://集群管理命令
  certificate    Modify certificate resources.             //修改证书资源
  cluster-info   Display cluster info                      //显示集群信息
  top            Display Resource (CPU/Memory/Storage) usage.
                 //CPU、内存、存储的使用情况
  cordon         Mark node as unschedulable                //将标记节点设置为不可调度
  uncordon       Mark node as schedulable
  drain          Drain node in preparation for maintenance
  taint          Update the taints on one or more nodes    //污点更新

Troubleshooting and Debugging Commands://故障排除和调试命令
  describe       Show details of a specific resource or group of resources
                 //显示描述特定资源的详细信息
```

```
    logs          Print the logs for a container in a pod        //打印容器日志
    attach        Attach to a running container                   //登录在运行的容器
    exec          Execute a command in a container                //在容器中执行命令
    port-forward  Forward one or more local ports to a pod        //端口转发
    proxy         Run a proxy to the Kubernetes API server        //代理服务
    cp            Copy files and directories to and from containers.
    auth          Inspect authorization

Advanced Commands://高级命令
    diff          Diff live version against would-be applied version
    apply         Apply a configuration to a resource by filename or stdin
                  //通过文件名或者标准输入应用于资源
    patch         Update field(s) of a resource using strategic merge patch
                  //更新补丁或者资源
    replace       Replace a resource by filename or stdin
                  //根据文件名或者标准输入替换资源
    wait          Experimental: Wait for a specific condition on one or many resources.
                  //等待特定条件的资源
    convert       Convert config files between different API versions
                  //在不同 API 版本之间转换配置文件
    kustomize     Build a kustomization target from a directory or a remote url.

Settings Commands://设置命令
    label         Update the labels on a resource                 //标签更新
    annotate      Update the annotations on a resource            //资源注释
    completion    Output shell completion code for the specified shell (bash or zsh)
                                                                  //完成指定程序代码

Other Commands://其他命令
    api-resources  Print the supported API resources on the server
                   //服务器上打印受支持的 API 资源
    api-versions   Print the supported API versions on the server, in the form of "group/version"
    config         Modify kubeconfig files                        //修改配置
    plugin         Provides utilities for interacting with plugins. //插件
    version        Print the client and server version information //版本

Usage: //格式用法
    kubectl [flags] [options]

Use "kubectl <command> --help" for more information about a given command.
Use "kubectl options" for a list of global command-line options (applies to all commands).
```

12.1.3 Kubectl 操作举例

为了使读者可以更快掌握 Kubectl 工具的用法，下面列出一些在实际生产环境中经常用到的命令。

1. 资源对象的创建

根据 YAML 文件同时创建 Service 和 RC，示例代码如下：

```
# kubectl create -f qf-service.yaml -f qf-rc.yaml
```

根据指定目录<directory>下的所有 YAML、YML、JSON 文件进行创建，示例代码如下：

```
# kubectl create -f <directory>
```

2. 资源对象列表

使用 kubectl get 命令可以列出一个或多个资源。

查看所有 Pod 列表，示例代码如下：

```
# kubectl get pods
```

查看所有 Pod 和 Service 列表，示例代码如下：

```
# kubectl get rc,service
```

3. 资源对象描述

kubectl describe 用于显示一个或多个资源的详细状态，默认情况下包括未初始化的资源。

查看 Node 节点的详细信息，代码格式如下：

```
# kubectl describe nodes <node-name>
```

查看 Pod 的详细信息，代码格式如下：

```
# kubectl describe pods/<Pod-name>
```

显示由 RC 管理的 Pod 的详细信息，代码格式如下：

```
# kubectl describe pods <rc-name>
```

需要注意，kubectl get 命令通常用于检索一个或多个相同类型的资源，可以使用-o 或--output 标志来自定义输出格式，也可以指定-w 或--watch 标志来开始监视对特定对象的更新。kubectl describe 命令更着重于描述指定资源的相关方面，例如，kubectl describe node 命令不仅检索有关节点的信息，还检索 Pod 为该节点生成的事件等。

4. 删除资源对象

根据定义的 YAML 文件删除 Pod，示例代码如下：

```
# kubectl delete -f pod.yaml
```

删除所有带有指定 Label 的 Pod 和 Service，代码格式如下：

```
# kubectl delete pods,service -l name<label-name>
```

删除所有的 Pod, 示例代码如下：

```
# kubectl delete pods -all
```

5. 执行容器命令

在 Pod 中执行命令, 不指定容器的情况下, 系统默认使用 Pod 中的第一个容器执行, 示例代码如下：

```
# kubectl exec <Pod-name> date
```

指定 Pod 中的某个容器中执行 date 命令, 代码格式如下：

```
# kubectl exec <Pod-name> -c <container-name> date
```

连接或者登录指定 Pod 中的某个容器并使用 Bash 工具, 代码格式如下：

```
# kubectl exec -ti <Pod-name> -c <container-name> /bin/bash
```

6. 查看容器日志

查看容器输出的日志, 代码格式如下：

```
# kubectl logs <Pod-name>
```

查看容器的动态日志, 类似于 tail -f 命令的执行结果, 代码格式如下：

```
# kuebctl logs -f <Pod-name> -c <container-name>
```

7. 创建或更新资源对象

kubectl apply 命令的用法和 kubectl create 类似, 但是逻辑上有些差异：如果目标资源对象不存在, 则进行创建; 如果存在, 则进行更新。

```
# kubectl apply -f app.yaml
```

8. 在线编辑资源对象

使用 kubectl edit 命令可以对运行中的资源对象进行编辑。例如, 编辑运行中的一个 Deployment, 示例代码如下：

```
# kubectl edit deploy nginx
```

命令执行后, 系统会以 YAML 格式来展示修改后的资源对象的定义和状态, 用户可以使用此命令对代码进行编辑和保存, 从而完成对在线资源的直接修改。

9. 将 Pod 的开放端口映射到本地

将集群上 Pod 的 80 端口映射到本地的 8000 端口, 用户可以通过在浏览器输入 "http://127.0.0.1:

8000"访问容器中的服务，示例代码如下：

```
# kubectl port-forword -address 0.0.0.0 \
pod/nginx-d6cdbc73fb-afjwe 8000:80
```

10. 在 Pod 和本地之间复制文件

将指定 Pod 的某个路径（此处以/etc/hostname 为例）下的文件复制到本地的/tmp 目录下，示例代码如下：

```
# kubectl cp nginx-18369ijwodnchd:/etc/hostname /tmp
```

11. 资源对象的标签设置

为 default namespace 设置 testing=ture 标签，示例代码如下：

```
# kubectl label namespace default testing=ture
```

12. 检查可用的 API 资源类型列表

列出所有资源对象类型（该命令经常用于查看特定类型的资源是否已经定义），示例代码如下：

```
# kubectl api-resources
```

12.2 Pod 控制器与 Service

12.2.1 Pod 的创建与管理

Pod 的创建与管理-1

Pod 的创建与管理-2

在 Kubernetes 集群中可以通过两种方式创建 Pod，接下来详细介绍这两种方式。

1. 使用命令创建 Pod

为了让实验效果更加清晰，此处创建一个名为 nginx-test1 且运行 Nginx 服务的 Pod，该 Pod 的副本数量为1，示例代码如下：

```
# kubectl run --generator=run-pod/v1 nginx-test1 \
--image=daocloud.io/library/nginx --port=80 --replicas=1
pod/Nginx-test1 created
```

检查 Pod 是否创建成功，代码如下：

```
# kubectl get pods
NAME           READY   STATUS    RESTARTS   AGE
nginx-test1    1/1     Running   0          5s
```

Pod 创建完成后，获取 Nginx 所在 Pod 的内部 IP 地址，示例代码如下：

```
# kubectl get pod nginx-test1 -o wide
```

```
NAME            READY    STATUS    RESTARTS   AGE      IP            NODE    NOMINATED NODE   READINESS GATES
nginx-test1     1/1      Running   0          2m27s    10.244.2.6    node1   <none>           <none>
```

Pod 字段含义如表 12.4 所示。

表 12.4　　　　　　　　　　　　　　Pod 字段含义

Pod 字段	含义
NAME	Pod 的名称
READY	Pod 的准备状况：Pod 包含的容器总数目/准备就绪的容器数目
STATUS	Pod 的状态
RESTARTS	Pod 的重启次数
AGE	Pod 的运行时间

根据上述命令的执行结果可以看出，nginx-test1 的 IP 地址为 10.044.2.6。通过命令行工具 curl 测试在集群内任意节点是否都可以访问该 Nginx 服务，示例代码如下：

```
# curl 10.244.2.6
<!DOCTYPE html>
<html>
<head>
<title>Welcome to nginx!</title>
（此处省略部分内容）
```

根据执行结果可以看出，使用 curl 工具成功连接到了 Pod 中的 Nginx 服务。

2. 使用 YAML 创建 Pod

除了某些强制性的命令（如 kubectl run/expose）会隐式创建 rc 或者 svc，Kubernetes 还支持通过编写 YAML 格式的文件来创建这些操作对象。使用 YAML 方式不仅可以实现版本控制，还可以在线对文件中的内容进行编辑审核。当使用复杂的配置来提供一个稳健、可靠和易维护的系统时，这些优势就显得非常重要。YAML 本质上是一种用于定义配置文件的通用数据串行化语言格式，与 JSON 格式相比具有格式简洁、功能强大的特点。Kubernetes 中使用 YAML 格式定义配置文件的优点如下。

（1）便捷性：命令行中不必添加大量的参数。

（2）可维护性：YAML 文件可以通过源头控制、跟踪每次操作。

（3）灵活性：YAML 文件可以创建比命令行更加复杂的结构。

YAML 语法规则较为复杂，读者在使用时应该多加注意，具体如下所示。

（1）大小写敏感。

（2）使用缩进表示层级关系。

（3）缩进时不允许使用 Tab 键，只允许使用空格。

（4）缩进的空格数不重要，相同层级的元素左侧对齐即可。

需要注意，一个 YAML 配置文件内可以同时定义多个资源。使用 YAML 创建 Pod 的完整文件内容与格式如下所示。

```
apiVersion: v1           #必选项，版本号，如 v1
kind: Pod                #必选项，Pod
metadata:                #必选，元数据
  name: string           #必选，Pod 名称
  namespace: string      #必选，Pod 所属的命名空间，默认为"default"
  labels:                #自定义标签
    - name: string       #自定义标签名字
  annotations:           #自定义注释列表
    - name: string
spec:                    #必选，Pod 中容器的详细定义
  containers:            #必选，Pod 中容器列表
  - name: string         #必选，容器名称,需符合 RFC 1035 规范
    image: string        #必选，容器的镜像名称
    imagePullPolicy: Never  #获取镜像的策略
    command: [string]    #容器的启动命令列表，如不指定，使用打包时使用的启动命令
    args: [string]       #容器的启动命令参数列表
    workingDir: string   #容器的工作目录
    volumeMounts:        #挂载到容器内部的存储卷配置
    - name: string       #引用 Pod 定义的共享存储卷的名称
      mountPath: string  #存储卷在容器内挂载的绝对路径，应少于 512 字符
      readOnly: boolean  #是否为只读模式
    ports:               #需要暴露的端口
    - name: string       #端口的名称
      containerPort: int #容器需要监听的端口号
      hostPort: int      #容器所在主机需要监听的端口号，默认与 Container 相同
      protocol: string   #端口协议，支持 TCP 和 UDP，默认 TCP
    env:                 #容器运行前需设置的环境变量列表
    - name: string       #环境变量名称
      value: string      #环境变量的值
    resources:           #资源限制和请求的设置
      limits:            #资源限制的设置
        cpu: string      #CPU 的限制
        memory: string   #内存限制，单位可以为 MiB/GiB，将用于 docker run --memory 参数
      requests:          #资源请求的设置
        cpu: string      #CPU 请求，容器启动的初始可用数量
        memory: string   #内存请求,容器启动的初始可用数量
    livenessProbe:       #对 Pod 内各容器健康检查的设置
      exec:              #将 Pod 容器内检查方式设置为 exec 方式
        command: [string] #exec 方式需要制定的命令或脚本
      httpGet:           #将 Pod 内各容器健康检查方法设置为 HttpGet
        path: string
```

```
      port: number
      host: string
      scheme: string
      httpHeaders:
      - name: string
        value: string
    tcpSocket:      #将 Pod 内各容器健康检查方式设置为 TCPSocket 方式
      port: number
    initialDelaySeconds: 0    #容器启动完成后首次探测的时间，单位为秒
    timeoutSeconds: 0    #容器健康检查探测等待响应的超时时间，单位为秒，默认 1 秒
    periodSeconds: 0     #容器定期健康检查的时间设置，单位为秒，默认 10 秒一次
    successThreshold: 0
    failureThreshold: 0
    securityContext:      #安全上下文
      privileged: false
  restartPolicy: [Always | Never | OnFailure] #Pod 的重启策略
  nodeSelector: obeject  #设置 NodeSelector
  imagePullSecrets: #拉取镜像时使用的 secret 名称
  - name: string
  hostNetwork: false     #是否使用主机网络模式，默认为 false
  volumes:               #在该 Pod 上定义共享存储卷列表
  - name: string         #共享存储卷名称（存储卷类型有很多种）
    emptyDir: {}         #类型为 emtyDir 的存储卷
    hostPath: string     #类型为 hostPath 的存储卷
      path: string       #hostpath 类型存储卷的路径
    secret:     #类型为 secret 的存储卷，挂载集群与定义的 secret 对象到容器内部
      scretname: string
      items:
      - key: string
        path: string
    configMap:           #类型为 configMap 的存储卷。
      name: string
      items:
      - key: string
        path: string
```

以上 Pod 定义文件涵盖了 Pod 大部分属性的设置，其中各参数的取值类型包括 string、list、object。下面使用 YAML 方式创建基本的 Pod。

首先编写 Pod 的 YAML 文件，代码如下：

```
# vim pod.yaml
apiVersion: v1
kind: Pod
metadata:
  name: pod-demo
  namespace: default
  labels:
```

```
    app: nginx
spec:
  containers:
  - name: nginx
    image: nginx:latest
    ports:
    - containerPort: 80
# kubectl create -f pod.yaml
pod/pod-demo created
```

从代码的执行结果可以看出,名为 pod-demo 的 Pod 创建成功。使用 get 命令查看创建的 Pod,示例代码如下:

```
# kubectl get pods
NAME       READY   STATUS    RESTARTS   AGE
pod-demo   1/1     Running   0          3m21s
```

接下来讲解关于 Pod 的基本操作。

3. Pod 基本操作

Pod 是 Kubernetes 中最小的控制单位,下面介绍生产环境中关于 Pod 的常用命令。

查看 Pod 所在的运行节点以及 IP 地址可以使用 -o wide 参数,示例代码如下:

```
# kubectl get pod pod-demo -o wide
NAME       READY   STATUS    RESTARTS   AGE    IP           NODE    NOMINATED NODE   READINESS GATES
pod-demo   1/1     Running   0          164m   10.244.1.23  node2   <none>           <none>
```

查看 Pod 定义的详细信息,可以使用 -o yaml 参数将 Pod 的信息转化为 YAML 格式。该参数不仅显示 Pod 的详细信息,还显示 Pod 中容器的相关信息。示例代码如下:

```
# kubectl get pods -o yaml
apiVersion: v1
kind: Pod
metadata:
  creationTimestamp: "2019-12-12T03:24:15Z"
  labels:
    app: nginx
  name: pod-demo
  namespace: default
  resourceVersion: "1018501"
  selfLink: /api/v1/namespaces/default/pods/pod-demo
  uid: 7b2ca6a5-17de-4abf-b272-0b7b8fac6d8a
```
(省略部分内容)

kubectl describe 命令可查询 Pod 的状态和生命周期事件。为了使读者可以更加直观地看懂命令执行后返回的内容,这里对命令的执行结果进行了注释,示例代码如下:

```
# kubectl describe pod pod-demo
Name:         pod-demo                        #Pod 名称
```

```
Namespace:      default                         #Pod 命名空间
Priority:       0
Node:           node2/192.168.26.12             #Pod 所在 Node
Start Time:     Thu, 12 Dec 2019 11:24:15 +0800     #Pod 创建时间
Labels:         app=nginx                       #Pod 标签
Annotations:    <none>                          #Pod 注释
Status:         Running                         #Pod 状态
IP:             10.244.1.23                     #Pod 的 IP 地址
Containers:                                     #Pod 内的容器信息
  nginx:
    Container ID:  docker://e1dee2ea0681669363ba079a632ad11b9e949824437f8cdfbc68c598c42a4860
    Image:         nginx:latest
    Image ID:      docker-pullable://nginx@sha256:
50cf965a6e08ec5784009d0fccb380fc479826b6e0e65684d9879170a9df8566
    Port:          80/TCP
    Host Port:     0/TCP
    State:         Running
      Started:     Thu, 12 Dec 2019 11:24:23 +0800
    Ready:         True
    Restart Count: 0
    Environment:   <none>
    Mounts:
      /var/run/secrets/kubernetes.io/serviceaccount from default-token-gf5xw (ro)
Conditions:
  Type              Status
  Initialized       True
  Ready             True
  ContainersReady   True
  PodScheduled      True
Volumes:
  default-token-gf5xw:
    Type:        Secret (a volume populated by a Secret)
    SecretName:  default-token-gf5xw
    Optional:    false
QoS Class:       BestEffort
Node-Selectors:  <none>
Tolerations:     node.kubernetes.io/not-ready:NoExecute for 300s
                 node.kubernetes.io/unreachable:NoExecute for 300s
Events:          <none>                         #Pod 相关事件列表
```

进入 Pod 对应的容器内部并使用 /bin/bash 进行交互，示例代码如下：

```
# kubectl exec -it tomcat-76h6w /bin/bash
```

重新启动 Pod 以更新应用，示例代码如下：

```
# kubectl replace --force -f Pod 的 YAML 文件名
```

12.2.2 plicaSet 控制器

plicaSet 控制器及 Deployment 控制器-1

ReplicaSet（RS）是 Pod 控制器类型中的一种，主要用来确保受管控 Pod 对象的副本数量在任何时刻都满足期望值。当 Pod 的副本数量与期望值不吻合时，多则删除，少则通过 Pod 模板进行创建以弥补。ReplicaSet 与 Replication Controller 功能基本一样，但是 ReplicaSet 可以在标签选择项中选择多个标签。支持基于等式的 Seletor。Kubernetes 官方强烈建议避免直接使用 RS，推荐通过 Deployment 来创建 RS 和 Pod。与手动创建和管理 Pod 对象相比，ReplicaSet 可以实现以下功能。

（1）可以确保 Pod 的副本数量精确吻合配置中定义的期望值。

（2）当探测到 Pod 对象所在的 Node 节点不可用时，可以自动请求在其他 Node 节点上重新创建新的 Pod，以确保服务可以正常运行。

（3）当业务规模出现波动时，可以实现 Pod 的弹性伸缩。

12.2.3 Deployment 控制器

Deployment 控制器-2

Deployment 控制器-3

Deployment 或者 RC 在集群中实现的主要功能就是创建应用容器的多份副本，并持续监控副本数量，使其维持在指定值。Deployment 提供了关于 Pod 和 RS 的声明性更新，其主要使用场景如下。

（1）通过创建 Deployment 来生成 RS 并在后台完成 Pod 的创建。

（2）通过更新 Deployment 来创建新的 Pod（镜像升级）。

（3）如果当前的服务状态不稳定，可以将 Deployment 回滚到先前的版本（版本回滚）。

（4）通过编辑 Deployment 文件来控制副本数量（增加负载）。

（5）在进行版本更新时，如果更新出现故障可以暂停 Deployment，等到故障修复后继续发布。

（6）通过 Deployment 的状态来判断更新发布是否成功。

（7）清理不再需要的旧副本集。

下面通过具体的部署示例，为读者展示 Deployment 的用法。

创建 Deployment 描述文件，并在参数中设定 replicas 的值（副本数量）为 3，示例代码如下：

```
# vim dp-nginx.yaml
apiVersion: apps/v1
kind: Deployment
metadata:
  name: nginx-deployment
  labels:
    app: nginx
spec:
  replicas: 3
  selector:
    matchLabels:
      app: nginx
  template:
    metadata:
```

```
      labels:
        app: nginx
    spec:
      containers:
      - name: nginx
        image: nginx:1.7.9
        ports:
        - containerPort: 80
```

在此示例中 metadata.name 字段表示此 Deployment 的名字为 nginx-deployment。spec.replicas 字段表示将创建 3 个配置相同的 Pod。spec.selector 字段定义了通过 matchLabels 方式选择这些 Pod。通过相关命令来创建、部署 Deployment 并查看 Deployment 状态，代码如下：

```
# kubectl create -f dp-nginx.yaml
deployment.apps/nginx-deployment created
# kubectl get deployment
NAME               READY   UP-TO-DATE   AVAILABLE   AGE
nginx-deployment   3/3     3            0           3m21s
```

从以上代码中 READY 的值可以看出 Deployment 已创建好了 3 个最新的副本。通过执行 kubectl get rs 命令和 kubectl get pods 命令可以查看相关的 RS 和 Pod 信息。

```
# kubectl get rs
NAME                          DESIRED   CURRENT   READY   AGE
nginx-deployment-5754944d6c   3         3         3       6m38s
# kubectl get pods
NAME                                READY   STATUS    RESTARTS   AGE
nginx-deployment-5754944d6c-21sd7   1/1     Running   0          9m7s
nginx-deployment-5754944d6c-8zflr   1/1     Running   0          9m7s
nginx-deployment-5754944d6c-hx6jg   1/1     Running   0          9m7sds
```

以上代码所创建的 Pod 由系统自动完成调度，它们各自最终运行在哪个节点上，完全由 Master 的 Scheduler 组件经过一系列算法计算得出，用户无法干预调度过程和结果。

1. Pod 升级

当集群中的某个服务需要升级时，一般情况下需要先停止与此服务相关的 Pod，然后下载新版的镜像和创建 Pod。这种先停止再升级的方式在大规模集群中会导致服务较长时间不可用，而 Kubernetes 提供的滚动升级功能可以很好地解决此类问题。

用户在运行时修改 Deployment 的 Pod 定义(spec.template)或者镜像名称，并将其应用到 Deployment 上，系统即可自动完成更新。如果在更新过程中出现了错误，还可以回滚到先前的 Pod 版本。需要注意，前提条件是 Pod 是通过 Deployment 创建的，且仅当 spec.template 更改部署的 Pod 模板时（例如，模板的标签或容器镜像已更新），才会触发部署。其他更新，如扩展部署，不会触发部署。

下面通过详细的示例来演示 Pod 的升级和回滚操作。

将 nginx pods 的镜像从 nginx:1.7.9 更新为 nginx:1.9.1 版本，示例代码如下：

```
# kubectl --record deployment.apps/nginx-deployment set image \
```

```
deployment.v1.apps/nginx-deployment nginx=nginx:1.9.1
```

也可以使用更加简单的方式,示例代码如下:

```
# kubectl set image deployment/nginx-deployment nginx=nginx:1.91 --record
deployment.apps/nginx-deployment image updated
```

或者使用 edit 选项将 .spec.template.spec.containers[0].image 从 nginx:1.7.9 更改为 nginx:1.9.1,示例代码如下:

```
# kubectl edit deployment.v1.apps/nginx-deployment
deployment.apps/nginx-deployment edited
```

当镜像名称或者 Pod 定义发生改变,系统会发出相关指令对 Deployment 创建的 Pod 进行滚动更新。使用 kubectl rollout status 命令查看 Deployment 更新的过程,示例代码如下:

```
# kubectl rollout status deployment.v1.apps/nginx-deployment
Waiting for rollout to finish: 2 out of 3 new replicas have been updated...
```

查看相关 Pod 的状态以获取更多有关更新部署的详细信息,代码如下:

```
# kubectl get pods
NAME                         READY   STATUS    RESTARTS   AGE
dp-nginx-7bffc778db-9x58h    1/1     Running   0          160m
dp-nginx-7bffc778db-df6k5    1/1     Running   0          160m
dp-nginx-7bffc778db-jpvns    1/1     Running   0          160m
```

通过命令查看 Pod 使用的镜像,观察 Pod 镜像是否成功更新,代码如下:

```
# kubectl describe pod dp-nginx-7bffc778db-9x58h
……
Containers:
  nginx:
    Container ID:   docker://5b0583ab9076e955528cdf9177fa324c6ae54337ed516ebc5c93324ebf64408e
    Image:          nginx:1.7.9
……
```

从执行结果可以看出,Pod 的镜像已经成功更新为 nginx:1.9.1 版本。另外还可以通过 kubectl describe deployment/nginx-deployment 命令查看更加详细的事件信息。

2. Deployment 回滚

在进行升级操作的时候,新的 Deployment 不稳定可能会导致系统死机,这时需要将 Deployment 回滚到旧的版本。下面演示 Deployment 的回滚操作。

为了演示 Deployment 更新出错的场景,这里在更新 Deployment 时误将 Nginx 镜像设置成 nginx:1.91(不是 nginx:1.9.1,属于不存在的镜像),并通过 rollout 命令进行升级操作,代码如下:

```
# kubectl set image deployment.v1.apps/nginx-deployment nginx=nginx:1.91 --record=true
```

```
deployment.apps/nginx-deployment image updated
# kubectl rollout status deployment.v1.apps/nginx-deployment
Waiting for rollout to finish: 1 out of 3 new replicas have been updated...
```

因为使用的是不存在的镜像,系统无法进行正确的镜像升级,会一直处于 Waiting 状态。此时,可以使用 Ctrl+C 组合键来终止此操作。查看系统是否创建了新的 RS,示例代码如下:

```
# kubectl get rs
NAME                          DESIRED   CURRENT   READY   AGE
nginx-deployment-5754944d6c   3         3         3       15m
nginx-deployment-7ff84c8bc9   1         1         0       63s
```

从执行结果可以看出,系统新建了一个名为 nginx-deployment-7ff84c8bc9 的 RS。查看相关 Pod 信息,代码如下:

```
# kubectl get pods
NAME                                READY   STATUS            RESTARTS   AGE
nginx-deployment-5754944d6c-6s7q6   1/1     Running           0          17m
nginx-deployment-5754944d6c-h5p6p   1/1     Running           0          17m
nginx-deployment-5754944d6c-l5gqf   1/1     Running           0          17m
nginx-deployment-7ff84c8bc9-7p2sz   0/1     ImagePullBackOff  0          2m59s
```

从执行结果可以看出,因为更新的镜像为不存在的镜像,所以新创建的 Pod 的状态为 ImagePullBackOff。检查 Deployment 描述和 Deployment 更新历史记录,示例代码如下:

```
# kubectl describe deployment
Name:                   nginx-deployment
Namespace:              default
CreationTimestamp:      Tue, 15 Mar 2016 14:48:04 -0700
Labels:                 app=nginx
Selector:               app=nginx
Replicas:               3 desired | 1 updated | 4 total | 3 available | 1 unavailable
StrategyType:           RollingUpdate
MinReadySeconds:        0
RollingUpdateStrategy:  25% max unavailable, 25% max surge
Pod Template:
  Labels: app=nginx
  Containers:
   nginx:
    Image:      nginx:1.91
    Port:       80/TCP
(省略部分内容)
# kubectl rollout history deployment.v1.apps/nginx-deployment
deployment.apps/nginx-deployment
REVISION  CHANGE-CAUSE
1         <none>
2         kubectl set image deployment/nginx-deployment nginx=nginx:1.91 --record=true
```

此时需要回滚到以前的版本。使用 undo 命令撤销本次发布并将 Deployment 回滚到上一个部署的版本，代码如下：

```
# kubectl rollout undo deployment.v1.apps/nginx-deployment
deployment.apps/nginx-deployment
```

另外，还可以使用--to-revison参数来指定版本号，代码如下：

```
kubectl rollout undo deployment.v1.apps/nginx-deployment --to-revision=2
```

从Deployment的事件中心查看此次回滚操作的详细信息，代码如下：

```
# kubectl get deployment nginx-deployment
Name:                   nginx-deployment
Namespace:              default
CreationTimestamp:      Sun, 15 Dec 2019 16:11:19 +0800
Labels:                 app=nginx
Annotations:            deployment.kubernetes.io/revision: 3
Selector:               app=nginx
Replicas:               3 desired | 3 updated | 3 total | 3 available | 0 unavailable
StrategyType:           RollingUpdate
MinReadySeconds:        0
RollingUpdateStrategy:  25% max unavailable, 25% max surge
Pod Template:
  Labels: app=nginx
  Containers:
   nginx:
    Image:        nginx:1.7.9
    Port:         80/TCP
    Host Port:    0/TCP
    Environment:  <none>
    Mounts:       <none>
  Volumes:        <none>
Conditions:
  Type           Status   Reason
  ----           ------   ------
  Available      True     MinimumReplicasAvailable
  Progressing    True     NewReplicaSetAvailable
OldReplicaSets:  <none>
NewReplicaSet:   nginx-deployment-5754944d6c (3/3 replicas created)
Events:
  Type    Reason             Age    From                   Message
  ----    ------             ----   ----                   -------
  Normal  ScalingReplicaSet  24m    deployment-controller  Scaled up replica set nginx-deployment-5754944d6c to 3
  Normal  ScalingReplicaSet  10m    deployment-controller  Scaled up replica set nginx-deployment-7ff84c8bc9 to 1
  Normal  ScalingReplicaSet  22s    deployment-controller  Scaled down replica set nginx-deployment-7ff84c8bc9 to 0
```

从Events事件信息中可以看到"Normal ScalingReplicaSet 22s deployment-controller Scaled down replica set nginx-deployment-7ff84c8bc9 to 0"字段，此字段表示Deployment已经执行了回滚操作。

3. 暂停和恢复 Deployment 的部署操作

部署复杂的 Deployment 需要进行多次的配置文件修改，为了减少更新过程中的错误，Kubernetes 支持暂停 Deployment 更新操作，待配置一次性修改完成后再恢复更新。下面详细介绍 Deployment 暂停和恢复操作的相关流程。

以先前创建的 Nginx 为例，使用命令查看创建的 Deployment 以获取部署信息，示例代码如下：

```
# kubectl get deploy
NAME      DESIRED   CURRENT   UP-TO-DATE   AVAILABLE   AGE
nginx     3         3         3            3           1m
# kubectl get rs
NAME               DESIRED   CURRENT   READY   AGE
nginx-2142116321   3         3         3       1m
```

使用 pause 选项来实现 Deployment 的暂停操作，代码如下：

```
# kubectl rollout pause deployment.v1.apps/nginx-deployment
deployment.apps/nginx-deployment paused
```

将更新操作暂停后，修改 Deployment 镜像，示例代码如下：

```
# kubectl set image deployment.v1.apps/nginx-deployment nginx=nginx:1.9.1
deployment.apps/nginx-deployment image updated
```

此时，查看 Deployment 部署的历史记录，观察 Deployment 是否进行了新的更新操作，代码如下：

```
# kubectl rollout history deployment.v1.apps/nginx-deployment
deployments "nginx"
REVISION  CHANGE-CAUSE
1         <none>
```

从执行结果可以看出，系统并没有进行新的更新操作。为了演示多次操作的步骤，对 Nginx 容器再次进行相关的资源限制操作，代码如下：

```
# kubectl set resources deployment.v1.apps/nginx-deployment -c=nginx --limits=cpu=200m,memory=1024Mi
    deployment.apps/nginx-deployment resource requirements updated
```

修改完成后，恢复 Deployment 的更新部署并观察新的 RS，代码如下：

```
# kubectl rollout resume deployment.v1.apps/nginx-deployment
deployment.apps/nginx-deployment resumed
# kubectl get rs -w
NAME               DESIRED   CURRENT   READY   AGE
nginx-2142116321   2         2         2       2m
nginx-3926361531   2         2         0       6s
nginx-3926361531   2         2         1       18s
nginx-2142116321   1         2         2       2m
nginx-2142116321   1         2         2       2m
```

211

```
nginx-3926361531    3         2         1         18s
nginx-3926361531    3         2         1         18s
nginx-2142116321    1         1         1         2m
nginx-3926361531    3         3         1         18s
nginx-3926361531    3         3         2         19s
nginx-2142116321    0         1         1         2m
nginx-2142116321    0         1         1         2m
nginx-2142116321    0         0         0         2m
nginx-3926361531    3         3         3         20s
# kubectl get rs
NAME                DESIRED   CURRENT   READY     AGE
nginx-2142116321    0         0         0         2m
nginx-3926361531    3         3         3         28s
# kubectl describe deployment nginx-deployment
（省略部分内容）
```

从执行结果可以看出，Deployment 完成了更新。

12.2.4 StatefulSet 控制器

StatefulSet 控制器 及 DaemonSet 控制器

集群中 ZooKeeper、Elasticsearch、MongoDB、Kafka 等有状态的节点都有明确不变的唯一 ID 号（主机名或 IP 地址），这些节点的启动和停止也需要遵循严格的顺序。另外，这些节点重启时，都需要挂载原来的存储卷。为此，可以使用 StatefulSet 来管理这些有状态的应用。StatefulSet 的主要特点如下。

（1）具有稳定且唯一的网络标识。例如，创建一个名为 MySQL 的 StatefulSet，第一个 Pod 的名字为 MySQL-0，第二个为 MySQL-1，以此类推。

（2）可以实现稳定且持久的存储。删除 Pod 不会删除对应的存储卷。

（3）可以有序地进行部署和更新操作，且启动顺序是受控的。当操作第 n 个 Pod 时，前 $n-1$ 个 Pod 已经运行且处于准备状态。

完整的 StatefulSet 控制器由 Headless Service、StatefulSet 和 volumeClaimTemplates 三部分组成。下面详细介绍 StatefulSet 的使用方法。

以创建 jenkins 为例，下面定义部署 jenkins StatefulSet 的一些相关参数，读者可以参考，代码如下：

```
#下面定义了 Headless Service
apiVersion: v1
kind: Service
metadata:
  name: jenkins-svc
  labels:
    app: jenkins-svc
spec:
  selector:
    app: jenkins
  ports:
  - port: 8080
  clusterIP: None
```

```yaml
---
# 下面定义了 StatefulSet
apiVersion: apps/v1beta2
kind: StatefulSet
metadata:
  name: jenkins
spec:
  selector:
    matchLabels:
      app: jenkins
  serviceName: jenkins
  replicas: 3
  template:
    metadata:
      labels:
        app: jenkins
    spec:
      containers:
      - name: jenkins
        image: jenkins/jenkins:lts-alpine
        ports:
        - containerPort: 8080
          name: jenkins
        volumeMounts:
        - name: jenkins-vol
          mountPath: /var/jenkins_home
  volumeClaimTemplates:                        #此处定义了 volumeClaimTemplates
  - metadata:
      name: jenkins-vol
    spec:
      accessModes: [ "ReadWriteOnce" ]
      resources:
        requests:
          storage: 2Gi
```

12.2.5 DaemonSet 控制器

当需要在 Node 节点上收集日志或者进行主机性能采集时，可以使用 DaemonSet 控制器在每个 Node 节点上创建一个 Pod 副本进行资源的收集，如图 12.1 所示。

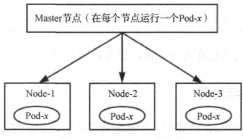

图 12.1 DaemonSet 演示

下面的描述文件中创建了一个运行着 fluentd-elasticsearch 镜像的 DaemonSet 对象，代码如下：

```yaml
apiVersion: apps/v1
kind: DaemonSet
metadata:
  name: fluentd-elasticsearch
  namespace: kube-system
  labels:
    k8s-app: fluentd-logging
spec:
  selector:
    matchLabels:
      name: fluentd-elasticsearch
  template:
    metadata:
      labels:
        name: fluentd-elasticsearch
    spec:
      tolerations:
      - key: node-role.kubernetes.io/master
        effect: NoSchedule
      containers:
      - name: fluentd-elasticsearch
        image: k8s.gcr.io/fluentd-elasticsearch:1.20
        resources:
          limits:
            memory: 200Mi
          requests:
            cpu: 100m
            memory: 200Mi
        volumeMounts:
        - name: varlog
          mountPath: /var/log
        - name: varlibdockercontainers
          mountPath: /var/lib/docker/containers
          readOnly: true
      terminationGracePeriodSeconds: 30
      volumes:
      - name: varlog
        hostPath:
          path: /var/log
      - name: varlibdockercontainers
        hostPath:
          path: /var/lib/docker/containers
```

若想了解 DaemonSet 的更多使用方法，可以参考官方文档。

12.2.6　Service 的创建与管理

前面讲解的内容也涉及 Service 的使用。服务创建完成后，只能在集群内部通过 Pod 的地址去访问。当 Pod 出现故障时，Pod 控制器会重新创建一个包括该服务

Service 的创建与管理

的 Pod，此时访问该服务需获取新 Pod 的地址，这导致服务的可用性大大降低。另外，如果容器本身就采用分布式的部署方式，通过多个实例共同提供服务，则需要在这些实例的前端设置负载均衡分发。Kubernetes 项目引入了 Service 组件，当新的 Pod 的创建完成后，Service 会通过 Label 连接到该服务。

总的来说，Service 可以实现为一组具有相同功能的应用服务，提供一个统一的入口地址，并将请求负载分发到后端的容器应用上。下面介绍 Service 的基本使用方法。

1. Service 详解

YAML 格式的 Service 定义文件的完整内容以及各参数的含义如下所示。

```
apiVersion: v1                    #必选项，表示版本
kind: Service                     #必选项，表示定义资源的类型
matadata:                         #必选项，元数据
  name: string                    #必选项，Service 的名称
  namespace: string               #必选项，命名空间
  labels:                         #自定义标签属性列表
    - name: string
  annotations:                    #自定义注解属性列表
    - name: string
spec:                             #必选项，详细描述
  selector: []                    #必选项，标签选择
  type: string                    #必选项，Service 的类型，指定 Service 的访问方式
  clusterIP: string               #虚拟服务地址
  sessionAffinity: string         #是否支持 session
  ports:                          #Service 需要暴露的端口列表
  - name: string                  #端口名称
    protocol: string              #端口协议，支持 TCP 和 UDP，默认 TCP
    port: int                     #服务监听的端口号
    targetPort: int               #需要转发到后端 Pod 的端口号
    nodePort: int                 #映射到物理机的端口号
  status:                         #当 spce.type=LoadBalancer 时，设置外部负载均衡器的地址
    loadBalancer:
      ingress:
        ip: string                #外部负载均衡器的 IP 地址
        hostname: string          #外部负载均衡器的主机名
```

注意，以上代码中加粗项为必选项。

2. 环境准备

为了模拟 Pod 出现故障的场景，这里将删除当前的 Pod。示例代码如下：

```
# kubectl get pods
NAME                         READY   STATUS              RESTARTS   AGE
nginx-test1-7c4c56845c-7xd99 0/1     ContainerCreating   0          16s
# kubectl delete pod nginx-test1-7c4c56845c-7xd99
Pod "nginx-test1-7c4c56845c-7xd99" deleted
```

删除 Pod 后，查看 Pod 信息时发现系统又自动创建了一个新的 Pod，代码如下：

```
# kubectl get pods -o wide
NAME                          READY  STATUS    RESTARTS  AGE   IP           NODE   NOMINATED NODE  READINESS GATES
nginx-test1-7c4c56845c-b28dk  1/1    Running   0         18s   10.244.1.11  node2  <none>          <none>
```

3. 创建 Service

Service 既可以通过 kubectl expose 命令来创建，又可以通过 YAML 方式创建。用户可以通过 kubectl expose --help 命令查看其更加详细的使用方法。Service 创建完成后，Pod 中的服务依然只能通过集群内部的地址去访问，示例代码如下：

```
# kubectl expose deploy nginx-test1 --port=8000 --target-port=80
service/nginx-test1 exposed
```

以上示例创建了一个 Service 服务，并将本地的 8000 端口绑定到了 Pod 的 80 端口上。

4. 查看创建的 Service

使用相关命令查看创建的 Service，代码如下：

```
# kubectl get svc
NAME         TYPE       CLUSTER-IP       EXTERNAL-IP   PORT(S)    AGE
nginx-test1  ClusterIP  10.101.243.101   <none>        8000/TCP   10s
```

此时便可以直接通过 Service 地址访问 Nginx 服务，通过 curl 命令进行验证，代码如下：

```
# curl 10.101.243.101:8000
<!DOCTYPE html>
<html>
<head>
<title>Welcome to nginx!</title>
（此处省略部分内容）
```

12.2.7 Java Web 应用的容器化发布

Java Web 应用的容器化发布

本节将模拟实际生产环境中的应用关系，通过使用 Kubernetes 发布容器化的应用。示例通过前端应用 Tomcat 提供的页面向后端的数据库中添加并展示数据，具体流程如图 12.2 所示。

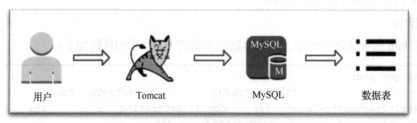

图 12.2　Java Web 应用流程

分别启动 Tomcat 容器和 MySQL 容器，通过 Tomcat 提供的页面向后端的 MySQL 数据库写入数据。此示例在一台主机上启动两个容器，需要把 MySQL 容器的 IP 地址以环境变量的形式注入 Tomcat 容器。同时，需要将 Tomcat 容器的 8080 端口映射到宿主机的 8080 端口，以便在外部访问。

1. 环境准备

使用二进制方式或者 Kubeadm 方式部署的 Kubernetes 集群。另外，为了与其他 Pod 隔离，需要新建一个命名空间。创建命名空间的操作代码如下：

```
# kubectl create namespace java-web
namespace/java-web created
```

本示例中创建的命名空间为 java-web。

2. 启动 MySQL 服务

首先，创建 MySQL 定义文件 sql-rc.yaml，用来启动 MySQL 服务。该文件的完整内容如下所示。

```
# vim sql-rc.yaml
apiVersion: v1
kind: ReplicationController
metadata:
  name: mysql
  namespace: java-web
spec:
  replicas: 1
  selector:
    app: mysql
  template:
    metadata:
      labels:
        app: mysql
    spec:
      containers:
      - name: mysql
        image: mysql:5.7
        ports:
        - containerPort: 3306
        env:
        - name: MYSQL_ROOT_PASSWORD
          value: "123456"
```

以上 YAML 文件中的 spec.template.metadata.labels 指定了该 Pod 的标签，需要特别注意的是，这里的标签必须与先前的 spec.selector 匹配，否则每当此 RC 创建一个无法匹配标签的 Pod，系统会认为此 Pod 创建失败，继而不停地尝试创建新的 Pod，导致系统陷入恶性循环。创建好 mysql-rc.yaml 文件后，执行如下命令将它发布到 Kubernetes 集群。

```
# kubectl create -f sql-rc.yaml
replicationcontroller/mysql created
# kubectl get pods -n java-web
```

```
NAME          READY    STATUS     RESTARTS   AGE
mysql-82frv   1/1      Running    0          31s
```

最后，创建关联的 Service 定义文件 sql-svc.yaml，完整内容如下所示。

```
# vim sql-svc.yaml
apiVersion: v1
kind: Service
metadata:
  name: mysql
  namespace: java-web
spec:
  ports:
    - port: 3306
      targetPort: 3306
  selector:
    app: mysql
```

运行 Kubectl 命令，创建 Service，示例代码如下：

```
# kubectl create -f sql-svc.yaml
service/mysql created
```

3. 启动 Tomcat 应用

上面已经成功定义和启动 MySQL 服务，接下来使用同样的步骤和方式创建 Tomcat 服务。

首先创建 Tomcat 对应的文件 web-rc.yaml。在 Tomcat 容器内，应用将使用环境变量 MYSQL_SERVICE_HOST 的值连接 MySQL 服务。示例代码如下：

```
# vim web-rc.yaml
apiVersion: v1
kind: ReplicationController
metadata:
  name: tomcat
  namespace: java-web
spec:
  replicas: 1
  selector:
    app: tomcat
  template:
    metadata:
      labels:
        app: tomcat
    spec:
      containers:
        - name: tomcat
          image: docker.io/kubeguide/tomcat-app:v1   //此处的镜像已经包含了网页代码
          ports:
          - containerPort: 8080
          env:
```

```
            - name: MYSQL_SERVICE_HOST
              value: 'mysql'
            - name: MYSQL_SERVICE_PORT
              value: '3306'
```

使用 kubectl create 命令创建 Tomcat。

```
# kubectl create -f web-rc.yaml
replicationcontroller/tomcat created
```

然后，创建 Tomcat 对应的 Service，并设置端口转发项，将容器的 8080 端口转发到本地的 30000 端口。完整的 YAML 定义文件 web-svc.yaml 如下所示。

```
# vim web-svc.yaml
apiVersion: v1
kind: Service
metadata:
  name: tomcat
  namespace: java-web
spec:
  type: NodePort
  ports:
    - port: 8080
      targetPort: 8080
      nodePort: 30000
  selector:
    app: tomcat
```

执行 kubectl create 命令进行创建，并查看创建的 Service，示例代码如下：

```
# kubectl create -f web-svc.yaml
service/tomcat created
```

最后查看 java-web 命名空间中创建的资源的状态，代码如下：

```
# kubectl get svc -n java-web
NAME      TYPE        CLUSTER-IP       EXTERNAL-IP    PORT(S)          AGE
mysql     ClusterIP   10.110.53.6      <none>         3306/TCP         9m25s
tomcat    NodePort    10.108.158.170   <none>         8080:30000/TCP   69s
# kubectl get pods -n java-web
NAME               READY   STATUS    RESTARTS   AGE
mysql-82frv        1/1     Running   2          12m
tomcat-rc-cvwbn    1/1     Running   1          5m12s
# kubectl get rc -n java-web
NAME         DESIRED   CURRENT   READY   AGE
mysql        1         1         0       13m
tomcat-rc    1         1         0       6m28s
```

从执行结果可以看出 Java Web 应用已经创建完成。下面将介绍如何进行验证。

4. 通过浏览器访问网页

在浏览器中输入 http://虚拟机 IP 地址:30000/demo/。比如虚拟机 IP 地址为 192.168.26.10，在浏览器里输入 http://192.168.26.10:30000/demo/后，可以看到图 12.3 所示的界面。

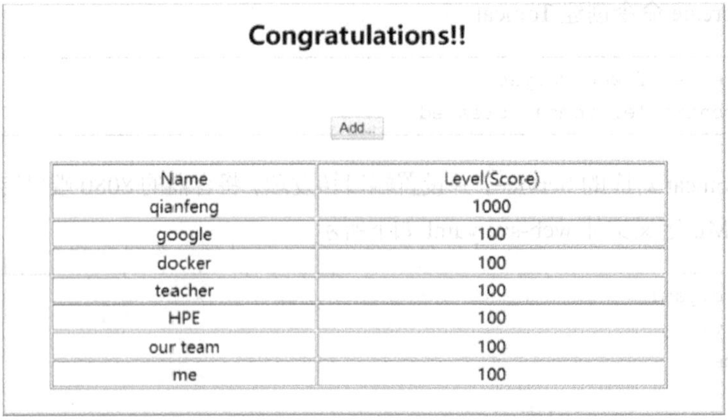

图 12.3 通过浏览器访问 Tomcat 应用

在页面中单击 add 按钮即可向数据库中添加数据，如图 12.4 所示。

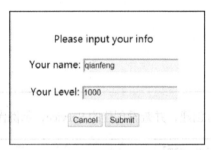

图 12.4 向数据库中添加数据

12.3 Volume 存储

Kubernetes 集群中 Volume（存储卷）的概念和用途与 Docker 中的 Volume 相似，但两者之间也存在差别。在 Kubernetes 集群中，Volume 被定义在 Pod 上，可以被 Pod 内多个容器挂载使用，而且，Volume 与 Pod 的生命周期相同。当 Pod 内的容器终止或者重启时，Volume 中的数据也不会丢失。

12.3.1 Pod 内定义 Volume 的格式

Pod 内定义 Volume 的格式及常见的 Volume 类型

在 Kubernetes 集群中使用 Volume 时，需要先在 Pod 内声明一个 Volume，然后在容器中引用并挂载这个 Volume。下面通过 Pod 的定义文件详细说明 Kubernetes 中的 Volume 在 Pod 内的用法。

对 Pod 的定义文件进行修改，即可实现 Pod 内容器对 Volume 的挂载，代码如下（注意代码粗体部分）：

```
apiVersion: v1
kind: Pod
metadata:
  name: pod-vol
spec:
  volumes:
  - name: vol-1
    emptyDir: {}
  containers:
  - name: nginx
    image: nginx
    volumeMounts:
    - name: vol-1
      mountPath: /usr/share/nginx/html
```

上面的 YAML 文件中，在 Pod 内使用 spec.volumes 字段定义了一个名为 vol-1、存储类型为 emptyDir 的 Volume，并在容器的配置项中将该 Volume 挂载到了 Nginx 容器的/usr/share/nginx/html 目录下。

12.3.2 常见的 Volume 类型

Kubernetes 提供了非常丰富的 Volume 类型，下面逐一进行说明。

1. emptyDir

emptyDir 是定义在 Pod 空间内的一种存储卷类型，它无须指定宿主机上对应的目录文件，当 Pod 从 Node 上移除时，emptyDir 中的数据也会被永久删除。emptyDir 的主要用途如下。

（1）作为某些应用程序运行时的临时目录，且无须永久保留。

（2）Pod 内一个容器从另一个容器内获取数据（多容器共享目录）。

2. hostPath

hostPath 类型的存储卷可以实现容器从宿主机上挂载文件或者目录，这种存储卷的主要应用场景如下。

（1）当容器应用程序生成的日志需要永久保存时，可以使用该类型挂载宿主机上的高速文件系统。

（2）在需要访问宿主机上 Docker 引擎内部的数据时，可以将宿主机的/var/lib/docker 目录定义在容器中，使容器内部应用可以直接访问 Docker 的文件系统。

在使用此类型的 Volume 时需要注意以下两点。

（1）当在不同 Node 节点上使用相同配置的 Pod 时，需要考虑宿主机上文件和目录的不同导致容器对 Volume 的访问结果不同。

（2）如果使用了资源配额管理，则 Kubernetes 无法将通过 hostPath 形式挂载的 Volume 资源纳入管理。

Kubernetes 中，需要在 Pod 定义文件中加入下面的字段来定义 hostPath。

（省略部分内容）
```
spec:
```

```
  volumes:
  - name: "hostpath"                    #定义 Volume 的名字
    hostPath:
      path:"path"                       #定义在宿主机上的 Volume 路径
（省略部分内容）
```

3. NFS

需要注意，在使用 NFS 网络文件存储系统时，需要事先在系统中部署 NFS 服务。在 Kubernetes 集群中定义 NFS 类型的 Volume 的示例代码如下：

```
（省略部分内容）
spec:
  volumes:
  - name: "nfs"                         #定义 Volume 的名字
    nfs:
      server: nfs-server.localhost      #NFS 服务器地址
      path: "/"                         #路径
（省略部分内容）
```

4. 其他类型的 Volume

iSCSI：在 Pod 上挂载 iSCSI 存储设备上的目录。

Flocker：Flocker 管理存储卷。

gcePersistentDisk：Google 公司提供的公有云永久磁盘。

GlusterFS：开源的网络文件系统。

RDB：块设备共享存储。

Secret：在 Kubernetes 上定义，用于为 Pod 提供加密信息。

12.3.3 多容器共享 Volume 实例

多容器共享 Volume 实例

在名为 app-logs-pod 的 Pod 内存在两个容器 Tomcat 和 BusyBox，定义 emptyDir 类型的存储卷 app-logs-vol，将 Tomcat 的容器中的 /usr/local/tomcat/logs 目录和 BusyBox 容器中的 /logs 目录都挂载到存储卷 app-logs-vol 上。Tomcat 容器可以实现将日志文件写入共享卷，BusyBox 容器则可以实现读取 Tomcat 的日志文件，三者的关系如图 12.5 所示。

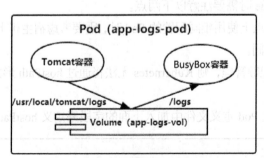

图 12.5 Pod 中多容器共享 Volume

首先，编写 Pod 的定义文件，代码如下：

```yaml
# app-logs-pod.yaml
apiVersion: v1
kind: Pod
metadata:
  name: app-logs-pod
spec:
  containers:
  - name: tomcat                                    #定义 Tomcat 容器
    image: tomcat
    ports:
    - containerPort: 8080
    volumeMounts:
    - name: app-logs-vol
      mountPath: /usr/local/tomcat/logs
  - name: busybox                                   #定义 BusyBox 容器
    image: busybox
    command: ["sh", "-c", "tail -f /logs/catalina*.log"]
    volumeMounts:
    - name: app-logs-vol
      mountPath: /logs
  volumes:                                          #定义共享存储卷 app-logs-vol
  - name: app-logs-vol
    emptyDir: {}
```

使用 kubectl create 命令创建该 Pod 并查看状态，示例代码如下：

```
# kubectl create -f app-logs-pod.yaml
pod/app-logs-pod created
# kubectl get pod app-logs-pod
NAME            READY   STATUS    RESTARTS   AGE
app-logs-pod    2/2     Runing    0          38s
```

然后使用 kubectl log 命令查看 BusyBox 容器的日志内容，代码如下：

```
# kubectl logs app-logs-pod -c busybox
30-Oct-2019 02:50:20.526 INFO [localhost-startStop-1] org.apache.catalina.startup.
HostConfig.deployDirectory Deployment of web application directory [/usr/local/tomcat/
webapps/docs] has finished in [11] ms
    30-Oct-2019 02:50:20.526 INFO [localhost-startStop-1] org.apache.catalina.startup.
HostConfig.deployDirectory Deploying web application directory [/usr/local/tomcat/webapps/
examples]
    30-Oct-2019 02:50:20.739 INFO [localhost-startStop-1] org.apache.catalina.startup.
HostConfig.deployDirectory Deployment of web application directory [/usr/local/tomcat/
webapps/examples] has finished in [213] ms
```
（省略部分内容）

最后使用 kubectl exec 命令连接到 Tomcat 容器，并查看其日志文件，代码如下：

```
# kubectl exec -ti app-logs-pod -c tomcat -- ls /usr/local/tomcat/logs
```

```
catalina.2019-10-30.log       localhost_access_log.2019-10-30.txt
host-manager.2019-10-30.log   manager.2019-10-30.log
localhost.2019-10-30.log

# kubectl exec -ti volumes -c tomcat \
-- tail /usr/local/tomcat/logs/catalina.2019-10-30.log
    30-Oct-2019 02:50:20.526 INFO [localhost-startStop-1] org.apache.catalina.startup.
HostConfig.deployDirectory Deployment of web application directory [/usr/local/tomcat/
webapps/docs] has finished in [11] ms
    30-Oct-2019 02:50:20.526 INFO [localhost-startStop-1] org.apache.catalina.startup.
HostConfig.deployDirectory Deploying web application directory [/usr/local/tomcat/webapps/
examples]
    30-Oct-2019 02:50:20.739 INFO [localhost-startStop-1] org.apache.catalina.startup.
HostConfig.deployDirectory Deployment of web application directory [/usr/local/tomcat/
webapps/examples] has finished in [213] ms
（省略部分内容）
```

从执行结果可以看出，通过 BusyBox 容器从 Volume 中读取的日志信息与 Tomcat 产生的日志信息相同。

12.4　本章小结

本章介绍了 Kubectl 命令行工具和 YAML 定义文件的使用方法，并介绍了 Java Web 的容器化发布流程。YAML 文件在实际生产环境中使用频率较高，读者应该掌握 YAML 的基本格式和其中参数的含义。

12.5　习题

1. 填空题

（1）Kubectl 工具支持多个_____和_____的组合命令，可以实现同时对多个资源对象进行操作。

（2）Kubectl 的默认输出格式是可读的_____格式。

（3）kubectl get 支持以_____方式过滤指定的信息。

（4）如果 Pod 创建过程中出现错误，可以使用_____进行排查。

（5）在 Java Web 项目中，Tomcat 容器使用环境变量_____的值连接 MySQL 服务。

2. 选择题

（1）在 Kubernetes 集群中，可以使用（　　）命令来获取相关帮助。

　　A．kubectl get　　B．kubectl help　　C．kubectl create　　D．kube-proxy

（2）Pod 创建完成后，当服务的访问量过大时，可以对 Pod 进行（　　），让 Pod 中的服务处理更多的请求。

　　A．扩展　　B．重启　　C．压缩　　D．挂载

（3）通过（　　）命令来实时查看被创建的 Pod，可以看到当前的 Pod 的运行状态。

A. get B. ps C. wget D. ls

（4）Service 需要通过（　　）命令来创建。

A. kubectl expose B. kubectl create

C. kubectl help D. kubectl get

（5）根据 YAML 语法规则编辑（　　）声明配置文件，Kubernetes 可以根据文件内容创建出符合要求的容器或者其他类型的 API 资源。

A. API B. YAML C. XML D. JSON

3．思考题

（1）简述 Kubectl 命令行工具的作用。

（2）简述 Pod 与 Service 的创建与管理方式。

4．操作题

请使用 Kubernetes 发布容器化应用。

第 13 章 集群管理

本章学习目标
- 了解集群中常用的 Pod 控制器
- 掌握集群中 Pod 共享 Volume 的操作流程
- 掌握 Pod 常用的调度策略
- 能够使用 YAML 调整集群中资源对象的参数

Kubernetes 集群就像一个复杂的城市交通系统,里面运行着各种工作负载。对一名集群管理者来说,如何让系统有序且高效地运行,是必须要面对的问题。现实生活中人们可以通过红绿灯进行交通的调度,在 Kubernetes 集群中,则可以通过各种调度器来实现对工作负载的调度。本章将详细介绍集群中的调度策略和资源管理。

13.1 Pod 调度策略

Pod 调度策略

13.1.1 Pod 调度概述

Kubernetes 集群中运行着许多 Pod,使用单一的创建方式很难满足业务需求。因此在实际生产环境中,用户可以通过 RC、Deployment、DaemonSet、Job、CronJob 等控制器完成对一组 Pod 副本的创建、调度和全生命周期的自动控制任务。下面对生产环境中遇到的一些情况和需求以及相应的解决方法进行说明。

(1)需要将 Pod 的副本全部运行在指定的一个或者一些节点上。

在搭建 MySQL 数据库集群时,为了提高存储效率,需要将相应的 Pod 调度到具有 SSD 磁盘的目标节点上。为了实现上述需求,首先,需要给具有 SSD 磁盘的 Node 节点都打上自定义标签(如 "disk=ssd");其次,需要在 Pod 定义文件中设定 NodeSelector 选项的值为 "disk:ssd"。这样,Kubernetes 在调度 Pod 副本时,会先按照 Node 的标签过滤出合适的目标节点,然后选择一个最佳节点进行调度。如果需要选择多种目标节点(如 SSD 磁盘的节点或超高速硬盘的节点),则可以通过 NodeAffinity(节点亲和性设置)来实现。

（2）需要将指定的 Pod 运行在相同或者不同节点。

实际的生产环境中，需要将 MySQL 数据库与 Redis 中间件进行隔离，两者不能被调度到同一个目标节点上。此时可以使用 PodAffinity 调度策略。

接下来，将详细介绍 Kubernetes 集群中 Pod 的调度策略。

13.1.2 定向调度

NodeSelector 可以实现 Pod 的定向调度，它是节点约束最简单的形式。可以在 Pod 定义文件中的 pod.spec 定义项中加入该字段，并指定键值对的映射。为了使 Pod 可以在指定节点上运行，该节点必须要有与 Pod 标签属性相匹配的标签或键值对。下面演示 NodeSelector 的具体用法。

首先，需要为指定节点添加标签。执行 kubectl get nodes 命令以获取集群节点的名称，选择要向其添加标签的节点，然后执行 kubectl label nodes <node-name> <label-key>=<label-value>命令向已选择的节点添加标签。例如，在 Node1 节点上添加 disktype=ssd 标签，示例代码如下：

```
kubectl label nodes Node1 disktype=ssd
```

读者可以通过重新执行 kubectl get nodes --show-labels 命令来检查节点现在是否具有标签。

然后，将 NodeSelector 字段添加到 Pod 配置中。打开需要运行的 Pod 的配置文件，向其中加入 spec.nodeSelector 字段，代码如下：

```
# vim pod-nginx.yaml
apiVersion: v1
kind: pod
metadata:
  name: nginx
  labels:
    env: test
spec:
  containers:
  - name: nginx
    image: nginx
    imagePullPolicy: IfNotPresent
  nodeSelector:
    disktype: ssd
```

修改完成后运行 apply 命令使配置生效，随后，系统即会把创建的 Pod 调度到具有指定标签的节点上。另外，也可以使用 kubectl get pods -o wide 命令查看 Pod 所在的节点，以验证配置是否生效，代码如下：

```
# kubectl apply -f pod-nginx.yaml
# kubectl get pods -o wide
```

13.1.3 Node 亲和性调度

Affinity/Anti-Affinity（亲和/反亲和）标签可以实现比 NodeSelect 更加灵活的调度选择，极大地扩展了约束条件。其具有以下特点。

（1）语言更具表现力。

（2）指出的规则可以是软限制，而不是硬限制。因此，即使调度程序无法满足要求，Pod 仍可能被调度到节点上。

（3）用户可以限制节点（或其他拓扑域）上运行的其他 Pod 上的标签，从而解决一些特殊 Pod 不能共存的问题。

NodeAffinity 是用于替换 NodeSelector 的全新调度策略，目前提供以下两种节点亲和性表达式。

- requiredDuringSchedulingIgnoredDuringExecution

必须满足指定的规则才可以将 Pod 调度到 Node 上（与 nodeSelector 类似，但语法不同），相当于硬限制。

- preferredDuringSchedulingIgnoredDuringExecution

优先调度满足指定规则的 Pod，但并不强制调度，相当于软限制。多个优先级还可以设置权重值来定义执行的先后顺序。

限制条件中 IgnoredDuringExecution 部分表示如果一个 Pod 所在的节点在 Pod 运行期间标签发生了变更，不再满足该 Pod 的节点上的相似性规则，则系统将忽略 Node 上标签的变化，该 Pod 仍然可以继续在该节点运行。

下面通过具体的示例介绍如何在 Pod 定义文件中设置 NodeAffinity 调度规则，代码如下：

```
apiVersion: v1
kind: pod
metadata:
  name: with-node-affinity
spec:
  affinity:
    nodeAffinity:
      requiredDuringSchedulingIgnoredDuringExecution:
        nodeSelectorTerms:
        - matchExpressions:
          - key: Kubernetes.io/e2e-az-name
            operator: In
            values:
            - e2e-az1
            - e2e-az2
      preferredDuringSchedulingIgnoredDuringExecution:
      - weight: 1
        preference:
          matchExpressions:
          - key: another-node-label-key
            operator: In
            values:
            - another-node-label-value
  containers:
  - name: with-node-affinity
    image: k8s.gcr.io/pause:2.0
```

此节点亲和性规则表示只能将 Pod 放在带有 Kubernetes.io/e2e-az-name 标签且值为 e2e-az1 或 e2e-az2 的节点上。另外，在满足该条件的节点中，应该首选带有 another-node-label-key 标签和值为 another-node-label-value 的节点。

在示例中可以看到 In 操作符。NodeAffinity 支持的运算符包括 In、NotIn、Exists、DoesNotExist、Gt、Lt。虽然系统没有提供节点排斥功能，但是可以使用 NotIn 和 DoesNotExist 操作符实现节点的反亲和功能（排斥功能）。

使用 NodeAffinity 规则时应该注意以下事项。

（1）如果同时指定 nodeSelector 和 nodeAffinity，Node 节点只有同时满足这两个条件，才能将 Pod 调度到候选节点上。

（2）如果在 matchExpressions 中关联了多个 nodeSelectorTerms，则只有在一个节点满足 matchExpressions 所有条件的情况下，才能将 Pod 调度到该节点上。

（3）如果删除或更改了 Node 节点的标签，则运行在该节点上的 Pod 不会被删除。

preferredDuringSchedulingIgnoredDuringExecution 内 weight（权重）值的范围是 1~100。对于满足所有调度要求（资源请求或 requiredDuringScheduling 亲和性表达式）的每个节点，调度程序将通过遍历此字段的元素并在该节点的匹配项中添加权重来计算总和 matchExpressions，然后将该分数与该节点的其他优先级函数的分数组合，优选总得分高的节点。

13.1.4　Pod 亲和与互斥调度

Pod 间的亲和与互斥功能让用户可以根据节点上正在运行的 Pod 的标签（而不是节点的标签）进行判断和调度，对节点和 Pod 两个条件进行匹配。这种规则可以描述为：如果在具有标签 X 的 Node 节点上运行了一个或者多个符合条件 Y 的 Pod，那么 Pod 可以（如果是互斥的情况，则为拒绝）运行在这个 Node 节点上。

需要注意的是，Pod 间的亲和力和反亲和力涉及大量数据的处理，这可能会大大减慢在大型集群中的调度，所以不建议在有数百个或更多节点的集群中使用。

Pod 亲和与互斥的条件设置和节点亲和相同，也有以下两种表达式。

- requiredDuringSchedulingIgnoredDuringExecution
- preferredDuringSchedulingIgnoredDuringExecution

Pod 的亲和性被定义在 Pod 内 Spec.affinity 下的 podAffinity 子字段中，Pod 的互斥性则被定义在同一层级的 podAntiAffinity 子字段中。

下面演示和说明 Pod 的亲和性和互斥性策略设置方法，代码如下：

```
apiVersion: v1
kind: pod
metadata:
  name: with-Pod-affinity
spec:
  affinity:
    podAffinity:
      requiredDuringSchedulingIgnoredDuringExecution:
      - labelSelector:
```

```
          matchExpressions:
          - key: security
            operator: In
            values:
            - S1
          topologyKey: failure-domain.beta.Kubernetes.io/zone
      podAntiAffinity:
        preferredDuringSchedulingIgnoredDuringExecution:
        - weight: 100
          podAffinityTerm:
            labelSelector:
              matchExpressions:
              - key: security
                operator: In
                values:
                - S2
            topologyKey: failure-domain.beta.Kubernetes.io/zone
  containers:
  - name: with-Pod-affinity
    image: k8s.gcr.io/pause:2.0
```

以上 Pod 亲和性设置中定义了一个 podAffinity（亲和）和一个 podAntiAffinity（反亲和）规则。在这个例子中，podAffinity 由 requiredDuringSchedulingIgnoredDuringExecution 字段指定，而 podAntiAffinity 由 preferredDuringSchedulingIgnoredDuringExecution 字段指定。Pod 亲和规则表示，只有在节点中至少有一个已经在运行的 Pod 具有相同标签（该 Pod 具有键 security 和值 S1 的标签）的情况下，才能将 Pod 调度到节点上。Pod 反亲和规则表示，如果一个节点已经运行了一个具有键 security 和值 S2 的 Pod，那么 Pod 将不被调度到该节点上。

13.2 ConfigMap

13.2.1 ConfigMap 基本概念

我们在生产环境中经常会遇到需要修改应用服务配置文件的情况，传统的修改方式不仅会影响服务的正常运行，操作步骤也很烦琐。为了解决这个问题，Kubernetes1.2 版本开始引入 ConfigMap 功能，用于将应用的配置信息与程序的配置信息分离。这种方式不仅可以实现应用程序的复用，还可以通过不同的配置实现更灵活的功能。在创建容器时，用户可以将应用程序打包为容器镜像，然后通过环境变量或者外接挂载文件进行配置注入。

ConfigMap 以 Key:Value 的形式保存配置项，既可以用于表示一个变量的值（如 config=info），也可以用于表示一个完整配置文件的内容。ConfigMap 在容器中的典型用法如下。

（1）将配置项设置为容器内的环境变量。

（2）将启动参数设置为环境变量。

（3）以 Volume 的形式挂载到容器内部的文件或目录。

13.2.2 ConfigMap 创建方式

在系统中可以通过 YAML 配置文件或者直接使用 kubectl create configmap 命令来创建 ConfigMap。下面详细介绍这两种方式的操作流程。

1. 通过 YAML 配置文件创建

创建 YAML 文件 appvar.yaml，描述将应用所需的变量定义为 ConfigMap 的方法（注意加粗部分），Key 为配置文件的别名，Value 是配置文件的全部文本内容。

```
# vim appvar.yaml
apiVersion: v1
kind: ConfigMap
metadata:
  name: appvar
data:
  apploglevel: info
  appdatadir: /var/data
```

执行 kubectl create 命令创建 ConfigMap，并使用相关命令查看创建好的 Config，示例代码如下：

```
# kubectl create -f appvar.yml
configmap/appvar created
# kubectl get configmap
NAME      DATA   AGE
appvar    2      17s
```

另外，可以使用命令查看 ConfigMap 详细信息，代码如下：

```
# kubectl describe configmap appvar
Name:         appvar
Namespace:    default
Labels:       <none>
Annotations:  <none>

Data
====
appdatadir:
----
/var/data
apploglevel:
----
info
Events:  <none>
```

用户也可以将 ConfigMap 输出格式调整为 YAML 格式，代码如下：

```
# kubectl get configmap appvar -o yaml
apiVersion: v1
data:
```

```
  appdatadir: /var/data
  apploglevel: info
kind: ConfigMap
metadata:
  creationTimestamp: "2019-10-24T05:28:24Z"
  name: appvar
  namespace: default
  resourceVersion: "1179869"
  selfLink: /api/v1/namespaces/default/configmaps/appvar
  uid: 19d2ddf0-f61f-11e9-9023-000c29fb2a34
```

从执行结果可以看出 ConfigMap 变量被成功创建。

2. 通过 Kubectl 命令行创建

在 kubectl create configmap 命令中使用参数 --from-file 或 --from-literal 指定文件、目录或者文本，也可以创建一个或者多个 ConfigMap。

（1）指定文件

```
Kubectl create connfigmap NAME --from-file=[key= ] source --from-file=[key= ] source
```

（2）指定目录

需要注意，目录中的每个配置文件名都被会被设置为 Key，文件内容将被设置为 Value，语法格式如下：

```
Kubectl create connfigmap NAME --from-file=config-files-dir
```

（3）指定文本

此方式将直接指定 Key:Value，语法格式如下：

```
Kubectl create connfigmap NAME --from-literal=key1=value1 --from-literal=key2=value2
```

读者可以结合以下实例，更好地理解 ConfigMap 语句的用法。

在当前目录下创建 ConfigMap 文件 server.xml，使用该文件创建一个 ConfigMap，示例代码如下：

```
# kubectl create configmap cm-server.xml --from-file=server.xml
configmap/cm-server.xml created
# kubectl describe configmap cm-server.xml
Name:          cm-server.xml
Namespace:     default
Labels:        <none>
Annotations:   <none>

Data
====
server.xml:
----
apiVersion: v1
kind: ConfigMap
```

```
metadata:
  name: cm-server.xml
  namespace: default
data:

Events:  <none>
```

假如 configs 目录下有两个配置文件 server.xml 和 log.xml，使用该目录创建一个包含这两个文件内容的 ConfigMap，示例代码如下：

```
# kubectl create configmap cm-dir --from-file=configs
configmap/cm-dir created
# kubectl describe configmap cm-dir
Name:         cm-dir
Namespace:    default
Labels:       <none>
Annotations:  <none>

Data
====
log.xml:
----
apiVersion: v1
kind: ConfigMap
metadata:
  name: cm-log.xml
  namespace: default
data:

server.xml:
----
apiVersion: v1
kind: ConfigMap
metadata:
  name: cm-server.xml
  namespace: default
data:

Events:  <none>
```

在命令行中使用 --from-literal 参数创建 ConfigMap，示例代码如下：

```
# kubectl create configmap cm-text --from-literal=var=/tmp/config --from-literal=log=info
configmap/cm-text created
# kubectl describe configmap cm-text
Name:         cm-text
Namespace:    default
Labels:       <none>
Annotations:  <none>
```

```
Data
====
var:
----
/tmp/config
log:
----
info
Events:  <none>
```

13.2.3 ConfigMap 使用方法

在 Kubernetes 中创建好 ConfigMap 后，容器可以通过以下两种方法使用 ConfigMap 中的内容。
（1）通过环境变量获取 ConfigMap 中的内容。
（2）通过 Volume 挂载的方式将 ConfigMap 中的内容挂载为容器内部的文件或目录。
下面对这两种方法进行详细介绍。

1. 通过环境变量使用 ConfigMap

以先前创建的 appvar.yaml 为例，ConfigMap 的定义文件如下所示。

```
# vim appvar.yaml
apiVersion: v1
kind: ConfigMap
metadata:
  name: appvar
data:
  apploglevel: info
  appdatadir: /var/data
```

创建相关 Pod，并在该 Pod 定义文件的 spec.env 字段中加入 ConfitgMap 的配置，示例代码如下：

```
apiVersion: v1
kind: pod
metadata:
  name: pod-test
spec:
  containers:
  - name: test
    image: busybox
    command: [ "/bin/sh", "-c", "env | grep APP" ]
    env:
    - name: APPLOG                      //定义环境变量 APPLOG
      valueFrom:
        configMapkeyRef:
          name: appvar                  //指定 ConFig
          key: apploglevel              //指定 ConFig 中的键
    - name: APPDIR                      //定义环境变量 APPDIR
      valueFrom:
```

```
        configMapkeyRef:
          name: appvar
          key: appdatadir
  restartPolicy: Never
```

上面的代码将名为 appvar 的 ConfigMap 中定义的内容（apploglevel 和 appdatadir）设置为容器内部的环境变量，容器的启动命令中显示这两个环境变量的值（"env|grep APP"）。

使用 kubectl create –f 命令创建该 Pod，由于是测试 Pod，所以该 Pod 在执行完启动命令后将会退出，并且不会被系统自动重启（由 restartPolicy=Never 字段指定）。

```
# kubectl create -f pod-test.yaml
Pod/Pod-test created
```

使用 kubectl get pods 命令查看创建的 Pod，示例代码如下：

```
# kubectl get pods
NAME             READY   STATUS        RESTARTS   AGE
cm-test-Pod      0/1     Completed     0          4d
dapi-test-Pod    0/1     ErrImagePull  0          3d22h
Pod-test         0/1     Completed     0          75s
volume-test-Pod  0/1     Completed     0          3d21h
```

查看该 Pod 的日志，可以看到启动命令 env | grep APP 的执行结果如下：

```
# kubectl logs pod-test
APPDIR=/var/data
APPLOG=info
```

根据执行结果，可以看出容器内部的环境变量通过 ConfigMap cm-appvar 中的值进行了正确设置。

Kubernetes1.6 版本引入了新字段 envFrom，可以实现在 Pod 环境中将 ConfigMap 中所有定义的 Key:Value 自动生成为环境变量，代码格式如下：

```
apiVersion: v1
kind: pod
metadata:
  name: pod-test
spec:
  containers:
    - name: test
      image: busybox
      command: [ "/bin/sh", "-c", "env|grep APP" ]
      envfrom:
      - configMapRef:
          name: cm-appvar
  restartPolicy: Never
```

注意，环境变量的名称受 POSIX 命名规范约束，不能以数字开头。如果配置中包含非法字符，系统将会跳过该条环境变量的创建，并记录一个 Event 来提醒用户环境变量无法生成，但不阻止 Pod

的启动。

2. 通过 Volume 挂载使用 ConfigMap

为了便于读者更好地对比学习,这里同样使用 cm-apache.yaml 文件。

```
# vim cm-apache.yaml
apiVersion: v1
kind: ConfigMap
metadata:
  name: cm-apache
data:
  html: hello world
  path: /var/www/html
```

创建 YAML 文件 Pod-volume-test.yaml,并在配置中加入 Volume 信息,示例代码如下:

```
apiVersion: v1
kind: pod
metadata:
  name: pod-volume-test
spec:
  containers:
    - name: apache
      image: httpd
      ports:
        - containerPort: 80
      volumeMounts:
        - name: volume-test
          mountPath: /var/www/html
  volumes:
    - name: volume-test
      configMap:
        name: cm-apache
        items:
          - key: html
            path: main.html
          - key: path
            path: path.txt
```

根据定义文件,创建该 Pod,示例代码如下:

```
# kubectl create -f pod-volume-test.yaml
Pod/Pod-volume-test created
```

查看新创建 Pod 是否正常运行,示例代码如下:

```
# kubectl get pods
NAME              READY   STATUS             RESTARTS   AGE
cm-test-Pod       0/1     Completed          0          4d2h
dapi-test-Pod     0/1     ImagePullBackOff   0          4d
```

```
Pod-test              0/1    Completed    0    116m
Pod-volume-test       1/1    Running      0    36s
volume-test-Pod       0/1    Completed    0    3d23h

root@Pod-volume-test:/# cd /var/www/html/
root@Pod-volume-test:/var/www/html# ls
main.html  path.txt
root@Pod-volume-test:/var/www/html# cat main.html
hello world
root@Pod-volume-test:/var/www/html# cat path.txt
/var/www/html
```

通过执行结果可以看出，以 Volume 挂载方式成功配置了 ConfigMap。

13.2.4 使用 ConfigMap 的注意事项

Kubernetes 中使用 ConfigMap 的注意事项如下。

（1）ConfigMap 必须在 Pod 之前创建。

（2）ConfigMap 受到命名空间限制，只有处于相同命名空间中的 Pod 才可以引用。

（3）Kubelet 只支持可以被 API Server 管理的 Pod 使用 ConfigMap，静态 Pod 无法引用 ConfigMap。

（4）Pod 对 ConfigMap 进行挂载操作时，在容器内部只能挂载为目录，无法挂载为文件。

13.3 资源限制与管理

资源限制与管理

在大多数情况下，定义 Pod 时并没有指定系统资源限制，此时，系统会默认该 Pod 使用的资源很少，并将其随机调度到任何可用的 Node 节点中。当节点中某个 Pod 的负载突然增大时，节点就会出现资源不足的情况，为了避免系统死机，该节点会随机清理一些 Pod 以释放资源。但节点中还有如数据库存储、界面登录等比较重要的 Pod 在提供服务，即使在资源不足的情况下也要保持这些 Pod 的正常运行。为了避免这些 Pod 被清理，需要在集群中设置资源限制，以保证核心服务可以正常运行。

Kubernetes 系统中核心服务的保障机制如下。

（1）通过资源配额来指定 Pod 占用的资源。

（2）允许集群中的资源被超额分配，以提高集群中资源的利用率。

（3）为 Pod 划分等级，确保不同等级的 Pod 有不同的服务质量（Quality of Service，QoS）。系统资源不足时，会优先清理低等级的 Pod，以确保高等级的 Pod 正常运行。

系统中主要的资源包括 CPU、GPU 和 Memory，大多数情况下应用服务很少使用 GPU 资源，因此，本书重点讲解 CPU 和 Memory 的资源管理问题。

13.3.1 设置内存的默认 requests 和 limits

如果在具有默认内存限制的命名空间中创建容器，并且该容器未指定自身的内存限制，则系统将为该容器分配默认的内存限制。下面介绍如何配置命名空间的默认内存 requests 和 limits。

创建一个命名空间,以便将练习中创建的资源与集群的其余部分隔离,代码如下:

```
# kubectl create namespace default-example
```

创建一个 LimitRange,该配置指定了默认内存 requests 和默认内存 limits,代码如下:

```
# vim memory-default.yaml
apiVersion: v1
kind: LimitRange
metadata:
  name: mem-limit-range
spec:
  limits:
  - default:
      memory: 512Mi
    defaultRequest:
      memory: 256Mi
    type: Container
```

在命名空间 default-example 中创建 LimitRange,代码如下:

```
# kubectl apply -f memory-default.yaml --namespace=default-example
```

现在,如果在命名空间 default-example 中创建了一个容器,并且容器没有为内存 requests 和内存 limits 指定自己的值,则系统自动为容器提供默认的 256MiB(通常简称为 MB)内存 requests 和默认的 512MiB 内存 limits。

下面是一个 Pod 的配置文件,其中创建的容器未指定内存 requests 和 limits。

```
# vim pod-default-mem.yaml
apiVersion: v1
kind: Pod
metadata:
  name: pod-default-mem
  namespace: default-example
spec:
  containers:
  - name: pod-default-mem
    image: nginx
```

创建该 Pod,并以 YAML 方式查看其详细信息,代码如下:

```
# kubectl create -f pod-default-mem.yaml
pod/pod-default-mem created
# kubectl get pod pod-default-mem -o yaml -n default-example
(省略部分内容)
spec:
  containers:
```

```
    - image: nginx
      imagePullPolicy: Always
      name: pod-default-mem
      resources:
        limits:
          memory: 512Mi
        requests:
          memory: 256Mi
（省略部分内容）
```

以上代码显示容器 pod-default-mem 的内存 requests 为 256MiB，内存 limits 为 512MiB。由此可以看出，系统为该容器分配了默认的 LimitRange。

13.3.2 设置内存的最小和最大 limits

根据不同容器的需求，用户可以对命名空间设定最小和最大的内存 limits。如果 Pod 不满足 LimitRange 施加的约束，则无法在命名空间中创建它。下面讲解在命名空间中运行的容器如何设置使用内存的最小值和最大值。

创建一个命名空间和 LimitRange，以便将练习中创建的资源与集群的其余部分隔离，代码如下：

```
# kubectl create namespace mem-max-min
# vim memory-max-min.yaml
apiVersion: v1
kind: LimitRange
metadata:
  name: mem-limit-range
spec:
  limits:
  - max:
      memory: 1Gi
    min:
      memory: 500Mi
    type: Container
```

将该 LimitRange 与命名空间进行绑定，并查看有关 LimitRange 的详细信息。

```
# kubectl apply -f memory-max-min.yaml --namespace=mem-max-min
limitrange/mem-limit-range created
# kubectl describe limitrange mem-limit-range --namespace=mem-max-min
Name:       mem-limit-range
Namespace:  mem-max-min
Type        Resource  Min    Max  Default Request  Default Limit  Max Limit/Request Ratio
----        --------  ---    ---  ---------------  -------------  -----------------------
Container   memory    500Mi  1Gi  1Gi              1Gi            -
```

根据输出结果可以看出，命名空间设置了预期的最小和最大内存 limits。以该 limits 为例，每当在命名空间中创建一个容器时，Kubernetes 都会执行以下步骤。

（1）如果容器未指定自己的内存 requests 和 limits，则系统将默认的内存 requests 和 limits 分配给容器。

（2）验证容器具有的内存 requests 是否大于或等于 500MiB。

（3）验证容器的内存 limits 是否小于或等于 1GiB（通常简称为 GB）。

下面是一个 Pod 的配置文件，该文件指定了容器 600MiB 的内存 requests 和 800MiB 的内存 limits。这些条件满足 LimitRange 所施加的内存约束。

```yaml
# vim pod-mem-max-min.yaml
apiVersion: v1
kind: Pod
metadata:
  name: pod-mem-max-min
spec:
  containers:
  - name: pod-mem-max-min
    image: nginx
    resources:
      limits:
        memory: "800Mi"
      requests:
        memory: "600Mi"
```

创建该 Pod，并查看其详细信息，部分执行结果如下所示。

```
# kubectl apply -f pod-mem-max-min.yaml --namespace=mem-max-min
Pod/Pod-mem-max-min created
# kubectl get pod pod-mem-max-min --namespace=mem-max-min -o=yaml
（省略部分内容）
spec:
  containers:
  - image: nginx
    imagePullPolicy: Always
    name: pod-mem-max-min
    resources:
      limits:
        memory: 800Mi
      requests:
        memory: 600Mi
    terminationMessagePath: /dev/termination-log
    terminationMessagePolicy: File
（省略部分内容）
```

以上代码显示容器具有 600MiB 的内存 requests 和 800MiB 的内存 limits，符合 LimitRange 施加的约束。

1. 尝试创建超出最大内存 limits 的 Pod

创建容器并且指定内存 requests 为 800MiB，内存 limits 为 1.5GiB。

```
# vim pod-mem-max.yaml
```

```
apiVersion: v1
kind: Pod
metadata:
  name: pod-mem-max
spec:
  containers:
  - name: pod-mem-max
    image: nginx
    resources:
      limits:
        memory: "1.5Gi"
      requests:
        memory: "800Mi"
```

根据上面定义的配置创建 Pod，代码如下：

```
# kubectl apply -f pod-mem-max.yaml --namespace=mem-max-min
Error from server (Forbidden): error when creating "Pod-mem-max.yaml": pods "Pod-mem-max"
is forbidden: maximum memory usage per Container is 1Gi, but limit is 1536Mi.
```

执行结果显示，因为容器指定的内存 limits 过大，Pod 没有创建成功。

2. 尝试创建不足最小内存 limits 的 Pod

在 Pod 定义配置中为容器指定 100MiB 的内存 requests 和 800MiB 的内存 limits。

```
# vim pod-mem-min.yaml
apiVersion: v1
kind: Pod
metadata:
  name: pod-mem-min
spec:
  containers:
  - name: pod-mem-min
    image: nginx
    resources:
      limits:
        memory: "800Mi"
      requests:
        memory: "100Mi"
```

根据定义文件创建 Pod，代码如下：

```
# kubectl apply -f pod-mem-min.yaml --namespace=mem-max-min
Error from server (Forbidden): error when creating "Pod-mem-min.yaml": pods "Pod-mem-min"
is forbidden: minimum memory usage per Container is 500Mi, but request is 100Mi.
```

执行结果显示，因为容器指定的内存 limits 过小，Pod 没有创建成功。

3. 尝试创建未指定内存 requests 和 limits 的 Pod

在 Pod 定义文件中，不指定任何内存限制，配置文件如下所示。

```
# vim pod-mem-x-x.yaml
apiVersion: v1
kind: pod
metadata:
  name: pod-mem-x-x
spec:
  containers:
  - name: pod-mem-x-x
    image: nginx
```

根据定义文件创建 Pod 并查看有关 Pod 的详细信息,代码如下:

```
# kubectl get pod pod-mem-x-x --namespace=mem-max-min -o=yaml
(省略部分内容)
spec:
  containers:
  - image: nginx
    imagePullPolicy: Always
    name: pod-mem-x-x
    resources:
      limits:
        memory: 1Gi
      requests:
        memory: 1Gi
(省略部分内容)
```

从执行结果可以看出,因为容器没有指定自己的内存 requests 和 limits,所以系统自动从 LimitRange 中获得了默认的内存 requests 和 limits。

13.3.3 设置 CPU 的默认 requests 和 limits

CPU 约束与内存约束类似,如果在具有默认 CPU 限制的命名空间中创建容器,并且该容器未指定自身的 CPU 限制,则系统将为该容器分配默认值。下面介绍如何配置命名空间的 CPU 默认 requests 和 limits。

创建一个命名空间、LimitRange 和一个 Pod,代码如下:

```
# kubectl create namespace default-cpu-example
# vim cpu-default.yaml
apiVersion: v1
kind: LimitRange
metadata:
  name: cpu-limit-range
spec:
  limits:
  - default:
      cpu: 1
    defaultRequest:
```

```
      cpu: 0.5
    type: Container
# kubectl apply -f cpu-default.yaml --namespace=default-cpu-example
```

如果在命名空间 default-cpu-example 中创建了容器,并且容器没有为 CPU requests 和 CPU limits 指定自己的值,那么系统将为容器提供值为 0.5 的默认 CPU requests 和值为 1 的默认 CPU limits。

下面是一个 Pod 的配置文件,其中创建的容器未指定 CPU requests 和 CPU limits,代码如下:

```
# vim pod-default-cpu.yaml
apiVersion: v1
kind: Pod
metadata:
  name: pod-default-cpu
spec:
  containers:
  - name: pod-default-cpu
    image: nginx
```

根据定义的文件创建该 Pod 并查看相关信息,代码如下:

```
# kubectl apply -f pod-default-cpu.yaml --namespace=default-cpu-example
# kubectl get pod pod-default-cpu --output=yaml --namespace=default-cpu-example
(省略部分内容)
spec:
  containers:
  - image: nginx
    imagePullPolicy: Always
    name: pod-default-cpu
    resources:
      limits:
        cpu: "1"
      requests:
        cpu: 500m
(省略部分内容)
```

执行结果显示,系统为容器分配了默认的限制规则。

13.3.4 设置 CPU 的最小和最大 limits

本节将介绍如何为命名空间中的 Pod 和容器设置 CPU 资源的最小值和最大值。

首先,创建一个命名空间和 LimitRange,以便于将练习中创建的资源与集群的其余部分隔离,代码如下:

```
# kubectl create namespace cpu-max-min
# vim cpu-max-min.yaml
apiVersion: v1
kind: LimitRange
metadata:
```

```
    name: cpu-max-min
spec:
  limits:
  - max:
      cpu: "800m"
    min:
      cpu: "200m"
    type: Container
```

创建 LimitRange，并查看有关 LimitRange 的详细信息。

```
# kubectl apply -f cpu-max-min.yaml --namespace=cpu-max-min
# kubectl describe limitrange cpu-max-min --namespace=cpu-max-min
Name:       cpu-max-min
Namespace:  cpu-max-min
Type        Resource  Min   Max   Default Request  Default Limit  Max Limit/Request Ratio
----        --------  ---   ---   ---------------  -------------  -----------------------
Container   cpu       200m  800m  800m             800m           -
```

执行结果显示了预期的最小和最大 CPU 约束。以本示例为例，每当在命名空间中创建一个容器时，Kubernetes 都会执行以下步骤。

（1）如果容器未指定自己的 CPU requests 和 CPU limits，则系统将默认的 CPU requests 和 CPU limits 分配给容器。

（2）验证容器是否指定了大于或等于 200ms 的 CPU requests。

（3）验证容器指定的 CPU limits 是否小于或等于 800ms。

CPU 限制与内存限制相似，此处不再对 CPU 超出或低于限制的情况进行举例说明，读者可以自行验证。

13.4 本章小结

本章主要介绍了 Pod 的调度策略和 ConfigMap 的使用方法，并讲解了集群中关于 Pod 和容器的资源限制。更加详细的集群管理参数可以参考官方文档。

13.5 习题

1. 填空题

（1）同一个 Pod 内的容器不仅可以共享命名空间，也可以共享_____级别的存储卷。

（2）当集群中的某个服务需要升级时，一般情况下需要先停止与此服务相关的_____，然后下载新版的镜像和创建_____。

（3）_____提供了一种非常简单的方法来将 Pod 约束到具有特定标签的节点。

（4）Kubernetes1.2 版本开始引入_____功能，用于将应用的配置信息与程序的配置信息分离。

（5）如果 Pod 不满足_____施加的约束，则无法在命名空间中创建它。

2. 选择题

（1）可创建 Deployment 来生成（　　）并在后台完成 Pod 的创建。

　　A. Pod 模板　　B. ReplicaSet　　C. replicas　　D. etcd

（2）NodeSelector 是（　　）中的一个字段，它指定键值对的映射。

　　A. Kubernetes　　B. etcd　　C. Spec　　D. replicas

（3）Pod 间的亲和力和反亲和力涉及大量数据的处理，这可能会大大减慢在大型集群中的调度，所以建议在节点少于（　　）的集群中使用。

　　A. 数千个　　B. 数百个　　C. 数万个　　D. 数亿个

（4）ConfigMap 以（　　）形式保存配置项。

　　A. Key:Value　　B. 文本　　C. 环境变量　　D. YAML 文件

（5）如果容器未指定自己的 CPU 限制，系统则会为其指定（　　）限制。

　　A. 随机的　　　　　　　　　　B. 默认的

　　C. 与其他容器相同的　　　　　D. 与其他容器不同的

3. 思考题

（1）简述 Pod 调度策略。

（2）简述 ConfigMap 的创建及使用方式。

第14章 项目一：二进制方式部署 Kubernetes 集群

本章将带领读者使用二进制方式部署企业级的 Kubernetes 集群。

14.1 环境和软件的准备

在部署集群之前，需要了解每个节点上安装的组件，以免安装过程中产生不必要的错误。

各节点上需要安装的组件如表 14.1 所示。

环境和软件的准备、etcd 集群的安装与认证、集群证书

表 14.1　二进制部署 Kubernetes 集群系统配置信息

节点名称	部署的主要组件
Master	etcd、kube-apiserver、kube-controller-manager、kube-scheduler
Node1	etcd、kubelet、kube-proxy、docker、flannel
Node2	etcd、kubelet、kube-proxy、docker、flannel

用户可以通过访问 GitHub 开源代码库找到对应版本的 Kubernetes 二进制文件，在页面中单击 "CHANGELOG" 链接即可跳转到下载页面，如图 14.1 所示。

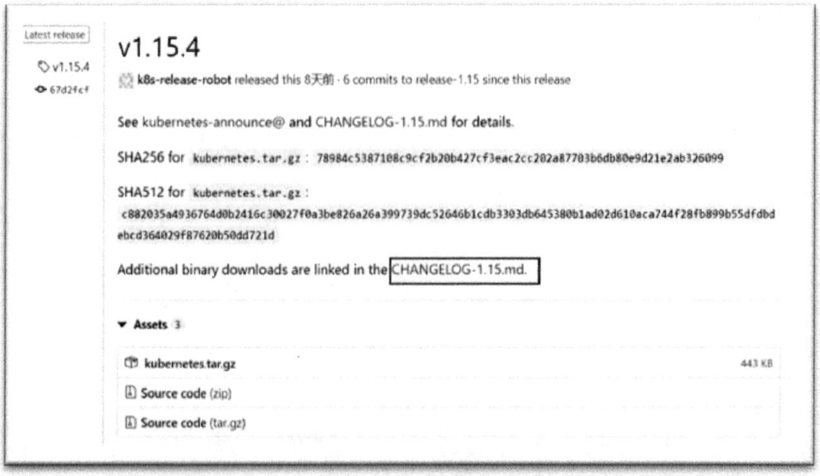

图 14.1　GitHub 中的 Kubernetes 详情页面

本书基于 Kubernetes 1.15 版本进行说明，压缩包 Kubernetes.tar 包含 Kubernetes 全部源代码、服务程序文件、文档和示例。用户可直接下载 Server Binaries 中的 Kubernetes-server-linux-amd64.tar.gz 文件，如图 14.2 所示。

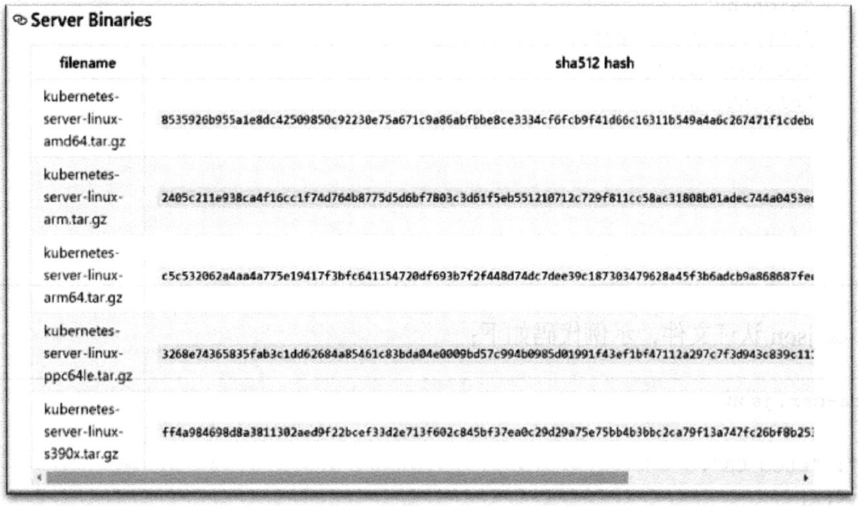

Server Binaries

filename	sha512 hash
kubernetes-server-linux-amd64.tar.gz	8535926b955a1e8dc42509850c92230e75a671c9a86abfbbe8ce3334cf6fcb9f41d66c16311b549a4a6c267471f1cdeb
kubernetes-server-linux-arm.tar.gz	2405c211e938ca4f16cc1f74d764b8775d5d6bf7803c3d61f5eb551210712c729f811cc58ac31808b01adec744a0453e
kubernetes-server-linux-arm64.tar.gz	c5c532062a4aa4a775e19417f3bfc641154720df693b7f2f448d74dc7dee39c187303479628a45f3b6adcb9a868687fe
kubernetes-server-linux-ppc64le.tar.gz	3268e74365835fab3c1dd62684a85461c83bda04e0009bd57c994b0985d01991f43ef1bf47112a297c7f3d943c839c11
kubernetes-server-linux-s390x.tar.gz	ff4a984698d8a3811302aed9f22bcef33d2e713f602c845bf37ea0c29d29a75e75bb4b3bbc2ca79f13a747fc26bf8b25

图 14.2　GitHub 中的 Kubernetes 下载页面

14.2　etcd 集群的安装与认证

1. 下载 cfssl 认证工具

etcd 作为 Kubernetes 集群的主数据库，存储了 Flannel 与 Kubernetes 的关键信息，需要最先部署和启动。Kubernetes 1.6 以上版本，安装时需要通过证书进行认证，对 Kubernetes 初学者并不友好。所以这里先使用 CFSSL 工具生成 etcd 证书，以保证服务可以正常运行，示例代码如下：

```
# wget https://pkg.cfssl.org/R1.2/cfssl_linux-amd64
# wget https://pkg.cfssl.org/R1.2/cfssljson_linux-amd64
# wget https://pkg.cfssl.org/R1.2/cfssl-certinfo_linux-amd64
# chmod +x cfssl_linux-amd64 cfssljson_linux-amd64 cfssl-certinfo_linux-amd64
# mv cfssl_linux-amd64 /usr/local/bin/cfssl
# mv cfssljson_linux-amd64 /usr/local/bin/cfssljson
# mv cfssl-certinfo_linux-amd64 /usr/bin/cfssl-certinfo
```

2. 创建 etcd 认证证书

CFSSL 工具下载完成后，需要创建三个关于证书的认证文件，才可以生成 etcd 证书。

创建 ca-config.json 认证文件，示例代码如下：

```
# vim ca-config.json
{
  "signing": {
    "default": {
      "expiry": "87600h"
```

```
        },
        "profiles": {
            "www": {
                "expiry": "87600h",
                "usages": [
                    "signing",
                    "key encipherment",
                    "server auth",
                    "client auth"
                ]
            }
        }
    }
}
```

创建 ca-csr.json 认证文件,示例代码如下:

```
# vim ca-csr.json
{
    "CN": "etcd CA",
    "key": {
        "algo": "rsa",
        "size": 2048
    },
    "names": [
        {
            "C": "CN",
            "L": "Beijing",
            "ST": "Beijing"
        }
    ]
}
```

创建 server-csr.json 认证文件,示例代码如下:

```
# vim server-csr.json
{
    "CN": "etcd",
    "hosts": [
    "192.168.26.10",           #此处注意修改为三个节点的 IP 地址
    "192.168.26.11",
    "192.168.26.12"
    ],
    "key": {
        "algo": "rsa",
        "size": 2048
    },
    "names": [
        {
            "C": "CN",
            "L": "BeiJing",
```

```
        "ST": "BeiJing"
    }
  ]
}
```

通过 CFSLL 工具生成证书，最终生成的证书文件示例代码如下：

```
# cfssl gencert -initca ca-csr.json | cfssljson -bare ca -
# cfssl gencert -ca=ca.pem -ca-key=ca-key.pem -config=ca-config.json -profile=www
server-csr.json | cfssljson -bare server
# ls *pem
ca-key.pem  ca.pem  server-key.pem  server.pem
```

3. 下载并安装 etcd

etcd 证书生成后，便可以进行 etcd 集群的搭建。从 GitHub 开源代码库下载 etcd 二进制文件，并解压安装，示例代码如下：

```
# wget https://github.com/coreos/etcd/releases/tag/v3.2.12
# wget https://github.com/etcd-io/etcd/releases/download/v3.2.12/etcd-v3.2.12-
linux-amd64.tar.gz                                    //下载相关的二进制包
# mkdir /opt/etcd/{bin,cfg,ssl} -p                    //创建 etcd 的配置文件路径
# tar zxvf etcd-v3.2.12-linux-amd64.tar.gz            //解压二进制文件包
```

将解压文件中的 etcd 和 etcdctl 文件复制到/usr/bin 目录，并创建 etcd 的配置文件，示例代码如下：

```
# mv etcd-v3.2.12-linux-amd64/{etcd,etcdctl} /opt/etcd/bin/
# vim /opt/etcd/cfg/etcd
#[Member]
ETCD_NAME="etcd01"         //在 Node 节点安装 etcd 时需要注意此处的名称
ETCD_DATA_DIR="/var/lib/etcd/default.etcd"
ETCD_LISTEN_PEER_URLS="https://192.168.26.10:2380"    //指定主机 IP 地址
ETCD_LISTEN_CLIENT_URLS="https://192.168.26.10:2379"
#[Clustering]
ETCD_INITIAL_ADVERTISE_PEER_URLS="https://192.168.26.10:2380"
ETCD_ADVERTISE_CLIENT_URLS="https://192.168.26.10:2379"
ETCD_INITIAL_CLUSTER="etcd01=https://192.168.26.10:2380,etcd02=https://192.168.26.11:
2380,etcd03=https://192.168.26.12:2380"
ETCD_INITIAL_CLUSTER_TOKEN="etcd-cluster"
ETCD_INITIAL_CLUSTER_STATE="new"
```

以上 etcd 配置文件中出现的具体名词解释如表 14.2 所示。

表 14.2   etcd 配置文件名词解释

名词	解释
ETCD_NAME	节点名称
ETCD_DATA_DIR	数据目录
ETCD_LISTEN_PEER_URLS	集群通信监听地址
ETCD_LISTEN_CLIENT_URLS	客户端访问监听地址

名词	解释
ETCD_INITIAL_ADVERTISE_PEER_URLS	集群通告地址
ETCD_ADVERTISE_CLIENT_URLS	客户端通告地址
ETCD_INITIAL_CLUSTER	集群节点地址
ETCD_INITIAL_CLUSTER_TOKEN	集群 Token
ETCD_INITIAL_CLUSTER_STATE	加入集群的当前状态，new 是新集群，existing 表示加入已有集群

注意，本例中 etcd 服务在每个节点上都需要部署。另外，在 etcd 的配置文件中要指明主机名称和 IP 地址。Node1 和 Node2 的部分配置信息如图 14.3 所示。

图 14.3　Node1、Node2 的部分配置信息

创建 systemd 对 etcd 数据库进行管理的配置文件，具体文件内容如下所示。

```
# vim /usr/lib/systemd/system/etcd.service
[Unit]
Description=Etcd Server
After=network.target
After=network-online.target
Wants=network-online.target

[Service]
Type=notify
EnvironmentFile=/opt/etcd/cfg/etcd
ExecStart=/opt/etcd/bin/etcd \
--name=${ETCD_NAME} \
--data-dir=${ETCD_DATA_DIR} \
--listen-peer-urls=${ETCD_LISTEN_PEER_URLS} \
--listen-client-urls=${ETCD_LISTEN_CLIENT_URLS},http://127.0.0.1:2379 \
--advertise-client-urls=${ETCD_ADVERTISE_CLIENT_URLS} \
--initial-advertise-peer-urls=${ETCD_INITIAL_ADVERTISE_PEER_URLS} \
--initial-cluster=${ETCD_INITIAL_CLUSTER} \
--initial-cluster-token=${ETCD_INITIAL_CLUSTER_TOKEN} \
--initial-cluster-state=new \
--cert-file=/opt/etcd/ssl/server.pem \
--key-file=/opt/etcd/ssl/server-key.pem \
--peer-cert-file=/opt/etcd/ssl/server.pem \
--peer-key-file=/opt/etcd/ssl/server-key.pem \
```

```
--trusted-ca-file=/opt/etcd/ssl/ca.pem \
--peer-trusted-ca-file=/opt/etcd/ssl/ca.pem
Restart=on-failure
LimitNOFILE=65536

[Install]
WantedBy=multi-user.target
```

将先前生成 etcd 证书复制到指定位置,并将服务设置为开机自启,以确保认证成功,代码如下:

```
# cp ca*pem server*pem /opt/etcd/ssl
# systemctl start etcd
# systemctl enable etcd
```

三个节点的 etcd 服务部署完成后,在 Master 上即可以检查 etcd 集群状态,出现以下返回结果表示成功,代码如下:

```
# /opt/etcd/bin/etcdctl \
--ca-file=/opt/etcd/ssl/ca.pem \
--cert-file=/opt/etcd/ssl/server.pem \
--key-file=/opt/etcd/ssl/server-key.pem \
--endpoints= \
"https://192.168.26.10:2379,https://192.168.26.11:2379,https://192.168.26.12:2379" cluster-health
    member 18218cfabd4e0dea is healthy: got healthy result from https://192.168.26.10:2379
    member 541c1c40994c939b is healthy: got healthy result from https://192.168.26.11:2379
    member a342ea2798d20705 is healthy: got healthy result from https://192.168.26.12:2379
    cluster is healthy
```

14.3 集群证书

在节点上不仅需要安装 etcd 组件,还需要安装 kube-apiserver、kube-proxy 等组件,这些组件在使用期间也需要认证。为了保证与先前的证书不冲突,可以新建一个目录来存放需要生成的证书。

创建 ca-config.json、ca-csr.json 两个文件来生成 CA 认证证书,文件内容如下所示。

```
# vim ca-config.json
{
  "signing": {
    "default": {
      "expiry": "87600h"
    },
    "profiles": {
      "Kubernetes": {
        "expiry": "87600h",
        "usages": [
          "signing",
          "key encipherment",
```

```
            "server auth",
            "client auth"
          ]
        }
      }
    }
}
# vim ca-csr.json
{
    "CN": "Kubernetes",
    "key": {
        "algo": "rsa",
        "size": 2048
    },
    "names": [
        {
            "C": "CN",
            "L": "Beijing",
            "ST": "Beijing",
            "O": "k8s",
            "OU": "System"
        }
    ]
}
# cfssl gencert -initca ca-csr.json | cfssljson -bare ca -    //生成 CA 证书指令
```

创建 server-csr.json 文件用于生成 API Server 证书，文件内容如下所示。

```
# vim server-csr.json
{
  "CN": "Kubernetes",
  "hosts": [
    "10.0.0.1",              //这是后面 DNS 要使用的虚拟网络的网关，不用改
    "127.0.0.1",
    "192.168.26.10",         //此处修改为 Master 节点的 IP 地址
    "192.168.26.11",         //此处修改为 Node1 节点的 IP 地址
    "192.168.26.12",         //此处修改为 Node2 节点的 IP 地址
    "Kubernetes",
    "Kubernetes.default",
    "Kubernetes.default.svc",
    "Kubernetes.default.svc.cluster",
    "Kubernetes.default.svc.cluster.local"
  ],
  "key": {
      "algo": "rsa",
      "size": 2048
  },
  "names": [
      {
          "C": "CN",
          "L": "BeiJing",
```

```
            "ST": "BeiJing",
            "O": "k8s",
            "OU": "System"
        }
    ]
}
```

```
# cfssl gencert -ca=ca.pem -ca-key=ca-key.pem -config=ca-config.json -profile=Kubernetes
server-csr.json | cfssljson -bare server    //生成 API Server 证书指令
```

创建 kube-proxy-csr.json 文件用于生成 kube-proxy 证书，文件内容如下所示。

```
# vim kube-proxy-csr.json
{
  "CN": "system:kube-proxy",
  "hosts": [],
  "key": {
    "algo": "rsa",
    "size": 2048
  },
  "names": [
    {
      "C": "CN",
      "L": "BeiJing",
      "ST": "BeiJing",
      "O": "k8s",
      "OU": "System"
    }
  ]
}
```

```
# cfssl gencert -ca=ca.pem -ca-key=ca-key.pem -config=ca-config.json -profile=Kubernetes
kube-proxy-csr.json | cfssljson -bare kube-proxy
```

最终生成的认证文件如下所示。

```
# ls *pem
ca-key.pem  ca.pem  kube-proxy-key.pem  kube-proxy.pem  server-key.pem  server.pem
```

14.4 Master 节点的部署

证书生成后即可开始对集群中的组件进行部署，Master 节点上需要安装的组件包括 kube-apiserver、kube-schduler、kube-controller-manager。下面详细介绍这些组件的安装过程。

Master 节点的部署

1. kube-apiserver 组件部署

前面已经介绍了如何下载 Kubernetes 二进制包。将下载完的二进制文件解压即可得到集群部署所需的所有组件，示例代码如下：

```
# tar zxvf Kubernetes-server-linux-amd64.tar.gz
# mkdir /opt/Kubernetes/{bin,cfg,ssl} -pv     //创建证书认证和配置文件目录
```

将解压后文件中的 kube-apiserver、kube-scheduler、kube-controller-manager、kubectl 复制到指定目录，代码如下：

```
# cd Kubernetes/server/bin
# cp kube-apiserver kube-scheduler kube-controller-manager kubectl /opt/Kubernetes/bin
```

将生成的证书 server.pem、server-key.pem、ca.pem、ca-key.pem 复制到指定目录，并创建 kube-apiserver 组件的配置文件，示例代码如下：

```
# cp server.pem  server-key.pem ca.pem ca-key.pem /opt/Kubernetes/ssl/
# vim /opt/Kubernetes/cfg/kube-apiserver
KUBE_APISERVER_OPTS="--logtostderr=true \
--v=4 \
--etcd-servers=https://192.168.26.10:2379,https://192.168.26.11:2379,https://192.168.26.12:2379 \
--bind-address=192.168.26.10 \
--secure-port=6443 \
--advertise-address=192.168.26.10 \
--allow-privileged=true \
--service-cluster-ip-range=10.0.0.0/24 \       //此网段不需要修改
--enable-admission-plugins=NamespaceLifecycle,LimitRanger,ServiceAccount,ResourceQuota,NodeRestriction \
--authorization-mode=RBAC,Node \
--enable-bootstrap-token-auth \
--token-auth-file=/opt/Kubernetes/cfg/token.csv \
--service-node-port-range=30000-50000 \
--tls-cert-file=/opt/Kubernetes/ssl/server.pem \
--tls-private-key-file=/opt/Kubernetes/ssl/server-key.pem \
--client-ca-file=/opt/Kubernetes/ssl/ca.pem \
--service-account-key-file=/opt/Kubernetes/ssl/ca-key.pem \
--etcd-cafile=/opt/etcd/ssl/ca.pem \
--etcd-certfile=/opt/etcd/ssl/server.pem \
--etcd-keyfile=/opt/etcd/ssl/server-key.pem"
```

kube-apiserver 配置文件中的参数说明如表 14.3 所示。

表 14.3　　　　　　　　　　kube-apiserver 配置文件中的参数说明

参数	说明
--logtostderr	启用日志
--v	日志等级
--etcd-servers etcd	集群地址
--bind-address	监听地址
--secure-port https	安全端口
--advertise-address	集群通告地址
--allow-privileged	启用授权
--service-cluster-ip-range	Service 虚拟 IP 地址段

参数	说明
--enable-admission-plugins	准入控制模块
--authorization-mode	认证授权,启用 RBAC 授权和节点自管理
--enable-bootstrap-token-auth	启用 TLS bootstrap ping 功能
--token-auth-file	token 文件
--service-node-port-range	Service Node 类型默认分配端口范围

创建 systemd 管理 kube-apiserver 组件的配置文件,配置文件为/usr/lib/systemd/system/kube-apiserver.service,内容如下所示。

```
# vim /usr/lib/systemd/system/kube-apiserver.service
[Unit]
Description=Kubernetes API Server
Documentation=https://github.com/Kubernetes/Kubernetes

[Service]
EnvironmentFile=-/opt/Kubernetes/cfg/kube-apiserver
ExecStart=/opt/Kubernetes/bin/kube-apiserver $KUBE_APISERVER_OPTS
Restart=on-failure

[Install]
WantedBy=multi-user.target
```

Master 节点上的 kube-apiserver 组件启用 TLS 认证后, Node 节点上的 kubelet 组件如果想要加入集群,必须使用 CA 签发的有效证书与 kube-apiserver 通信。当 Node 节点很多时,签署证书是一件很烦琐的事情,因此有了 TLS bootstrapping 机制。kubelet 会作为一个低权限用户自动向 kube-apiserver 申请证书, kubelet 的证书由 kube-apiserver 动态签署。TLS 认证流程如图 14.4 所示。

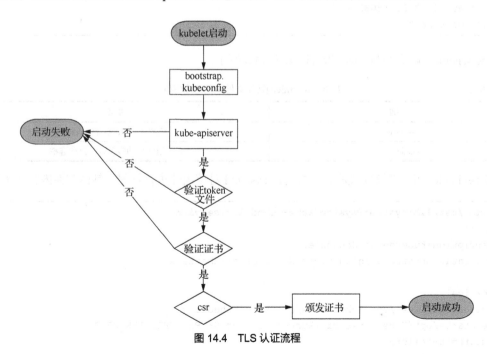

图 14.4 TLS 认证流程

创建 token 文件用于认证操作，文件内容如下所示。

```
# vim /opt/Kubernetes/cfg/token.csv
674c457d4dcf2eefe4920d7dbb6b0ddc,kubelet-bootstrap,10001,"system:kubelet-bootstrap"
```

token 文件中的参数说明如表 14.4 所示。

表 14.4　　　　　　　　　　　　token 文件参数说明

列号	参数内容	说明
第一列	674c457d4dcf2eefe4920d7dbb6b0ddc	随机字符串，自动生成
第二列	kubelet-bootstrap	用户名
第三列	10001	UID
第四列	system:kubelet-bootstrap	用户组

配置完成后，重载服务并将 kube-apiserver 服务设置为开机自启。

```
# systemctl daemon-reload
# systemctl enable kube-apiserver
# systemctl start kube-apiserver
```

2. kube-schduler 组件部署

kube-schdulerr 组件同样需要在 Master 节点上进行部署。创建 kube-schduler 的配置文件，文件内容如下所示。

```
# vim /opt/Kubernetes/cfg/kube-scheduler
KUBE_SCHEDULER_OPTS="--logtostderr=true \
--v=4 \
--master=127.0.0.1:8080 \
--leader-elect"
```

kube-schduler 配置文件中的参数说明如表 14.5 所示。

表 14.5　　　　　　　　　kube-schduler 配置文件中的参数说明

参数	说明
--master	连接本地 kube-apiserver
--leader-elect	当该组件启动多个时，自动选举

kube-schduler 组件部署完成后，即可配置 systemd 对该组件进行管理。具体文件内容如下所示。

```
# vim /usr/lib/systemd/system/kube-scheduler.service
[Unit]
Description=Kubernetes Scheduler
Documentation=https://github.com/Kubernetes/Kubernetes

[Service]
EnvironmentFile=-/opt/Kubernetes/cfg/kube-scheduler
ExecStart=/opt/Kubernetes/bin/kube-scheduler $KUBE_SCHEDULER_OPTS
Restart=on-failure
```

```
[Install]
WantedBy=multi-user.target
```

配置完成后即可启动 kube-scheduler 服务，代码如下：

```
# systemctl daemon-reload
# systemctl enable kube-scheduler
# systemctl start kube-scheduler
```

3. kube-controller-manager 组件部署

kube-apiserver 组件和 kube-scheduler 组件创建完成后即可配置 kube-controller-manager 组件。创建相关的配置文件，文件内容如下所示。

```
# vim /opt/Kubernetes/cfg/kube-controller-manager
KUBE_CONTROLLER_MANAGER_OPTS="--logtostderr=true \
--v=4 \
--master=127.0.0.1:8080 \
--leader-elect=true \
--address=127.0.0.1 \
--service-cluster-ip-range=10.0.0.0/24 \
--cluster-name=Kubernetes \
--cluster-signing-cert-file=/opt/Kubernetes/ssl/ca.pem \
--cluster-signing-key-file=/opt/Kubernetes/ssl/ca-key.pem \
--root-ca-file=/opt/Kubernetes/ssl/ca.pem \
--service-account-private-key-file=/opt/Kubernetes/ssl/ca-key.pem"
```

配置文件中的参数与前面部署的 kube-apiserver 组件和 kube-schduler 组件的配置参数基本相同。接下来配置 systemd 对 kube-controller-manager 组件进行管理，文件内容如下所示。

```
# vim /usr/lib/systemd/system/kube-controller-manager.service
[Unit]
Description=Kubernetes Controller Manager
Documentation=https://github.com/Kubernetes/Kubernetes

[Service]
EnvironmentFile=-/opt/Kubernetes/cfg/kube-controller-manager
ExecStart=/opt/Kubernetes/bin/kube-controller-manager $KUBE_CONTROLLER_MANAGER_OPTS
Restart=on-failure

[Install]
WantedBy=multi-user.target
```

配置文件创建完成后即可重载服务，并将 kube-controller-manager 服务设置为开机自启，代码如下：

```
# systemctl daemon-reload
# systemctl enable kube-controller-manager
# systemctl start kube-controller-manager
```

4. 查看所有组件状态

完成组件部署与管理后，检查所有组件是否全部启动并被 systemd 管理。使用相关命令查看当前集群组件的状态，代码如下：

```
# /opt/Kubernetes/bin/kubectl get cs
NAME                  STATUS    MESSAGE              ERROR
scheduler             Healthy   ok
etcd-0                Healthy   {"health":"true"}
etcd-2                Healthy   {"health":"true"}
etcd-1                Healthy   {"health":"true"}
controller-manager    Healthy   ok
```

从执行结果可以看出，各组件状态为"Healthy"，表明各组件部署成功且运行正常。

14.5 Node 节点的部署

Node 节点的部署

1. Docker 环境

因为 Kubernetes 基于 Docker，所以安装 Kubernetes 需要有 Docker 环境。本书使用 yum 源方式进行安装。如果是在生产环境中部署，建议使用二进制方式安装 Docker（参考本书关于 Docker 的内容）。快速安装 Docker 的流程如下：

```
# yum install -y yum-utils device-mapper-persistent-data lvm2
# yum-config-manager \
    --add-repo \
    https://download.docker.com/linux/centos/docker-ce.repo
# yum install docker-ce
# curl -sSL https://get.daocloud.io/daotools/set_mirror.sh | sh -s http://bc437cce.m.daocloud.io
# systemctl start docker
# systemctl enable docker
```

配置 Docker 启动指定子网段，文件内容如下所示。

```
# vim /usr/lib/systemd/system/docker.service
[Unit]
Description=Docker Application Container Engine
Documentation=https://docs.docker.com
After=network-online.target firewalld.service
Wants=network-online.target

[Service]
Type=notify
EnvironmentFile=/run/flannel/subnet.env
ExecStart=/usr/bin/dockerd $DOCKER_NETWORK_OPTIONS
ExecReload=/bin/kill -s HUP $MAINPID
LimitNOFILE=infinity
LimitNPROC=infinity
```

```
LimitCORE=infinity
TimeoutStartSec=0
Delegate=yes
KillMode=process
Restart=on-failure
StartLimitBurst=3
StartLimitInterval=60s

[Install]
WantedBy=multi-user.target
```

2. Flannel 网络组件

Flannel 可以通过给每台宿主机分配一个子网的方法为容器提供虚拟网络。使用 UDP 封装 IP 包来创建 Overlay 网络，并借助 etcd 维护网络的分配情况，能够解决 Kubernetes 的跨主机容器网络问题，从而使集群中不同节点上运行的 Docker 容器都具有唯一的虚拟 IP 地址。

Flannel 可以搭建 Kubernetes 所依赖的底层网络，归根到底是因为其可以为每个 Node 节点上的 Docker 容器分配互不冲突的 IP 地址，且分配的 IP 地址可建立一个覆盖网络（Overlay Network），通过此覆盖网络，可以将数据包原封不动地传递至目标容器内。Flannel 工作原理如图 14.5 所示。

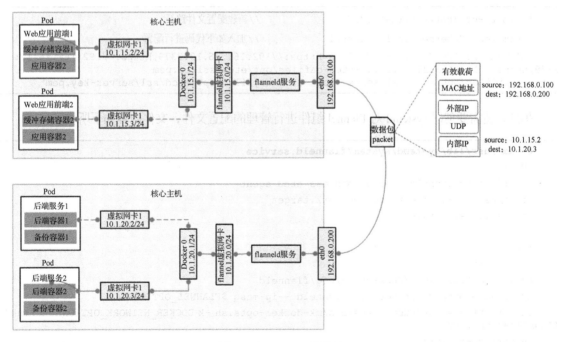

图 14.5　Flannel 工作原理

通过图 14.5 可知，Flannel 通过 etcd 服务维护了详细记录各节点子网网段的路由表；源主机通过 Flanneld 服务将原数据内容用 UDP 封装后，根据路由表将其投递给目标节点的 Flanneld 服务；数据到达后被解包注入目标节点的 Flannel 虚拟网卡，最后像本地容器通信一样由 docker0 路由到达目标容器。

Flannel 要用 etcd 存储自身的子网信息，所以只有保证 etcd 数据库正常运行，Flannel 网络才能进行部署。要保证成功连接 etcd，需要先写入预定义子网段，代码如下：

```
# /opt/etcd/bin/etcdctl \
--ca-file=ca.pem --cert-file=server.pem --key-file=server-key.pem \
--endpoints= \
"https://192.168.26.10:2379,https://192.168.26.11:2379,https://192.168.26.12:2379" \
set /coreos.com/network/config '{ "Network": "172.17.0.0/16", "Backend": {"Type": "vxlan"}}'
```

预设子网通信完成后即可进行 Flannel 安装。使用 wget 命令下载相关的二进制安装包，代码如下：

```
# wget \
https://github.com/coreos/flannel/releases/download/v0.10.0/\
flannel-v0.10.0-linux-amd64.tar.gz
# tar zxvf flannel-v0.10.0-linux-amd64.tar.gz
# mkdir -pv /opt/Kubernetes/bin
# mv flanneld mk-docker-opts.sh /opt/Kubernetes/bin
```

Flannel 安装完成后还需要对其进行相应的网络设置，代码如下：

```
# mkdir -pv /opt/Kubernetes/cfg/              //新建配置文件路径
# vim /opt/Kubernetes/cfg/flannel             //加入如下代码进行配置
FLANNEL_OPTIONS="--etcd-endpoints=https://192.168.26.10:2379,https://192.168.26.11:2379,https://192.168.26.12:2379 -etcd-cafile=/opt/etcd/ssl/ca.pem -etcd-certfile=/opt/etcd/ssl/server.pem -etcd-keyfile=/opt/etcd/ssl/server-key.pem"
```

另外，还需要创建 systemd 对 Flannel 组件进行管理的配置文件，文件内容如下所示。

```
# vim /usr/lib/systemd/system/flanneld.service
[Unit]
Description=Flanneld overlay address etcd agent
After=network-online.target network.target
Before=docker.service

[Service]
Type=notify
EnvironmentFile=/opt/Kubernetes/cfg/flanneld
ExecStart=/opt/Kubernetes/bin/flanneld --ip-masq $FLANNEL_OPTIONS
ExecStartPost=/opt/Kubernetes/bin/mk-docker-opts.sh -k DOCKER_NETWORK_OPTIONS -d /run/flannel/subnet.env
Restart=on-failure

[Install]
WantedBy=multi-user.target
```

运行 Flannel 服务需要证书的支持。因为在 Node 节点并未生成相关的证书，所以需要从其他生成证书的节点上将证书复制到 Flannel 所在的节点，操作流程如下：

```
# mkdir -pv /opt/etcd/ssl/
```

```
# scp /opt/etcd/ssl/* node1:/opt/etcd/ssl/
//证书导入完成后，需要重启Flannel和Docker，以完成认证
#systemctl daemon-reload
#systemctl restart flanneld
#systemctl enable flanneld
#systemctl restart docker
```

配置完成后，检查服务状态和IP地址信息，代码如下：

```
# ps -ef |grep docker
root     20941     1  1 Jun28 ?        09:15:34 /usr/bin/dockerd --bip=172.17.34.1/24
--ip-masq=false --mtu=1450

# ip addr
3607: flannel.1: <BROADCAST,MULTICAST,UP,LOWER_UP> mtu 1450 qdisc noqueue state UNKNOWN
    link/ether 8a:2e:3d:09:dd:82 brd ff:ff:ff:ff:ff:ff
    inet 172.17.34.0/32 scope global flannel.1
       valid_lft forever preferred_lft forever
3608: docker0: <BROADCAST,MULTICAST,UP,LOWER_UP> mtu 1450 qdisc noqueue state UP
    link/ether 02:42:31:8f:d3:02 brd ff:ff:ff:ff:ff:ff
    inet 172.17.34.1/24 brd 172.17.34.255 scope global docker0
       valid_lft forever preferred_lft forever
    inet6 fe80::42:31ff:fe8f:d302/64 scope link
       valid_lft forever preferred_lft forever
```

注意，要确保docker0与flannel.1的IP地址处于同一网段内。在当前节点访问另一个Node节点的docker0的IP地址，以测试不同Node节点间是否互通。如果能够相互Ping通，则Flannel组件部署成功。

```
# ping 172.17.58.1             //此处的IP地址是另一个Node节点的docker0的IP地址
PING 172.17.58.1 (172.17.58.1) 56(84) bytes of data.
64 bytes from 172.17.58.1: icmp_seq=1 ttl=64 time=0.263 ms
64 bytes from 172.17.58.1: icmp_seq=2 ttl=64 time=0.204 ms
```

3. kubelet组件

将先前下载的Kubernetes二进制包中的kubelet和kube-proxy目录复制到/opt/Kubernetes/bin目录下，操作流程如下：

```
# tar zxvf Kubernetes-server-linux-amd64.tar.gz
# scp kubelet kube-proxy node1:/opt/Kubernetes/bin
# scp kubelet kube-proxy node2:/opt/Kubernetes/bin
```

创建kubelet配置文件，代码如下：

```
# vim /opt/Kubernetes/cfg/kubelet
KUBELET_OPTS="--logtostderr=true \
--v=4 \
--hostname-override=192.168.26.11 \          #此处修改为node1/2的IP
```

```
--kubeconfig=/opt/Kubernetes/cfg/kubelet.kubeconfig \
--bootstrap-kubeconfig=/opt/Kubernetes/cfg/bootstrap.kubeconfig \
--config=/opt/Kubernetes/cfg/kubelet.config \
--cert-dir=/opt/Kubernetes/ssl \
--pod-infra-container-image=registry.cn-hangzhou.aliyuncs.com/google-containers/pause-amd64:3.0"
```

kubelet 配置文件中的参数说明如表 14.6 所示。

表 14.6　　　　　　　　　　　kubelet 配置文件中的参数说明

参数	说明
--hostname-override	在集群中显示的主机名
--kubeconfig	指定 kubeconfig 文件位置，会自动生成
--bootstrap-kubeconfig	指定刚才生成的 bootstrap.kubeconfig 文件
--cert-dir	证书存放位置
--pod-infra-container-image	管理 Pod 网络的镜像

/opt/Kubernetes/cfg/kubelet.config 文件内容如下所示。

```
# vim /opt/Kubernetes/cfg/kubelet.config
kind: KubeletConfiguration
apiVersion: kubelet.config.k8s.io/v1beta1
address: 192.168.26.11        #此处为 Node 节点的 IP 地址
port: 10250
readOnlyPort: 10255
cgroupDriver: cgroupfs
clusterDNS: ["10.0.0.2"]       #此处 IP 地址不需要改
clusterDomain: cluster.local.
failSwapOn: false
authentication:
  anonymous:
    enabled: true
  webhook:
    enabled: false
```

opt/Kubernetes/cfg/kubelet.config 文件配置完成后，需要重启使其生效。另外还需要创建 systemd 对 kubelet 组件进行管理的配置，文件内容如下所示。

```
# vim /usr/lib/systemd/system/kubelet.service
[Unit]
Description=Kubernetes Kubelet
After=docker.service
Requires=docker.service

[Service]
EnvironmentFile=/opt/Kubernetes/cfg/kubelet
ExecStart=/opt/Kubernetes/bin/kubelet $KUBELET_OPTS
Restart=on-failure
KillMode=process
```

```
[Install]
WantedBy=multi-user.target
```

设置完成后,重载 kubelet 服务并设置为开机自启,相关指令如下:

```
# systemctl daemon-reload
# systemctl enable kubelet
# systemctl start kubelet
```

4. kube-proxy 组件

kube-proxy 可以实现集群的代理服务,因此,在安装该组件时需要在 Master 节点上设置系统参数并将用户绑定到 kubelet-bootstrap 的集群角色中。代理流程如图 14.6 所示。

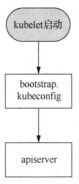

图 14.6 代理流程

在 Master 节点上进行以下操作来配置和认证 kube-proxy 代理服务:

```
# /opt/Kubernetes/bin/kubectl create clusterrolebinding \
kubelet-bootstrap \
--clusterrole=system:node-bootstrapper \
--user=kubelet-bootstrap
```

在生成 Kubernetes 证书的目录下执行相关命令生成 kubeconfig 文件。该文件可以指定 API Server 的内网负载均衡地址,具体操作流程如下:

```
# KUBE_APISERVER="https://192.168.26.10:6443"    //此处填写 Master 的 IP 地址即可
# BOOTSTRAP_TOKEN=674c457d4dcf2eefe4920d7dbb6b0ddc
```

设置集群参数
```
# /opt/Kubernetes/bin/kubectl config set-cluster Kubernetes \
  --certificate-authority=./ca.pem \
  --embed-certs=true \
  --server=${KUBE_APISERVER} \
  --kubeconfig=bootstrap.kubeconfig
```

设置客户端认证参数

```
# /opt/Kubernetes/bin/kubectl config set-credentials kubelet-bootstrap \
  --token=${BOOTSTRAP_TOKEN} \
  --kubeconfig=bootstrap.kubeconfig
```

设置上下文参数

```
# /opt/Kubernetes/bin/kubectl config set-context default \
  --cluster=Kubernetes \
  --user=kubelet-bootstrap \
  --kubeconfig=bootstrap.kubeconfig
```

设置默认上下文

```
# /opt/Kubernetes/bin/kubectl config use-context default --kubeconfig=bootstrap.kubeconfig
```

创建 **kube-proxy.kubeconfig** 文件

```
# /opt/Kubernetes/bin/kubectl config set-cluster Kubernetes \
  --certificate-authority=./ca.pem \
  --embed-certs=true \
  --server=${KUBE_APISERVER} \
  --kubeconfig=kube-proxy.kubeconfig
# /opt/Kubernetes/bin/kubectl config set-credentials kube-proxy \
  --client-certificate=./kube-proxy.pem \
  --client-key=./kube-proxy-key.pem \
  --embed-certs=true \
  --kubeconfig=kube-proxy.kubeconfig
# /opt/Kubernetes/bin/kubectl config set-context default \
  --cluster=Kubernetes \
  --user=kube-proxy \
  --kubeconfig=kube-proxy.kubeconfig
# /opt/Kubernetes/bin/kubectl config use-context default \
  --kubeconfig=kube-proxy.kubeconfig
```

以上命令执行完成后生成 bootstrap.kubeconfig、kube-proxy.kubeconfig 两个文件。将这两个文件复制到 Node 节点中的 /opt/Kubernetes/cfg 目录下，代码如下：

```
# scp bootstrap.kubeconfig \
kube-proxy.kubeconfig node1:/opt/Kubernetes/cfg
# scp bootstrap.kubeconfig \
kube-proxy.kubeconfig node2:/opt/Kubernetes/cfg
```

在 Node 节点上创建 kube-proxy 和 systemd 管理 proxy 的配置，代码如下：

```
# vim /opt/Kubernetes/cfg/kube-proxy
KUBE_PROXY_OPTS="--logtostderr=true \
--v=4 \
--hostname-override=192.168.26.11 \
--cluster-cidr=10.0.0.0/24 \             //此处的 IP 地址不需要修改
--kubeconfig=/opt/Kubernetes/cfg/kube-proxy.kubeconfig"

# vim /usr/lib/systemd/system/kube-proxy.service    //system 管理 proxy
```

```
[Unit]
Description=Kubernetes Proxy
After=network.target

[Service]
EnvironmentFile=-/opt/Kubernetes/cfg/kube-proxy
ExecStart=/opt/Kubernetes/bin/kube-proxy $KUBE_PROXY_OPTS
Restart=on-failure

[Install]
WantedBy=multi-user.target
```

配置完成后重载服务，并将 kube-proxy 服务设置为开机自启，然后查看其是否为运行状态，代码如下：

```
# systemctl daemon-reload                //重载服务
# systemctl enable kube-proxy            //设置开机自启
# systemctl start kube-proxy             //启动 kube-proxy 服务
# systemctl status kube-proxy            //查看服务状态
```

14.6 审批 Node 加入集群

审批 Node 加入集群及 shboard（Web UI）部署

经过前面的部署操作，Node 节点依然没有加入集群，需要在 Master 节点上手动允许 Node 节点加入。注意，在进行这一步操作之前应确保所有组件正常。

在 Master 节点查看请求签名的 Node 节点，并查看集群状态，代码如下：

```
# /opt/Kubernetes/bin/kubectl get csr
# /opt/Kubernetes/bin/kubectl certificate approve XXXXID
# /opt/Kubernetes/bin/kubectl get node
NAME              STATUS    ROLES     AGE     VERSION
10.206.240.111    Ready     <none>    28d     v1.11.0
10.206.240.112    Ready     <none>    28d     v1.11.0

# /opt/Kubernetes/bin/kubectl get cs
NAME                    STATUS      MESSAGE             ERROR
controller-manager      Healthy     ok
scheduler               Healthy     ok
etcd-2                  Healthy     {"health":"true"}
etcd-1                  Healthy     {"health":"true"}
etcd-0                  Healthy     {"health":"true"}
```

从执行结果可以看出，集群中各组件的状态为 "Healthy"。尝试运行一个测试示例，以判断集群是否正常工作，代码如下：

```
# /opt/Kubernetes/bin/kubectl run nginx --image=nginx --replicas=3
# /opt/Kubernetes/bin/kubectl expose deployment nginx --port=88 --target-port=80
```

```
--type=NodePort                                  //创建了一个Nginx Web

# /opt/Kubernetes/bin/kubectl get pods           //查看Pod和Service
NAME                            READY    STATUS     RESTARTS    AGE
nginx-64f497f8fd-fjgt2          1/1      Running    3           28d
nginx-64f497f8fd-gmstq          1/1      Running    3           28d
nginx-64f497f8fd-q6wk9          1/1      Running    3           28d

# /opt/Kubernetes/bin/kubectl describe pod nginx-64f497f8fd-fjgt2
# /opt/Kubernetes/bin/kubectl get svc             //查看Pod详细信息
NAME        TYPE        CLUSTER-IP    EXTERNAL-IP    PORT(S)        AGE
Kubernetes  ClusterIP   10.0.0.1      <none>         443/TCP        28d
nginx       NodePort    10.0.0.175    <none>         88:38696/TCP   28d
```

在浏览器中输入 http://192.168.26.12:38696 查看容器是否正常运行。如果出现图 14.7 所示的页面，则表示容器运行正常。

图 14.7 Nginx Web 容器

14.7 shboard（Web UI）部署

Kubernetes 系统支持安装 Web UI 页面，本书中使用 shboard 插件来实现此功能。部署 Web UI 需要创建以下三个文件。

- dashboard-deployment.yaml

部署 Pod，提供 Web 服务。

- dashboard-rbac.yaml

授权访问 API Server 获取信息。

- dashboard-service.yaml

发布服务，提供对外访问。

三个文件的内容如下所示。

```
# vim dashboard-deployment.yaml
apiVersion: apps/v1beta2
kind: Deployment
metadata:
```

```
      name: Kubernetes-dashboard
      namespace: kube-system
      labels:
        k8s-app: Kubernetes-dashboard
        Kubernetes.io/cluster-service: "true"
        addonmanager.Kubernetes.io/mode: Reconcile
    spec:
      selector:
        matchLabels:
          k8s-app: Kubernetes-dashboard
      template:
        metadata:
          labels:
            k8s-app: Kubernetes-dashboard
          annotations:
            scheduler.alpha.Kubernetes.io/critical-pod: ''
        spec:
          serviceAccountName: Kubernetes-dashboard
          containers:
          - name: Kubernetes-dashboard
            image: registry.cn-hangzhou.aliyuncs.com/kube_containers/Kubernetes-dashboard-amd64:v1.8.1
            resources:
              limits:
                cpu: 100m
                memory: 300Mi
              requests:
                cpu: 100m
                memory: 100Mi
            ports:
            - containerPort: 9090
              protocol: TCP
            livenessProbe:
              httpGet:
                scheme: HTTP
                path: /
                port: 9090
              initialDelaySeconds: 30
              timeoutSeconds: 30
          tolerations:
          - key: "CriticalAddonsOnly"
            operator: "Exists"

# vim dashboard-rbac.yaml
apiVersion: v1
kind: ServiceAccount
metadata:
  labels:
    k8s-app: Kubernetes-dashboard
    addonmanager.Kubernetes.io/mode: Reconcile
  name: Kubernetes-dashboard
  namespace: kube-system
```

```yaml
---
kind: ClusterRoleBinding
apiVersion: rbac.authorization.k8s.io/v1beta1
metadata:
  name: Kubernetes-dashboard-minimal
  namespace: kube-system
  labels:
    k8s-app: Kubernetes-dashboard
    addonmanager.Kubernetes.io/mode: Reconcile
roleRef:
  apiGroup: rbac.authorization.k8s.io
  kind: ClusterRole
  name: cluster-admin
subjects:
- kind: ServiceAccount
  name: Kubernetes-dashboard
  namespace: kube-system
```

```
# vim dashboard-service.yaml
apiVersion: v1
kind: Service
metadata:
  name: Kubernetes-dashboard
  namespace: kube-system
  labels:
    k8s-app: Kubernetes-dashboard
    Kubernetes.io/cluster-service: "true"
    addonmanager.Kubernetes.io/mode: Reconcile
spec:
  type: NodePort
  selector:
    k8s-app: Kubernetes-dashboard
  ports:
  - port: 80
    targetPort: 9090
```

根据以上配置信息创建相关的资源,代码如下:

```
# /opt/Kubernetes/bin/kubectl create -f dashboard-rbac.yaml
# /opt/Kubernetes/bin/kubectl create -f dashboard-deployment.yaml
# /opt/Kubernetes/bin/kubectl create -f dashboard-service.yaml
```

资源创建成功后,查看资源状态和端口占用情况,代码如下:

```
# /opt/Kubernetes/bin/kubectl get all -n kube-system
NAME                                          READY   STATUS    RESTARTS   AGE
pod/Kubernetes-dashboard-68ff5fcd99-5rtv7     1/1     Running   1          27d
NAME                              TYPE       CLUSTER-IP    EXTERNAL-IP   PORT(S)         AGE
service/Kubernetes-dashboard      NodePort   10.0.0.100    <none>        443:30000/TCP   27d
```

```
NAME                                              DESIRED  CURRENT  UP-TO-DATE  AVAILABLE  AGE
deployment.apps/Kubernetes-dashboard              1        1        1           1          27d
NAME                                                       DESIRED  CURRENT     READY      AGE
replicaset.apps/Kubernetes-dashboard-68ff5fcd99             1        1           1          27d
# /opt/Kubernetes/bin/kubectl get svc -n kube-system
NAME                    TYPE       CLUSTER-IP    EXTERNAL-IP  PORT(S)         AGE
Kubernetes-dashboard    NodePort   10.0.0.100    <none>       443:30000/TCP   27d
```

通过执行结果可以看出，页面的访问端口号为 30000。在浏览器中输入 http://192.168.26.11:30000 进行访问测试，如果出现图 14.8 所示的界面，则表示 shboard 插件部署成功。

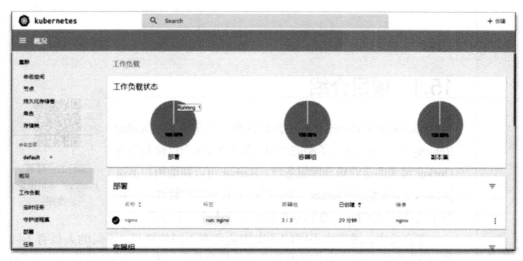

图 14.8 Kubernetes Web UI 界面

第 15 章 项目二：部署 Harbor 本地镜像仓库

15.1 项目介绍

项目二：部署 Harbor 本地镜像仓库

Harbor 是 VMware 公司的开源容器镜像仓库，在 Docker Registry 的基础上进行了相应的企业级拓展，用于存储和分发 Docker 镜像的企业级仓库服务器。Harbor 可以帮助用户迅速搭建一个企业级的 Docker 仓库服务，并提供用户管理界面和基于角色访问控制、AD/LDAP 集成、审计日志等功能。

在企业中，通常由不同的开发团队负责不同的项目，不同的人员有不同的业务需求。此时，就需要通过访问权限控制系统，为不同的角色分配相应的权限。比如，开发人员需要对项目进行构建，所以需要读写权限（pull/push）；测试人员只需要读权限（pull）；运维人员需要管理镜像仓库，所以需要具备权限分配的能力；项目经理具备所有权限。项目权限关系图如图 15.1 所示。

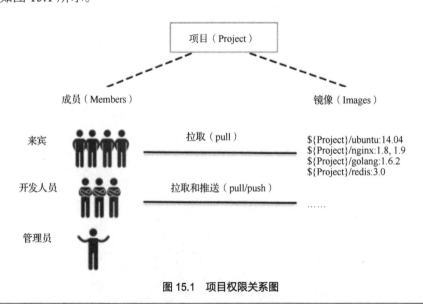

图 15.1 项目权限关系图

15.2 仓库部署方式

针对不同的企业级需求,Harbor 仓库支持不同的高可用方案。下面对企业中常用的共享存储方案和复制同步方案进行说明。

1. 共享存储

负载均衡器将客户端的数据分发到多个 Harbor 实例,并对多个仓库的地址进行统一存储。通过这种方式可以实现在任一实例上都能读取到其他实例的持久化存储的镜像,如图 15.2 所示。

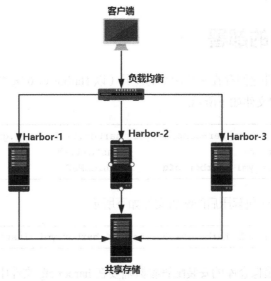

图 15.2　Harbor 的共享存储方案

2. 复制同步

此方案通过前置的负载均衡器将镜像分发到不同的实例,并利用镜像的复制功能,实现实例的双向复制,保持了数据的一致性,如图 15.3 所示。

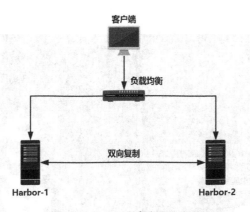

图 15.3　Harbor 的复制同步方案

Harbor 项目可以通过不同组件实现复杂的功能,常见的组件及其主要功能如表 15.1 所示。

表 15.1　　　　　　　　　　　　　　　Harbor 组件

组件名称	功能
harbor-adminserver	配置管理中心
harbor-db	MySQL 数据库
harbor-jobservice	负责镜像复制
harbor-log	记录操作日志
harbor-UI	Web 管理页面和 API
nginx	前端代理，负责前端页面和镜像的上传/下载/转发
redis	会话
registry	镜像

15.3　基本换进的部署

Harbor 各版本配置文件之间存在一些微小的差异（以 Harbor v1.6 版本为分界线）。Harbor v1.5.3 版本的.tar 包解压后的配置文件如下所示。

```
common                     docker-compose.yml   harbor.v1.5.3.tar.gz   NOTICE
docker-compose.clair.yml   ha                   install.sh             open_source_license
docker-compose.notary.yml  harbor.cfg           LICENSE                prepare
```

Harbor v1.9.1 版本的.tar 包解压后的配置文件如下所示。

```
common  docker-compose.yml  harbor.v1.9.1.tar.gz  harbor.yml  install.sh  LICENSE  prepare
```

在低版本中，Harbor 镜像仓库的安装配置参数需要在 harbor.cfg 文件中修改；而高版本的安装参数需要在 harbor.yaml 文件中修改。本书的示例中使用高版本的 Harbor（即 Harbor v1.9.1 版本）进行镜像仓库的部署。下面详细介绍 Harbor 安装流程。

1. 下载安装文件

读者可以访问 Harbor 官方网站，并根据网站提供的地址下载 Harbor 镜像仓库的编码包。Harbor 官方网站如图 15.4 所示。

图 15.4　Harbor 官方网站

进入 Harbor 官方网站后，单击"Download Now"按钮即可跳转到 GitHub 提供的页面。这时，便可根据自身需求选择 Harbor 的安装版本，如图 15.5 所示。

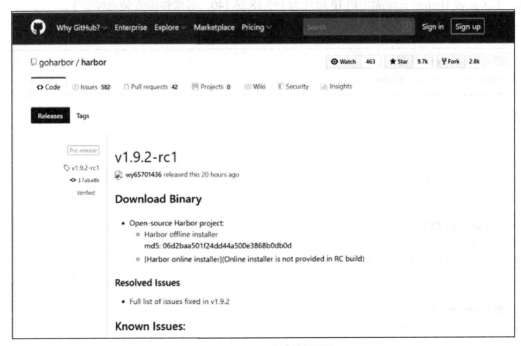

图 15.5　Harbor 版本选择页面

在版本选择页面中的"Download Binary.Open-source harbor project.Harboe offline installer"处单击右键，然后在弹出的快捷菜单中单击"复制链接地址"菜单项，如图 15.6 所示。

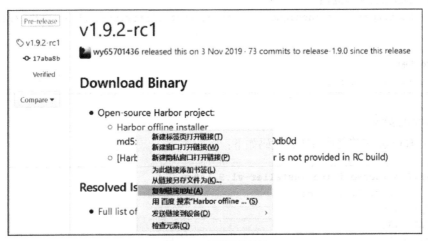

图 15.6　复制链接地址

在命令行中使用 wget 下载工具进行下载（安装文件较大，请耐心等待）。

```
# wget https://storage.googleapis.com/harbor-releases/ \
release-1.9.0/harbor-offline-installer-v1.9.2-rc1.tgz
```

2. 安装基本环境

Harbor 镜像仓库依赖的软件包括 Docker、Docker Compose、Python 2.7 及以上版本和 OpenSSL。注意，本次部署 Harbor 仓库的主机 IP 地址为 192.18.26.140。各软件的安装流程如下。

由于安装软件较多，此处省略软件的安装过程，代码如下：

```
//清除旧版 Docker 环境
# sudo yum remove docker \
> docker-client \
> docker-client-latest \
> docker-common \
> docker-latest \
> docker-latest-logrotate \
> docker-logrotate \
> docker-engine

//安装 Docker 插件
# sudo yum install -y yum-utils \
> device-mapper-persistent-data \
> lvm2

//更新 Docker yum 源
# sudo yum-config-manager \
> --add-repo \
> https://download.docker.com/linux/centos/docker-ce.repo

//安装 Python 环境
# yum install python-pip
# docker run hello-world
# curl -sSL https://get.daocloud.io/daotools/set_mirror.sh | sh -s http://4e70ba5d.m.daocloud.io

//启动 Docker
# sudo service docker restart
```

3. Harbor 的安装

将下载的 Harbor 安装文件解压，代码如下：

```
# tar xzvf harbor-offline-installer-v1.9.1.tgz
harbor/harbor.v1.9.1.tar.gz
harbor/prepare
harbor/LICENSE
harbor/install.sh
harbor/harbor.yml
# ls
anaconda-ks.cfg  harbor  harbor-offline-installer-v1.5.3.tgz  harbor-offline-installer-v1.9.1.tgz
```

进入 harbor 文件夹，修改 harbor.yml 文件，代码如下：

```
# cd harbor
# ls
harbor.v1.9.1.tar.gz  harbor.yml  install.sh  LICENSE  prepare
```

在 harbor.yml 文件中添加 host name 配置项，如图 15.7 所示。

```
# The IP address or hostname to access admin UI and registry service.
# DO NOT use localhost or 127.0.0.1, because Harbor needs to be accessed by external clients.
hostname: 192.168.26.140
```

图 15.7　harbor.yml 配置项 1

harbor.yml 文件包含登录 Harbor 的初始密码，用户可以根据自身需求进行修改，本示例中使用初始密码，如图 15.8 所示。

```
# The initial password of Harbor admin
# It only works in first time to install harbor
# Remember Change the admin password from UI after launching Harbor.
harbor_admin_password: Harbor12345
```

图 15.8　harbor.yml 配置项 2

安装文件配置完成后，在/etc/docker/daemon.json 配置文件中设置注册表，代码如下：

```
# vim /etc/docker/daemon.json
{
"insecure-registries": ["192.168.26.140"]
}
```

修改完成后，在 harbor 目录下运行./prepare 准备文件，加载完成后接着运行./install.sh 文件进行安装，代码如下：

```
# ./prepare
# ./install.sh
```

Harbor 仓库安装完成界面如图 15.9 所示。

```
[Step 3]: starting Harbor ...
Creating network "harbor_harbor" with the default driver
Creating harbor-log      ... done
Creating harbor-portal   ... done
Creating redis           ... done
Creating registry        ... done
Creating registryctl     ... done
Creating harbor-db       ... done
Creating harbor-core     ... done
Creating nginx           ... done
Creating harbor-jobservice ... done
✓ ----Harbor has been installed and started successfully.----

Now you should be able to visit the admin portal at http://192.168.26.140.
For more details, please visit https://github.com/goharbor/harbor .
```

图 15.9　Harbor 仓库安装完成界面

出现以上结果则表明 Harbor 仓库部署成功。接下来，在浏览器中输入本机 IP 地址即可访问 Harbor 镜像仓库，如图 15.10 和图 15.11 所示。

图 15.10　通过浏览器访问 Harbor 镜像仓库

图 15.11　Harbor 镜像仓库登录页面

15.4　Harbor 镜像仓库创建实例

在 Harbor 镜像仓库登录页面用户名处输入默认的管理员名称"admin"，本示例中登录密码为初始密码"Harbor12345"，登录成功后显示 Harbor 镜像仓库主页面，如图 15.12 所示。

图 15.12　Harbor 镜像仓库主页面

第 15 章 项目二：部署 Harbor 本地镜像仓库

在主页面左侧单击"项目"选项，创建名为"jenkins"的项目，如图 15.13 所示。

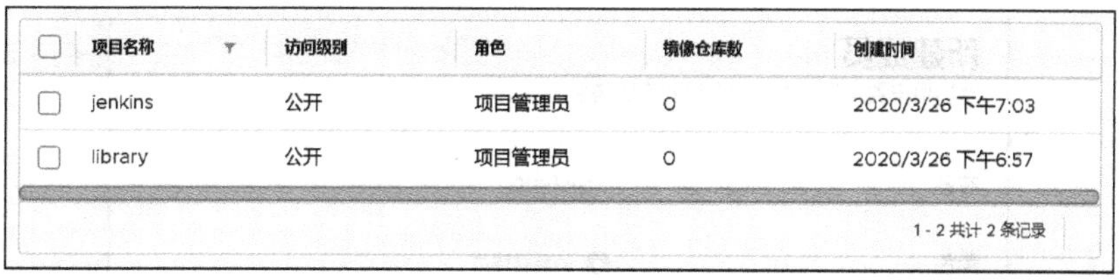

图 15.13 创建 jenkins 项目

在主页面左侧单击"用户管理"选项，创建名为"qianfeng"的用户，如图 15.14 和图 15.15 所示。

图 15.14 创建用户

图 15.15 用户信息登记

在 jenkins 项目中添加用户 qianfeng，如图 15.16 和图 15.17 所示。

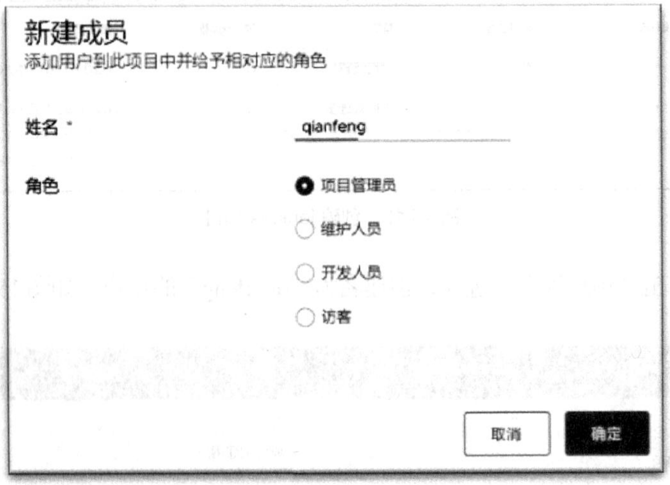

图 15.16 成员信息登记

图 15.17 添加项目成员

在图 15.17 所示页面中单击"镜像仓库"，可以看出上传镜像主要分两步进行。第一步为修改镜像标签，第二步为推送上传。

修改镜像标签，代码格式如下：

```
docker tag 源镜像名_IMAGE[:TAG] 镜像仓库地址/项目名/修改后的镜像名_IMAGE[:TAG]
```

上传镜像，代码格式如下：

```
docker push 镜像仓库地址/项目名/修改后的镜像名_IMAGE[:TAG]
```

将鼠标指针移至页面中的"推送镜像"处，可以看到上传镜像的命令格式，如图 15.18 所示。

```
推送镜像 ⓘ

在项目中标记镜像：
docker tag SOURCE_IMAGE[:TAG] 192.168.56.135/jenkins/IN

推送镜像到当前项目：
docker push 192.168.56.135/jenkins/IMAGE[:TAG]
```

图 15.18　镜像仓库页面

在项目中添加成员后即可通过命令行登录 Harbor 仓库，代码如下：

```
//登录镜像仓库
# docker login 192.168.26.140
Authenticating with existing credentials...
WARNING! Your password will be stored unencrypted in /root/.docker/config.json.
Configure a credential helper to remove this warning. See
https://docs.docker.com/engine/reference/commandline/login/#credentials-store

Login Succeeded

//查看镜像列表
# docker images
REPOSITORY          TAG           IMAGE ID        CREATED         SIZE
tomcat              latest        882487b8be1d    2 weeks ago     507MB
//修改镜像标签并查看
# docker image tag  882487b8be1d 192.168.26.140/Jenkins/tomcat:latest

# docker images
REPOSITORY                          TAG           IMAGE ID        CREATED         SIZE
192.168.26.140/Jenkins/tomcat       latest        882487b8be1d    2 weeks ago     507MB
//上传镜像到镜像仓库
# docker push 192.168.26.140/Jenkins/tomcat:latest
The push refers to repository [Jenkins/tomcat: latest]
65e5e74a1404: Pushed
38d8d468142f: Pushed
08579474bb30: Pushed
a8902d6047fe: Pushed
99557920a7c5: Pushed
7e3c900343d0: Pushed
b8f8aeff56a8: Pushed
687890749166: Pushed
2f77733e9824: Pushed
97041f29baff: Pushed
   latest: digest: sha256:8aee1001456a722358557b9b1f6ee8eecad675b36e4be10f9238ccd8293bc856
size: 2422
```

查看镜像仓库，发现镜像被成功推送到了仓库中，如图 15.19 所示。

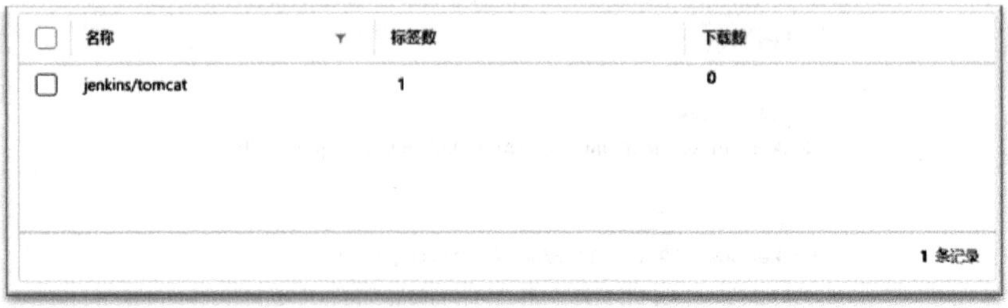

名称	标签数	下载数
jenkins/tomcat	1	0

1 条记录

图 15.19　查看镜像仓库

至此，Harbor 私有镜像仓库部署成功。